Der Bau
neuer Fernämter

I. Teil:

Allgemeine Betrachtungen und Vorschläge

über den

Bau großer Fernämter

Mit einem Anhang und 14 Zeichnungen
in der beigegebenen Plansammlung

II. Teil:

Technische Richtlinien

über den

apparatentechnischen Ausbau
neuzeitlich einzurichtender Fernämter

Mit einem Anhang und 63 Zeichnungen
in der beigegebenen Plansammlung

Von

Dipl. ing. W. Schreiber

Oberregierungsrat

Vorstand des Telegraphenkonstruktionsamtes
der Abteilung München des Reichspostministeriums

I. Teil

Allgemeine Betrachtungen und Vorschläge

über den

Bau großer Fernämter

hier:

Drei Vorentwürfe für neue Fernämter in München, Nürnberg und Regensburg.

Mit einem Anhang und 14 Zeichnungen
in der beigegebenen Plansammlung.

———————

Der Fernverkehr, welcher bereits während des Krieges eine stete Steigerung aufwies, hat nach dem Kriege einen Umfang angenommen, wie er nie vorausgesehen werden konnte. Demzufolge vermögen die vorhandenen Fernleitungen und Umschalteeinrichtungen den Anforderungen eines geordneten Betriebes bei weitem nicht mehr zu genügen. Die Deutsche Reichspostverwaltung sah sich deshalb veranlaßt, vor allem die Zahl der Fernleitungen wesentlich zu erhöhen und im Hinblick auf die großen Fortschritte in der Verstärkertechnik, die es ermöglichen, nunmehr den Fernverkehr auch auf langen Kabelleitungen abzuwickeln, die Verkabelung aller wichtigen Fernleitungen im Laufe der nächsten Jahre in Aussicht zu nehmen. Diese, vom Standpunkte eines gesicherten Betriebes aus zu begrüßende Maßnahme wird aller Voraussicht nach auf den Bau von Fernleitungsstellen befruchtend einwirken, denn die meisten vorhandenen Umschalteeinrichtungen können ohne erhebliche Erweiterungsbauten die große Zahl neuzubauender Fernleitungen kaum mehr aufnehmen. Eine Erweiterung bestehender Anlagen wird in sehr vielen Fällen nicht mehr genügen, sondern es tritt an die Verwaltung die Notwendigkeit heran, durch einen vollständigen Neubau den gesteigerten Bedürfnissen des Fernverkehrs in ausreichender Weise gerecht zu werden.

Ebenso wie nun für jeden Neubau eines Gebäudes ein bestimmtes Bauprogramm für die Erstellung des Planes aufzustellen ist, so muß auch für den Neubau einer Fernleitungsstelle über deren Größe und über die Art der Anlage, unter Berücksichtigung aller in den letzten Jahren auf dem Gebiete der Fernsprechtechnik hervorgetretenen Neuerungen ein Programm entwickelt werden, welches den Verkehrsbedürfnissen des Fernleitungsbetriebes der nächsten 20 Jahre zu genügen vermag.

Ich will nun in der folgenden Abhandlung versuchen, diesem Problem näher zu treten, für den Bau großer Fernämter Richtlinien aufstellen und damit einen Gedankenaustausch auslösen, der vielleicht eine Vereinheitlichung und neue Grundsätze im Bau solcher Aemter ergibt.

A) *Belegung der Arbeitsplätze mit Fernleitungen.*

Die Größe einer Amtseinrichtung hängt in erster Linie von der Zahl der Arbeitsplätze ab, die für eine geordnete Abwicklung des Fernverkehres notwendig erscheint. Für die Bemessung dieser Zahl sind 2 Faktoren maßgebend und zwar 1. die Gesamtzahl der vorhandenen bezw. der vorzusehenden Fernleitungen und 2. die Zahl der jedem Arbeitsplatz zuzuteilenden Leitungen. Die letztere Zahl ist aber nicht für jeden Arbeitsplatz gleich, theoretisch betrachtet müßte sie veränderlich sein, denn sie ist direkt abhängig von der veränderlichen Gesprächsbelastung jeder Leitung. In Wirklichkeit wird man der Berechnung Durchschnittswerte zu Grunde legen, über die vor Aufstellung eines Projektes vollkommene Klarheit herrschen muß. Die Grundlage zu den vorwürfigen Berechnungen bildet die regelmäßig erstellte Linienbelastungsstatistik, aus der für einen gegebenen Zeitpunkt die Gesprächsbelastung jeder Fernleitung in Gesprächseinheiten ersehen werden kann.

Betrachtet man zu diesem Behufe den Fernverkehr nach der Art seiner Abwicklung, so kann man denselben zerlegen:

1. In den abgehenden Fernverkehr,
2. „ „ ankommenden Fernverkehr, und
3. „ „ Durchgangsverkehr.

Für die Aufstellung eines Projektes handelt es sich zunächst um die Beantwortung der Frage: wie viel Verbindungen kann eine Fernbeamtin in der Stunde des stärksten Verkehrs an ihrem Arbeitsplatz abwickeln? Im Durchgangsverkehr, bei dem mindestens 4 Beamtinnen zur Herstellung einer Verbindung mitzuwirken haben, läßt sich zweifellos die geringste Zahl von Verbindungen herstellen. Ebenso darf mit Sicherheit angenommen werden, daß im abgehenden Fernverkehr, bei dem die Beamtin außer der Herstellung und Überwachung der Verbindung auch noch den Anmeldezettel zu erledigen hat, weniger Verbindungen hergestellt werden können, wie im ankommenden Fernverkehr. Des weiteren ist es für die Abwicklung des ankommenden und abgehenden Fernverkehrs nicht gleichgültig, ob in der betreffenden Fernleitungsstelle die Ortsteilnehmerleitungen vielfach durch sämtliche Fernschränke geführt sind, oder ob zur Herstellung einer Fernverbindung eine zweite Beamtin am Fernvermittlungsschrank — getrennt vom Fernamt in den verschiedenen Ortsämtern liegend — mit herangezogen werden muß. Nachdem aber die erstere Art der Fernvermittlung nur in kleinen, höchstenfalls in mittleren Ortsanlagen in Frage kommt, so will ich sie hier außer Betracht lassen und mich nur auf Fernleitungsstellen mit besonderem Fernvermittlungsverkehr beschränken, wobei es für die Zeitdauer der Herstellung einer Verbindung ziemlich gleichgültig ist, ob sie manuell, halb- oder vollautomatisch vorgenommen wird.

Aber nicht allein die Art des Verkehrs spielt für die Belegung der Arbeitsplätze mit einer bestimmten Zahl von Leitungen eine Rolle, sondern auch die Wertigkeit einer Fernleitung in Bezug auf ihre Länge muß für die Bemessung der Leitungszahl Berücksichtigung finden, denn es ist vom wirtschaftlichen Standpunkte aus nicht gleichgültig, ob bei der Überlastung eines Arbeitsplatzes die Minderung der ausnützbaren Gesprächsminuten sich auf eine kurze, etwa 20 km lange Leitung oder auf eine 1000 km lange Leitung erstreckt. Man wird also schon aus diesem Grunde, um das Maximum an Gesprächsminuten herauszuwirtschaften, die Zahl der einem Arbeitsplatz zuzuteilenden, langen Fernleitungen auf ein Minimum herabdrücken. Im großen Fernverkehr erreicht man das Maximum an Gesprächsminuten und damit die Höchstleistung einer Fernleitung durch die Vorbereitung der folgenden Fernverbindung, indem man den der Reihe nach folgenden Ortsteilnehmer schon während der Abwicklung des vorhergehenden Ferngespräches an seinen Apparat heranholt. Die Durchführung dieser Maßnahme bereitet im abgehenden Fernverkehr keine Schwierigkeiten, da die Fernbeamtin aus dem Anmeldezettel ohne weiteres den im Verkehr folgenden Teilnehmer ersehen kann. Im ankommenden Fernverkehr dagegen muß die gewünschte Reihenfolge der Gesprächsverbindungen vorher mit dem fernen Amte vereinbart werden. Diese Vorübermittlung erfolgt im Fernverkehr durch die Benützung simultan betriebener Klopfer- oder Summerapparate, deren Verwendung auch in Zukunft nach erheblicher Vermehrung der Fernleitungen, hauptsächlich jener mit mehr als 200 km Länge, kaum entbehrt werden kann.

Nicht zuletzt spielt für die Belastung einer Fernleitung die Gesprächsdurchschnittsdauer, welche mit $3^1/_4$ bis 4 Minuten angenommen werden darf, eine Rolle, denn eine Gesprächsverbindung muß daher mit mindestens zwei Gesprächseinheiten angenommen werden.

4

Aus alldem geht hervor, daß die Beurteilung der Frage über die Belegung eines Arbeitsplatzes mit Fernleitungen innerhalb der verschiedenen Betriebsstellen sehr verschieden sein kann und auch sein wird. Hier nun einheitliche, für das gesamte Verkehrsgebiet geltende Bestimmungen zu erlassen, halte ich für äußerst vordringlich, um zu verhindern, daß in zwei, im unmittelbaren Verkehr miteinander stehenden Fernleitungsstellen das eine Betriebsamt die Zahl der Fernleitungen des betreffenden Arbeitsplatzes, beispielsweise mit 3 bemißt, während nach Auffassung des anderen Betriebsamtes, trotz der vollkommen gleichen Verkehrsbelastung, die Belegung des Gegenplatzes mit 6 Leitungen als angemessen erachtet wird.

Solche Widersprüche, die ihren Grund größtenteils in dem Mangel an Fernplätzen haben, treten nicht vereinzelt, sondern sehr häufig in die Erscheinung.

Für die Belegung der Arbeitsplätze mit Fernleitungen möchte ich nun bezüglich der Wertigkeit der Fernleitungen folgende Gruppeneinteilung in Vorschlag bringen:
a) Fernleitungen für den Verkehr der unteren Zone (Vororts- und Nahverkehr) bis etwa 25 km,
b) Fernleitungen für den Verkehr der mittleren Zone (Bezirks- oder mittleren Fernverkehr) bis etwa 100 km und
c) Fernleitungen für den großen Fernverkehr mit über 100 km.

Die Reichstelegraphenverwaltung hat in der neuesten Zeit Erhebungen angeordnet, in industriellen Gegenden mit lebhaftem Fernverkehr die ortsmäßige Abwicklung des auf kurzen Fernleitungen anfallenden Gesprächsverkehres durchzuführen. In vollautomatisch betriebenen Ortsfernsprechanlagen, wie z. B. in München, ließe sich der Gedanke einfach dadurch verwirklichen, daß man die umliegenden kleinen Landanlagen ebenfalls in vollautomatischen Zentralen zusammenfaßt und diese direkt mit den vollautomatischen Ämtern Münchens in Verbindung bringt, während die Gebühren für den Fernverkehr, als ein Vielfaches der Ortsgesprächgebühren durch mehrfache, nach Z e i t d a u e r und Z o n e s i c h r e g e l n d e B e e i n f l u s s u n g d e s O r t s g e s p r ä c h z ä h l e r s s e l b s t t ä t i g a u f g e z e i c h n e t w e r d e n.

Ich will mich hier nicht weiter mit dem Fernschnellverkehr befassen, sondern mein Studium lediglich auf große Ämter mit normalem Fernverkehr beschränken.

Aus den 3 Arten über die Abwicklung des Fernverkehrs und den 3 Gruppen über die Wertigkeit der Leitung lassen sich nun $3 \times 3 = 9$ Kombinationen über die Zahl der an einem Arbeitsplatz anzuschließenden Fernleitungen bilden. Die Linienbelastungsstatistik, deren Ergebnisse zur Erzielung breiterer Durchschnittswerte über einen größeren Zeitraum zusammengefaßt werden können, läßt für jede Fernleitung der 3 Gruppen ohne weiteres die durchschnittliche Belastung erkennen. Wäre es nun möglich, die Stunden- oder Tagesleistung einer Fernbeamtin für jede dieser Kombinationen einwandfrei festzulegen, so ergäbe sich die gesuchte Zahl an Leitungen, bei gleichbleibender Belastung mit mathematischer Sicherheit. Da aber die Durchschnittsleistung einer Beamtin wiederum von sehr veränderlichen Faktoren, wie z. B. von dem technischen Zustande der Fernleitung, von der Güte der Sprechverständigung, von der Gewandtheit der Beamtin usw. abhängig ist, so ist man bei der Beantwortung der Frage mehr oder weniger auf Annahmen angewiesen. Nach den bisherigen Untersuchungen, die nachzuprüfen jeder Fernleitungsstelle überlassen bleiben muß, glaube ich im allgemeinen die Leistung einer Fernbeamtin im Durchgangsverkehr etwa zu $3/5 - 3/4$, im reinen ankommenden Fernver-

kehr etwa zu dem 1,2 bis 1,5fachen des **r e i n e n a b g e h e n d e n F e r n-
v e r k e h r e s** und in diesem zu 175 bis maximal 250 Verbindungen im
Tage, oder bei 12% Konzentration in der Stunde des stärksten Verkehres
z u 20 b i s 25 V e r b i n d u n g e n, annehmen zu sollen.

Auf Grund dieser Annahmen ergeben sich z. B. für die Fernleitungsstelle München nach der Linienbelastungsstatistik vom 25. Juli 1921 (siehe
Seite 45—48 des Anhanges, I. Teil) über die Belegung der Arbeitsplätze mit
Fernleitungen die auf Seite 49 und 50 des Anhanges niedergelegten Zahlen.
Hienach rechnet sich für die Fernleitungsstelle München bei der herrschenden, in Gesprächseinheiten ausgedrückten Gesprächsbelastung, die Zahl
der an einem Arbeitsplatz im Durchschnitt anzuschließenden Fernleitungen
zu

$$3^1/_2.$$

Diese Zahl bildet somit die Grundlage für das Projekt einer neuen
Fernleitungsstelle in München, deren Inbetriebsetzung in ungefähr 4 bis 5
Jahren nach vollem Aufbrauch der alten Einrichtung notwendig werden
wird. Welchen ausschlaggebenden Einfluß die richtige Bemessung der eben
entwickelten Zahl auf die dauernden jährlichen Ausgaben einer Fernleitungsstelle ausübt, möge aus der folgenden Betrachtung entnommen werden:

Will man die Leistung einer Beamtin in der Herstellung von Fernverbindungen um etwa 25% geringer einschätzen, oder sollten die von den
Betriebsstellen vorzunehmenden Erhebungen tatsächlich eine derart ver-
minderte Leistung ergeben, so würde die oben gerechnete Zahl von Fernleitungen für einen Arbeitsplatz auf 2,5 sinken. Dieses Sinken der Belegungszahl hätte aber beispielsweise in einem Fernamte mit 1000 Fernleitungen eine Erhöhung der Zahl der Arbeitsplätze von 300 auf 400 oder
eine Mehrung der Arbeitsplätze um 100 zur Folge. Die Bedienung eines
Arbeitsplatzes in einem Amte mit ununterbrochener Dienstzeit erfordert
unter Berücksichtigung der Urlaubs- und Krankheitsfälle einen Personal-
aufwand von 2,5 Fernbeamtinnen, mit einem durchschnittlichen Jahresgehalt am 1. 1. 1922 von 26,000 Mk.*

Außer dieser Mehrung an Bedienungspersonal mit 250 Personen wäre
für die Garderoben dieses Personals und für die Aufstellung von
$\frac{100}{2}$ Fernschränken an Gebäudeflächen mindestens eine Mehrung von
$(14 \times 15 + 250 \times 0,5)$ qm = 340 qm notwendig. An einmaligen Ausgaben
erwachsen dabei nach den Teuerungszuschlägen vom 1. 1. 1922:
Für Gebäude rund $5 \times 340 \times 500$ Mk. = 850,000 Mk.,
für die Lieferung der Fernschränke: $50 \times 80,000$ Mk. = 4,000,000 Mk.
Dieser Kostenaufwand erfordert für Verzinsung und Tilgung des Anlagekapitales jährliche Ausgaben von $0,06 \times 850,000$ Mk. $+ 0,1 \times 4,000,000$ Mk.
= rund 450,000 Mk. Zu diesen Ausgaben kämen noch für Unterhaltung,
Beheizung, Beleuchtung und Reinigung des Gebäudeanteiles, sowie für die
Unterhaltung der Amtseinrichtung rund 150,000 Mk., so daß die **j ä h r-
l i c h e n M e h r k o s t e n** eines Amtes mit 2½ Fernleitungen pro Platz,
gegenüber jenem mit $3^1/_3$ Fernleitungen, einschließlich der Personalkosten:
450,000 Mk. + 150,000 Mk. + $250 \times 26,000$ Mk. rund 7,000,000 Mk. betragen
würden. Diese 7 Millionen Mehrausgaben müßten durch eine erhöhte Ausnützung aller Fernleitungen und einen dadurch möglichen Gebührenmehr-
anfall ausgeglichen werden. Ein ausschlaggebender Mehranfall an Gebühren muß aber im Hinblick auf die Verkabelung aller wichtigen Fernleitungen bezweifelt werden. Wegen Leitungsmangels ist zwar z. Zt. der

---

* Die sämtlichen im I. Teil dieser Abhandlung angegebenen Geldbeträge sind in Papiermark
nach dem Stande vom 1. Januar 1922 entwickelt.

gesamte Fernverkehr in Fesseln gelegt, die den Fernbetrieb künstlich zurückdämmen. Mit der geplanten ausgiebigen Vermehrung an Fernleitungen wird jedoch der seiner Fesseln entledigte Verkehr sich stark ausdehnen und sich in seine natürlichen Bahnen einstellen. Dann können aber die zur Verfügung gestellten Leitungen den Verkehr restlos aufnehmen, eine dauernde Senkung der derzeitigen, hochgespannten Belastungsziffer wird die natürliche Folge dieser Leitungsvermehrung sein. Ein Geizen mit Gesprächsminuten im Fernverkehr hat dann nicht mehr die große wirtschaftliche Bedeutung wie heute.

Nach den vorstehenden Ausführungen muß also die Nachprüfung der Arbeitsplatzleistung eine der wichtigsten Aufgaben für die wirtschaftliche Projektaufstellung sein.

B) Größenbemessung und Lage eines neuen Fernamtes.

Es handelt sich nun um die Frage, für welche Zahl von Fernleitungen soll man bei einem Neubau die Gesamteinrichtung und damit den Raumbedarf für eine Fernleitungsstelle bemessen. Zunächst kann man ja für den ersten Ausbau die notwendigen Einrichtungen den gegebenen Bedürfnissen anpassen. Für die Zukunft muß aber ein der Entwicklung von 2 Jahrzehnten entsprechender Reserveraum vorgesehen werden. Es wäre verfehlt, diesen Reserveraum zu knapp zu bemessen, ein Fehler, der bisher fast in allen Fernsprechanlagen mehr oder weniger festzustellen ist. Ich möchte daher vorschlagen, die Räumlichkeiten für eine neue Fernsprecheinrichtung mindestens dreimal so groß zu bemessen, wie es die derzeitigen Bedürfnisse erheischen. Zufolge dieser Annahme wäre, da bis zur Fertigstellung des Neubaues in München die Zahl der im Betrieb stehenden Leitungen mit mehr als 300 angenommen werden muß, demnach die neue Fernleitungsstelle München für eine Aufnahmefähigkeit von rund

1000 Fernleitungen

oder bei $3^1/_3$ Leitungen pro Arbeitsplatz von rund

300 Arbeitsplätzen

vorzusehen.

Bei dieser Größe können 5—6 Fernkabel mit je 150 Sprechmöglichkeiten, sowie eine größere Anzahl Zubringerleitungen ohne Bedenken in die neue Fernleitungsstelle eingeführt werden, wobei sich dann der auf diesen Leitungen anfallende Fernverkehr restlos abwickeln läßt.

Die Grundlagen zu dem Bauprogramm einer neuen Fernleitungsstelle für München wären somit gegeben.

Über die Lage einer Fernleitungsstelle im Zusammenhang mit den übrigen Umschaltestellen einer Ortsfernsprechanlage möchte ich bemerken, daß in Anlagen mit einer Umschaltestelle die Fernleitungsstelle am zweckmäßigsten im gleichen Gebäude untergebracht wird, vorausgesetzt, daß die vorhandenen Räumlichkeiten für die Aufnahme einer Fernleitungsstelle sich eignen. Diese Voraussetzung wird aber in den wenigsten Fällen zutreffen. Es ist vom betriebstechnischen Standpunkte aus in solchen Fällen besser, auf die Vereinigung der beiden Ämter zu verzichten und das Fernamt an einer anderen Stelle der Anlage vorzusehen. Die Lage einer Ortsumschaltestelle ist eindeutig bestimmt, denn jede solche Stelle muß im Mittelpunkte ihres Versorgungsgebietes liegen, der nach den bekannten Methoden leicht gefunden werden kann. Bei der Auswahl des Platzes für eine Fernleitungsstelle dagegen ist man wegen der verhältnismäßig ge-

7

ringen Anzahl von Leitungen, die an diese herangeführt sind, nach dieser Richtung hin weniger gebunden. Wegen der Fernvermittlungsleitungen wäre es zweckmässig das Amt möglichst nahe an den Mittelpunkt aller Umschaltestellen der betreffenden Ortsanlage zu legen. Da aber die Zahl dieser Leitungen auch für die größten Umschaltestellen bis zu 10 000 Anschlüssen in einem 1000 ter Fernamte nach den bisher gemachten Erfahrungen nur etwa 300 beträgt, so spielt dieser Grund bei der Auswahl des Platzes für eine neue Fernleitungsstelle keine ausschlaggebende Rolle. Fernsprechtechnisch darf also ein Fernamt an jedem beliebigen Punkte der betreffenden Anlage, nicht allzu weit vom Zentrum der Stadt, am besten in staubfreier, ruhiger Lage vorgesehen werden. Für die neue Fernleitungsstelle in München wurde ein Platz am Marsfeld in der Nähe des Verkehrsministerialgebäudes gewählt.

C) Die Grundrißlösung eines Fernsaales.

Früher war es üblich, vor der Projektierung eines Gebäudes für eine Umschalteeinrichtung den Flächenbedarf nach qm zu bestimmen und die Gestaltung des Saales dem Hochbautechniker zu überlassen. Dieses Verfahren kann insoferne zu Unzuträglichkeiten führen, als es für die Aufstellung der Vielfachschränke nicht gleichgültig ist, in welchem Verhältnis, bei gleicher Fläche, die Länge zur Breite eines Saales gewählt wird. Die quadratische Form eines Saales stellt die ungünstigste Lösung für den Grundriß einer Vielfacheinrichtung dar. Trotz dieser Erkenntnis wurden Säle in dieser Form ausgeführt. (Siehe Umschaltestelle Bamberg). Um solche Fälle zu vermeiden, muß zunächst der Fernsprechtechniker planmäßig einen Vorentwurf für den Grundriß entwickeln und erst dann kann der Hochbautechniker nach den nunmehr gegebenen Grundlagen den Gebäudeplan entwerfen.

Die günstigste Lösung eines Grundrisses ist gegeben, wenn der beabsichtigte Zweck des Raumes unter dem Aufwand geringster Mittel am vollkommensten erreicht wird.

Ich will zunächst in dem gewählten Beispiel für eine Fernleitungsstelle mit 300 Arbeitsplätzen, gleich 150 Fernschränken, lediglich eine Grundrißlösung für die Aufstellung der Schränke ohne Rücksicht auf die Unterbringung der übrigen, für eine Fernleitung nötigen Einrichtungen, wie Anmelde- und Auskunftsplätze, Klinkenumschalter usw., suchen.

Für die Aufstellung der Schränke sind hauptsächlich 2 Arten der Ausführung denkbar:

A. Die Schränke werden paarweise, die Rückwände der Schränke gegeneinander, s e n k r e c h t zur Längsachse des Saales aufgestellt und zwar
   1. ohne Mittelgang und
   2. durch einen Mittelgang in 2 Reihen getrennt.

B. Die Schränke verlaufen in 4 Reihen p a r a l l e l zur Längsachse.

Aus der Abb. 1, I. Teil, in der diese 3 Lösungen zur Darstellung gebracht wurden, ist zu entnehmen, daß für 150 Schränke

1.) an Grundfläche	2.) an 63adrigen Vielfachkabel,	3.) an Kabelkästen,	4.) an Abschlußwänden und Türen
im Falle:			
A. 1.) 1000 qm.	41,8 km.	30	14
2.) 1000 „	50,9 „	60	28
B. 870 „	36,8 „	16	12

benötigt werden. Nach vollem Ausbau der Fernleitungsstelle würden bei den Teuerungsverhältnissen vom 1. I. 1922 schätzungsweise im Falle A 1 (80,000 + 100,000 + 20,000) = 200,000 Mk., im Falle A 2 (80,000 + 300,000 + 90,000) = 470,000 Mk. Mehrkosten gegenüber der Grundrißlösung B. entstehen.

Außer diesen nicht vertretbaren Mehrkosten für den Bau der gleichen, demselben Zwecke dienenden Einrichtung sprechen auch noch andere Gründe, wie die ungünstige Beaufsichtigung des Bedienungspersonales, die Unübersichtlichkeit des Saales, die schlechte Belichtung der in der Mitte des Raumes gelegenen Arbeitsplätze und die ungleiche Wirkung der Beheizung auf die einzelnen Stellen der Plätze, gegen die Ausführung der Projekte A 1 und A 2, die in vielen Fällen — ich erwähne nur die Fernämter in Ludwigshafen, Nürnberg, Hamburg, Berlin usw. — tatsächlich verwirklicht wurden. Soweit die vorhandenen Räumlichkeiten einen Zwang auf eine derartige Gestaltung der Fernleitungsstellen ausgeübt haben, lassen sich die getroffenen Maßnahmen noch vertreten, wenn aber Fernämter in Neubauten nach der Grundrißlösung A 1 oder A 2 erstellt werden, so müßte ich die Ausführung eines solchen Baues als einen technischen Mißgriff bezeichnen. Würde man nun beispielsweise den Saal mit 870 qm in einer Breite von 10 m und in einer Länge von 87 m ausführen, so könnten unmöglich, trotz der gleichen Fläche, die 4 Reihen Schränke sachgemäß aufgestellt werden.

Mit Rücksicht auf die Längenausdehnung einer Schrankreihe gibt es für Fernleitungsstellen, ebenso wie für manuelle Ortsumschaltestellen keine andere und bessere Lösung, als die unter B Abb. 1, I. Teil dargestellte, in der die Schränke parallel zur Saalachse vorgesehen werden. Um nun auch bei dieser Aufstellung die günstigste Tagesbelichtung zu erreichen, muß der Fernsaal im obersten Geschosse des Gebäudes vorgesehen, die ausreichende Belichtung der 4 Schrankreihen aber nicht durch Oberlicht, mit seinen unangenehmen Begleiterscheinungen während der Schnee- und Hitzperioden, sondern durch einen basilikaähnlichen Aufbau der mittleren Saaldecke, mit senkrechten Fenstern im Mittelschiff, herbeigeführt werden. Auch die Beheizungsfrage läßt sich bei der gedachten Schrankaufstellung einwandfrei lösen, indem die entsprechenden Heizkörper in den Mittellinien der beiden 4 m breiten Gänge zwischen den Schrankreihen vorgesehen werden.

Die Höhe eines Fernsaales hängt von dem Kubikinhalt ab, der zur Hintanhaltung des überschüssigen Kohlensäuregehaltes der umgebenden Luft für die im Saale gleichzeitig anwesenden Personen notwendig ist, welcher für eine erwachsene Person, ohne künstliche Lüftung, zu rund 12 bis 14 cbm angenommen werden darf. Nach vollem Ausbau des Saales beträgt die Zahl der Personen für ein 1000 ter Amt rund 320; demnach rechnet sich der erforderliche Luftraum zu 320×12 bis $14 = 3840$ bis 4480 cbm und damit die mittlere Saalhöhe zu $\dfrac{3840 \text{ bis } 4480 \text{ cbm}}{870 \text{ qm}}$ rund 4,5 bis 5 m.

D) Das Bauproblem grosser Fernämter.

Wie aus den vorstehenden Überlegungen ersehen werden kann, bietet die Aufstellung der Fernschränke in einem Saale keine besonderen technischen Schwierigkeiten. Das Bauproblem eines großen Fernamtes ist nun aber nicht in der einfachen Aneinanderreihung einer großen Anzahl von Schränken zu suchen, sondern es liegt in der Lösung der Frage, in welcher Art und Weise die in sehr großer Flut anfallenden Anmeldezettel, innerhalb einer Fernleitungsstelle sachgemäß hin und her bewegt werden.

a) Zahl der Anmelde- und Auskunftsplätze:

Anmeldeplätze und Fernschränke sind ihrer Betriebsweise nach grundverschiedene Arbeitsstellen. Die beiden Einrichtungen können daher nicht miteinander vereinigt, sondern müssen örtlich mehr oder weniger weit voneinander getrennt vorgesehen werden. Deshalb besteht die unbedingte Notwendigkeit, die Anmeldezettel in irgend einer Weise vom Anmeldeplatz zum Fernplatz zu verbringen. Über den Umfang dieser Arbeit muß man sich zur Ausarbeitung eines Projektes zunächst ein vollkommen klares Bild entwickeln.

Der Zeitaufwand zur schriftlichen Entgegennahme einer Anmeldung, einschließlich der Eintragung des Zeitvermerkes, beträgt nach den angestellten Beobachtungen im Durchschnitt rund $^3/_4$ Minuten. Nimmt man den Beschäftigungsgrad einer Beamtin zu 60% an, so ergibt sich eine Stundenleistung von $\frac{3600\times60}{45\times100} = 50$ Anmeldungen, oder bei einer 12% Konzentration des Verkehres in der Stunde des Höchstbetriebes, eine Tagesleistung von rund 400 Anmeldungen für eine Beamtin. In dem gewählten Beispiele für München (siehe Anhang I. Teil, Seite 48) bei der durchschnittlichen Belastung einer Fernleitung von $\frac{37050}{283}$ rund 130 Gesprächseinheiten = 65 Verbindungen und bei 45% abgehendem Gesprächsverkehr, fallen rund 30 Anmeldungen pro Tag und Fernleitung an. Man hat also bei einem Amte für 1000 Fernleitungen nach dem vollen Ausbau mit einem täglichen Anfall von

30000 Anmeldezetteln

zu rechnen. Zur Bewältigung dieses großen Verkehres sind nach den vorstehenden Ausführungen 30 000 : 400 rund 80 Anmeldeplätze notwendig.

Außer dem Anmeldeverkehr spielt in einem Fernamte der Auskunftsverkehr, der in einen abgehenden und ankommenden Verkehr zerlegt werden kann, eine nicht zu unterschätzende Rolle. In seiner Abwicklung ist er mit dem Anmeldeverkehr auf die gleiche Stufe zu stellen und läßt sich nach Art der Anfragen in 3 Hauptgruppen unterscheiden, nämlich:

1. In Anfragen über die Rufnummer des gewünschten fernen Teilnehmers,
2. in Anfragen über den voraussichtlichen Zeitpunkt der Abwicklung des angemeldeten Gespräches und
3. in Anfragen über die Höhe der erwachsenen Gebühr des eben vollzogenen Gespräches.

Alle diese Anfragen laufen an dem Arbeitsplatz für den ankommenden Verkehr ein und werden, soweit es sich dabei um jene unter Ziffer 1 bezeichneten handelt, sofort beantwortet, während die Anfragen unter Ziff. 2 und 3 nicht unmittelbar am ankommenden Auskunftsplatz, sondern erst später nach Rückfrage an den Fernplätzen oder nach Einsichtnahme in die bereits erledigten, an einer Stelle zu sammelnden Anmeldezettel, von einer zweiten Beamtin am abgehenden Auskunftsplatz erledigt werden. Am sichersten und einwandfreiesten läßt sich der unter 2 und 3 aufgeführte Verkehr abwickeln, wenn man sich zur Erledigung dieser Auskünfte eines Laufzettels bedient, auf dem der Wunsch des Teilnehmers vermerkt und derselbe hierauf an jene Stelle verbracht wird, die in der Lage ist, die Auskunft zu geben. Nach Eintragung der Auskunft in den Laufzettel fließt derselbe wieder an eine Sammelstelle zurück, von der aus die Beamtin am abgehenden Auskunftsplatz durch Rückruf dem Teilnehmer den Bescheid fernmündlich erteilt. Wegen der Beantwortung der Anfragen unter Ziff. 3 müssen alle erledigten Anmeldezettel von den Fernplätzen an eine Sammelstelle zurückfluten, an der sie ausgeschieden nach Leitwegen, in einem der Zahl der Fernleitungen entsprechend großen Fächergestell, geordnet gelagert werden. In der Fernleitungsstelle München mit rund 300 Fernleitungen war der Umfang des Auskunftsverkehres im Juli 1921 ungefähr folgender:

a) rund 300 Anfragen über die Rufnummer des fernen Teilnehmers,
b) „ 500 „ über den Zeitpunkt der Gesprächsabwicklung,
c) „ 1000 „ über die Höhe der Gebühren,

zus. 1800 Anfragen bei 300 Fernleitungen, d. h. also 6 Anfragen pro Fernleitung und Tag oder 20% des Anmeldeverkehres.

Zur Abwicklung dieses Verkehres standen dem Fernamte München 4 Beamtinnen zur Verfügung, so daß man einer Beamtin die Erledigung von rund 450 bis 500 Anfragen zumuten darf.

In einem Fernamte für 1000 Fernleitungen mit

6000 Auskunftsanfragen

im Tag, muß demzufolge die Zahl der

Auskunftsplätze auf 12 bis 13

bemessen werden.

Anmelde- und Auskunftsplätze zusammen erreichen somit in einem 1000ter Amt fast die Zahl 100, d. i. $^1/_3$ der Zahl an Fernplätzen. Auch diese Plätze müssen in einem Fernamte ordnungsgemäß und zweckentsprechend untergebracht werden.

b) Aufstellung der Anmelde- und Auskunftsplätze außerhalb des Fernsaales:

Fast ausnahmslos wurden in allen bisher gebauten großen Fernämtern, soweit Platz vorhanden war, die Anmelde- und Auskunftsplätze im Fernsaal selbst, an einer Stelle konzentriert, aufgestellt und die Zettel von den Anmeldeplätzen zu den Fernplätzen, sowie umgekehrt von diesen zu den Auskunftsplätzen, durch pneumatische Zettelpostanlagen maschinell befördert. Es besteht kein Grund, in kleineren Fernämtern hievon Abstand zu nehmen, für große Fernleitungsstellen dagegen, in denen der Platz für die Unterbringung dieser Einrichtungen schon mehr als $^1/_3$ des gesamten Raumbedarfes beträgt, bedarf diese Frage der reiflichsten Überlegung. Bei der Abwicklung des Fernverkehrs hat die Beamtin ihre volle Aufmerksamkeit in erster Linie darauf zu richten, die fernmündlichen Übermittlungen ihrer entfernten Amtsschwester ohne Hörfehler aufzunehmen. Jedes in ihrer Umgebung verursachte Geräusch stört sie daher an der sachdienlichen Erledigung ihrer nicht leichten Aufgabe. Je größer nun eine Fernleitungsstelle gebaut werden will, desto größer wird auch das Stimmengewirr der tätigen Beamtinnen und der Lärm der in ihre Rast zurückgebrachten zahlreichen Stecker an den Arbeitsplätzen der Fernschränke. Es muß deshalb beim Bau neuer großer Fernleitungsstellen dafür Sorge getragen werden, alle Einrichtungen, die das Stimmengewirr und den Lärm vermehren, soweit sie nicht unmittelbar für die Herstellung einer Fernverbindung gebraucht werden, vom eigentlichen Umschaltesaal fernzuhalten. Dieser Grundsatz fand bisher bei der Ausarbeitung von Projekten für Fernleitungsstellen wenig Beachtung, denn wenn man heute einen Fernsaal betritt, so ist man sehr überrascht über den dort herrschenden starken, summenden Lärm, der für die sachgemäße Abwicklung des Dienstverkehrs abträglich wirkt. Zum Teil ist dieser Lärm, in der Natur der Sache liegend, unvermeidbar. Man kann aber auch hier bautechnisch vorbeugende Maßnahmen ergreifen, indem man beim Bau der Saaldecke auf eine möglichste Minderung der Akustik Bedacht nimmt und die Decke nicht gewölbt und eben, wie in der Fernleitungsstelle München, sondern besser kassettiert und unterteilt vorsieht. Auch von diesem Gesichtspunkte aus betrachtet, eignet sich der in Vorschlag gebrachte basilikaähnliche Aufbau der Saaldecke für Fernleitungsstellen am besten.

Aus dieser Erwägung heraus glaube ich ganz allgemein den Vorschlag machen zu sollen, in allen größeren, neuzubauenden Fernleitungsstellen die Anmelde- und Auskunftsplätze, die Einrichtung für die maschinelle Zettelverteilung, Klinkenumschalter, Relaisgestelle, Gehörschutzapparate, Kontrollplätze, Verstärkereinrichtungen, kurz alle Einrichtungen, die nicht unmittelbar für die dienstliche Abwicklung des Verbindungsverkehres notwendig sind, in einem vom Umschaltesaal getrennten Raum, am besten in dem unmittelbar unterhalb des Saales gelegenen Stockwerke, aufzustellen.

c) Zentralisierung oder Dezentralisierung der Anmeldeplätze unter Hinweis auf den Bau sehr großer Fernämter:

Den Kernpunkt des Problems über den Bau großer Fernämter erachte ich in der Entscheidung der Frage, ob der zentralisierten oder dezentralisierten Aufstellung der Anmelde- und Auskunftsplätze der Vorzug zu geben ist. Die Zentralisierung aller Anmeldeplätze eines Fernamtes auf einem Platz, gleichgültig, ob inner- oder außerhalb des Saales, zieht die Sammlung aller anfallenden Anmeldezettel auf irgend eine Stelle dieses Platzes nach sich. Es ist nun zu untersuchen, ob eine derartige Sammlung aller Zettel an einem Punkte für eine geordnete Abwicklung des großen Fernbetriebes wünschenswert bezw. überhaupt möglich erscheint.

Will man die Zettel zuerst an einer Stelle sammeln, um sie dann sofort wieder an die verschiedenen entfernteren Fernplätze zu verteilen, so müssen die gesammelten Zettel zunächst in ein Fächergestell entsprechend ihren Bestimmungsplätzen eingereiht und von da aus, entweder von Hand oder durch eine Förderanlage maschinell an die Fernplätze gebracht werden.

Nach den angestellten Untersuchungen kann eine Arbeitskraft in 4 Minuten ungefähr 100 Anmeldezettel in die zugehörigen Fächer eines

solchen Gestelles einreihen. Einen Beschäftigungsgrad von wiederum 60%
angenommen, ergibt eine Arbeitsleistung von $\dfrac{0,60 \times 3600 \times 100}{240} =$

$$900 \text{ Z e t t e l in der Stunde,}$$

oder bei einer 12% Verkehrskonzentration im Höchstbetrieb, eine Tagesleistung für einen Verteilerbeamten von $900 \times \dfrac{100}{12} =$

$$7500 \text{ Z e t t e l.}$$

An einem Fächergestell mit einer Arbeitsfläche von rund 1 qm lassen
sich höchstenfalls 2 Arbeitskräfte gleichzeitig zum Verteilen bezw. zum
Einreihen der Zettel heranziehen. Aus dieser Feststellung geht hervor,
daß an einer Verteilungsstelle eines Fernamtes nicht mehr als höchstenfalls $2 \times 7500 = 15\,000$ Anmeldezettel im Tage gesammelt werden dürfen.
Wollte man trotzdem mehr Zettel an die gleiche Stelle verbringen, so
würden Anhäufungen und damit Stockungen im geregelten Abfluß der
Zettel eintreten.

In einer Fernleitungsstelle für 1000 Leitungen mit einer Belastung
von durchschnittlich 65 abgehenden Gesprächen im Tage fallen aber, wie
bereits ausgeführt wurde, rund 30\,000 Zettel in dem gleichen Zeitabschnitte an, die an einer Verteilungsstelle angehäuft nicht mehr verarbeitet
werden können. Es müssen daher für eine solch große Fernleitungsstelle
mindestens 2 von einander getrennte Verteilungsstellen für eine ordnungsgemäße Beförderung der Zettel vorgesehen werden. Technisch läßt sich
diese entwickelte Maßnahme leicht verwirklichen, indem man die 80 für
ein 1000 ter Amt nötigen Anmeldeplätze in 2 Hälften getrennt aufstellt,
die anfallenden Anmeldezettel jeder Hälfte für sich in einem Förderband
sammelt und jedes der beiden Förderbänder an das zugehörige, für das
ganze Amt einheitlich eingeteilte Fächergestell der Verteilungsstelle zum
Abwurf der Zettel heranführt.

Das Ergebnis der bisherigen Untersuchung über die aufgeworfene
Frage läßt sich dahin zusammenfassen, daß eine Zentralisierung der Anmeldeplätze in dem unterhalb des Fernsaales gelegenen Stockwerke denkbar ist, diese aber bei 500 Fernleitungen ihre Grenze findet. Ich möchte
daher eine Umschalteeinrichtung für 500 Fernleitungen als den Normaltyp einer großen Fernleitungsstelle bezeichnen. Ein Fernamt für 1000
Fernleitungen entwickelt sich einfach durch eine Verdoppelung, ein solches
für 250 Leitungen durch eine Halbierung aller Bedarfszahlen einer normalen Einrichtung.

Der Vollständigkeit halber dürfte es nicht uninteressant sein, hier
auch noch das Problem des Baues sehr großer Fernämter mit etwa 2000
bis 4000 Leitungen kurz zu streifen. Mehr als 1000 Fernleitungen in einem
Saale zu vereinigen, ist sowohl bautechnisch, der unförmigen Länge des
Saales wegen, wie auch betriebstechnisch mit Rücksicht auf die Beaufsichtigung des Personals und auf die Vermehrung des Saalgeräusches, nicht
empfehlenswert.

Ein Amt mit 2000 Fernleitungen läßt sich in dem obersten Stockwerk
eines Gebäudekomplexes mit H-förmiger Grundrißlösung einfach dadurch
unterbringen, daß man 2 Säle gleicher Größe mit je 1000 Fernleitungen
einander gegenüberstellt und durch einen Mitteltrakt im Schenkel der
H-Form miteinander verbindet; ein Amt für 4000 Fernleitungen in der
gleichen Weise mit 4 getrennten Sälen und 2 aufeinander senkrecht stehenden Verbindungsbauten, siehe vorstehende Abbildung 2, I. Teil.

Aus der folgenden Zusammenstellung kann nun ersehen werden, in
welcher Größenordnung die Verkehrsflut an Anmeldezetteln usw. bei der

angenommenen durchschnittlichen Gespruchsbelastung einer Fernleitung für große Fernämter in Frage kommt:

Zahl der Fern-leitungen	Anzahl der an-fallenden Anmelde-zettel im Tag	Zahl der Verteilerbe-amten an den Fächer-gestellen	Zahl der notwendigen Verteilungs-stellen	Zahl der Anmelde-plätze	Zahl der Auskunfts-plätze
4000	120000 Stck.	16	8	320	48
3500	105000 „	14	7	280	42
3000	90000 „	12	6	240	36
2500	75000 „	10	5	200	30
2000	60000 „	8	4	160	24
1500	45000 „	6	3	120	18
1000	30000 „	4	2	80	12
500	15000 „	2	1	40	6
250	7500 „	1	$1/2$	20	3
125	3750 „	$1/2$	$1/4$	10	$1^1/2$

Um nun auch in den größten Fernämtern die Zentralisierung der Anmeldeplätze durchführen zu können, bedarf es noch besonderer technischer Maßnahmen, deren Wirkung darin besteht, ohne Zuziehung weiterer Arbeitskräfte, beispielsweise $1/8$ Million Anmeldezettel, — um gleich den äußersten Fall herauszugreifen — die täglich von den 320 Anmeldeplätzen abfließen, an 8 Verteilungsstellen zu verbringen, von wo aus sie dann, wie in jedem anderen normalen Amte, weiterverteilt werden.

In Abb. 2, I. Teil ist andeutungsweise zur Darstellung gebracht, wie ich mir die Lösung dieses schwierigen Problems denke. Nach Entgegennahme der Anmeldung durch die Beamtinnen werden alle Zettel in Ämtern normaler Größe in ein den Anmeldetischreihen entlang geführtes Förderband gelegt und zur Verteilungsstelle gebracht, um dort je nach dem Verkehrsflusse von 1 oder von 2 Verteilerbeamtinnen, zufolge ihres Leitvermerkes in die zugehörigen Fächer des Gestelles eingereiht zu werden. Kann die Verteilerbeamtin aus dem Leitvermerk nicht beurteilen, auf welchem Leitweg das gewünschte Ferngespräch abgesetzt werden soll, so gibt sie den Anmeldezettel direkt dem Beamten der unmittelbar hinter ihr vorgesehenen Leitstelle, der dann eventuell unter Zuhilfenahme seiner Dienstbehelfe den Leitweg einwandfrei feststellen wird.

Wenn man sich nun vorstellt, daß in einem 4000 ter Amt in jeder Minute rund 400 oder in jeder Stunde rund 24 000 Zettel transportreif werden, so wird man erkennen, daß die Verteilung einer solchen Unzahl von Zetteln an einer Stelle ohne Beiziehung einer größeren Anzahl von Arbeitskräften zu einer vollkommenen Unmöglichkeit wird. Gelingt es aber, jeden Anmeldezettel bereits an seiner Ursprungsstelle entsprechend den nach 8 Verteilungsstellen bestimmten Richtlinien auszuscheiden, so kann man dem sonst in der Sammlung der Zettel unvermeidlichen Wirrwarr begegnen. Von den 8 Verteilungsstellen liegen immer je 2 in einem Saal vereinigt, sodaß zunächst nur 4 Abflußwege entsprechend den 4 Fernsälen für den Transport der Zettel in Frage kommen. Denkt man sich nun 4 verschiedene Förderbänder den Anmeldetischen entlang eingebaut, das eine Band zur Verteilungsstelle des Fernsaales I, das zweite zu jener

des Saales II usw., das letzte zum Saale IV bewegt und den transport-
reifen Zettel von der Anmeldebeamtin in das zugehörige, dem Leitvermerk entsprechende Förderband eingelegt, so werden in jeder Minute die
400 Zettel bereits an ihrer Ursprungsstelle in die 4 Hauptrichtungen ausgeschieden. Ich nehme an, daß in 90% aller Fälle die Ausscheidung der
Hauptrichtung für die Anmeldebeamtin keine Schwierigkeiten bereitet, da
der Hauptfernverkehr sich aller Wahrscheinlichkeit nach auf bekannten
Leitwegen abwickeln wird. Die restlichen 10% Zettel, bei denen vielleicht
der Leitweg mit Sicherheit nicht ohne weiteres festgestellt werden kann, legen
die Anmeldebeamtinnen wahllos in irgend eines, am besten in das nächst-
gelegene, der 4 Bänder. Mit 25% Wahrscheinlichkeit werden sie dabei zu-
fällig die richtige Verteilungsstelle gewählt haben; die übrigen Zettel bleiben
Irrläufer, deren Leitweg an der betreffenden Verteilungsstelle von der
dieser zugeordneten Leitstelle festgestellt wird und die dann von dem Ein-
legebeamten der Sammelstelle in das richtige Förderband zurückgebracht
werden. Sämtliche 4 Bänder führen nämlich bis zur Sammelstelle jeder
der 4 Gruppen, sodaß an jeder beliebigen Stelle des Meldeamtes das Einlegen der Zettel in die 4 Bänder erfolgen kann. Die gedachte Führung der
Bänder wolle aus der Abb. 2, I. Teil ersehen werden. Zwei dieser Bänder
mit je 20 cm Breite liegen in Tischhöhe, die anderen zwei 15 cm über
dieser. Die Anordnung und Führung dieser Bänder zwischen den 2 Tischreihen läßt sich ohne technische Schwierigkeiten leicht ausführen, ebenso
das Einlegen der Zettel in die verschiedenen Bänder bequem vornehmen.
Wie bereits erwähnt, müssen die auf ein Band gelegten Zettel an 2 Verteilungsstellen jeder Gruppe geleitet werden. Man kann nun eine gleichmäßige Verteilung dieser Zettel von einem Band aus auf 2 getrennte Verteilungsstellen, auf mechanischem Wege dadurch leicht erreichen, wenn
man am Ende jedes Bandes und zwar an der Abwurfstelle der Zettel,
eine rechteckig geformte, der Breite des Bandes entsprechende, in ihrer
Mittellinie drehbare Wippe in schiefer Lage anbringt und diese Wippe
in kleinen Zeitintervallen, vielleicht alle halbe Minuten, durch ein mecha-
nisches Kippwerk wechselweise umstellt, so daß die schiefe Ebene der
Wippe einmal nach links, das nächste Mal nach rechts abfällt. Zwei zu
den Verteilungsstellen führende Bänder oder Rutschen verbringen hierauf die auf die Wippe dauernd abgeworfenen Zettel in gleichen Mengen
abwechslungsweise an die linke und rechte Verteilungsstelle. Mit diesen
beiden technischen Kunstgriffen ist nach meiner Ansicht das Problem
für den Bau großer und größter Fernämter einwandfrei gelöst, vorausgesetzt, daß der Gebäudegrundriß in der angedeuteten Weise, die Fernsäle
alle im oberen, das Meldeamt und die Verteilungsstellen im unteren Stockwerke, durchgebildet werden kann. (Horizontale Lösung des Problems.)

Zwingen jedoch die örtlichen Verhältnisse dazu, die Säle mit ihren
Nebenräumen übereinander anzuordnen, so ist eine Lösung des Problems,
die vertikale, in folgender Weise denkbar:

Jedem Fernsaal wird im unteren Stockwerke ein Nebenraum zugeordnet, in dem alle nicht unmittelbar mit der Herstellung von Fernverbindungen im Zusammenhang stehenden Einrichtungen, mit Ausnahme
der Anmeldeplätze untergebracht werden. Nur im Nebenraum des obersten
oder des Mittelgeschoßes, sind außer diesen Einrichtungen auch noch
sämtliche Anmelde- und Auskunftsplätze, die letzteren jedoch nur für den
ankommenden Auskunftsverkehr in zwei, quer durch die Mittelachse getrennten Gruppen, gemeinsam vorzusehen. Innerhalb jeder Anmeldegruppe führen mehrere, der Zahl der Fernsäle entsprechende Förderbänder,
von denen jedes nach senkrechter Durchquerung der Zwischengeschosse
und Säle an der zugeordneten Verteilungsstelle endigt. Durch die Tei-

lung in 2 Anmeldegruppen gleicht sich die Zahl der Förderbänder der Zahl der Verteilungsstellen an. Besondere Wippvorrichtungen sind in diesem Falle nicht notwendig. Die vertikale Lösung des Problems, die beispielsweise für ein Fernamt mit 4000 Leitungen, den Bau von 8 Stockwerken voraussetzt — eine Bauweise, die nach der Münchener Bauordnung nicht zulässig wäre, — erscheint außerdem auch noch wegen der ungünstigeren Belichtung aller in den unteren Stockwerken aufgestellten Schränke nicht so vorteilhaft wie die horizontale.

Die bei einer Zentralisierung aller Anmeldeplätze nötigen technischen Zusätze für die Zettelverteilung in großen und größten Fernämtern, nach den beiden Lösungen des Problems, können aus der folgenden Zusammenstellung entnommen werden:

Zahl der Fernleitungen	Horinzontale Lösung,		vertikale Lösung,		f. beide Fälle gemeinsam	
	Anzahl der Förderbänder	Zahl der Wippvorrichtungen	Anzahl der Förderbänder	Anzahl der Stockwerke	Zahl der Verteilerbeamten	Zahl der Verteilungsstellen
Bis zu 4000 Ltgn.	4	4	8	8	16	8
„ 3500 „	4	3	7	8	14	7
„ 3000 „	3	3	6	6	12	6
„ 2500 „	3	2	5	6	10	5
„ 2000 „	2	2	4	4	8	4
„ 1500 „	2	1	3	4	6	3
„ 1000 „	2	—	2	2	4	2
„ 500 „	1	—	1	2	2	1
„ 250 „	1	—	1	2 od. 1	1	$1/2$
„ 125 „	1	—	1	1	$1/2$	$1/4$

Nach den bisherigen Ausführungen über die zweckmäßigste Anordnung der Anmeldeplätze als der wichtigsten Frage im Bau von Fernämtern dürfte es keinem Zweifel mehr unterliegen, daß die Zentralisierung der Anmeldeplätze das erstrebenswerte Ziel darstellt. Dies wird vollends bei Durcharbeitung des Gedankens einer extremen Dezentralisierung des Anmeldeverkehrs klar. Für diesen Fall würde an Stelle einer maschinellen Verteilung der Anmeldezettel eine manuelle Verteilung von vielen kleinen Anmeldestellen aus treten, die in nächster Nähe der zugehörigen Fernarbeitsplätze angeordnet, mit diesen zu engerer Arbeitsgemeinschaft zusammen geschlossen würden.

Im einzelnen kommen folgende Gesichtspunkte in Betracht:

1. Bei Fernämtern mit zahlreichen Leitungen zu ein und demselben Bestimmungsort findet man Unterverteilungsstellen für das Zettelmaterial. Soferne für diesen Verkehr, als den Hauptverkehr, eine manuelle Zettelverteilung auch in Zukunft beibehalten werden müßte, so würde man eine maschinelle Verteilung auch für den übrigen Verkehr entbehren können. Nach den gepflogenen Untersuchungen über die maschinelle Zettelverteilung läßt sich nun aber auch für Arbeitsplatzgruppen mit Leitungen nach dem gleichen Bestimmungsort eine gleichmäßige Verteilung des Materials maschinell erreichen.

2. Auskünfte über den Zeitpunkt der voraussichtlichen Gesprächsabwicklung und über die Höhe der anfallenden Ferngesprächsgebühren

könnten bei den dezentralisiert aufgestellten Anmeldeplätzen ohne merklichen Zeitverlust und ohne Benützung eines Laufzettels beantwortet werden, weil sie an jenen Stellen anfallen würden, die in der Lage wären, diese Auskünfte auch tatsächlich zu geben. Andererseits müßte vom Teilnehmer in Anspruch genommen werden, bei Anmeldung von Ferngesprächen sich jeweils an die richtige Anmeldegruppe zu wenden. Damit das hiefür erforderliche Ortsverzeichnis sich auf die Hauptverkehrswege beschränken könnte, müßte der Anmeldung von Ferngesprächen für eine gewisse Anzahl von Verbindungen eine Auskunftserteilung über den Leitweg vorausgehen.

Die Zahl der in solchen Fällen anfallenden Anfragen nur zu 5% des gesamten abgehenden Fernverkehres mit 30 000 Anmeldezetteln in einem 1000ter Amte angenommen, würde jedem Fernamte besagter Größe eine Mehrarbeit von $30\,000\,\dfrac{\times 5}{100} = 1500$ Anfragen im Tage aufbürden, zu deren Erledigung allein $\dfrac{1500}{500} = 3$ Auskunftsplätze mit etwa 8 Beamtinnen bereitgestellt werden müßten. Mehrausgaben von mindestens $^1/_8$ Million Mark im Jahre wären die Folgen dieser, die Teilnehmer belästigenden Maßnahme.

3. Einem Fernarbeitsplatze mit $3\frac{1}{2}$ Fernleitungen fließen durchschnittlich im Tage $3\frac{1}{2} \times 30 = 100$ Anmeldezettel zu, die täglich etwa $0,2 \times 100 = 20$ Auskunftsanfragen im Gefolge haben. An einem Auskunftsplatz können, wie bereits erwähnt, etwa 450—500 Auskünfte erledigt werden. Um die Arbeitskraft eines Auskunftsplatzes voll auszunützen, müßten einer dezentralisierten Stelle mindestens soviele Fernplätze zugeteilt werden, daß etwa 400 Auskünfte dort anfallen. Die Dezentralisierung der Anmelde- und Auskunftsplätze würde daher ihre untere Grenze bei $\dfrac{400}{20} = 20$ Fernplätzen erreichen, denen $\dfrac{20 \times 100}{400}$ rund 5 Anmeldeplätze zuzuordnen wären.

Für ein 1000ter Amt wären somit $\dfrac{300}{20} = 15$ dezentralisierte Anmeldestellen mit je 1 Auskunftsplatz und 5 Anmeldeplätzen notwendig, die im Fernsaale aufzustellen wären. An diesen Stellen würden täglich rund 2000 Anmeldezettel anfallen, zu deren Verteilung und Sammlung an jeder der 15 Stellen mindestens 1 Arbeitskraft tätig sein müßte, deren Hin- und Hergehen die Unruhe im Fernsaale wesentlich erhöhen würde.

Die Aufstellung der Anmeldeplätze im Fernsaale durchbräche den im Abschnitt D, b entwickelten Grundsatz. Um den eigentlichen Zweck der Dezentralisierung aller Anmelde- und Auskunftsplätze restlos zu erreichen, müßten die Anmeldetische im Mittelpunkt des Versorgungsgebietes, das wäre in der zur Schrankreihe senkrecht stehenden Mittelachse der 20 in Betracht kommenden Fernplätze, aufgestellt werden. Diese Aufstellung würde aber das harmonische Bild eines Fernsaales stören und der Anordnung der Fernschränke in 4 Reihen abträglich sein; denn zur Minderung des Saalgeräusches dürfen in diesem Falle nur 2 Schrankreihen vorgesehen werden. Wollte man jedoch diese Bedenken hintansetzen und nach wie vor 4 Schrankreihen aufstellen, so wäre der Einbau der Anmeldeplätze nur unter einer Verbreiterung des Saales auf 19 m, statt 15 m, möglich. Im ersten Falle könnte die Saalbreite von 15 m auf 13 m verkürzt werden, jedoch nur unter Minderung des Fassungsvermögens auf die Hälfte der Fernplätze. Gegenüber dem entwickelten Normaltyp für 1000 Fernleitungen mit einem Minimalflächenmaß

> von 870 qm für den eigentlichen Fernsaal
> und 870 qm für den Nebenraum im unteren Stockwerk,

zusammen: 1740 qm Bodenfläche

würden sich für die beiden Lösungen einer Dezentralisierung der Anmelde- und Auskunftsplätze folgende Flächenänderungen ergeben:

a) 2 Fernsäle mit einer Breite von 13 m,
  2×750 qm = 1500 qm für die 2 Fernsäle,
  2×300 qm = 600 qm für die 2 Nebenräume,

  zusammen: 2100 qm Bodenfläche.

b) 1 Fernsaal mit einer Breite von 19 m,
  1 Fernsaal 1100 qm
  1 Nebenraum 600 qm

  zusammen: 1700 qm Bodenfläche.

Die erste Lösung hätte eine Mehrung von 360 qm Bodenfläche zur Folge, während bei der zweiten zwar die Flächenmaße gleichbleiben würden, dafür aber die ungünstige Verbreiterung des gesamten Gebäudekomplexes auf 19 m und die unnötige Vermehrung des Saalgeräusches durch weitere 100 Personen mit in Kauf genommen werden müßte.

4. Für die Fluktuation des Anmelde- und Auskunftsverkehres würde die Dezentralisierung nicht günstig wirken. Ein Ausgleich des bei Gesprächsanmeldungen stark auftretenden Spitzenverkehres läßt sich bei einer großen Anzahl von Arbeitsplätzen viel leichter erreichen, als bei einer kleineren, die im Auskunftsverkehr bei der Dezentralisierung bis auf 1 Platz herabsinken würde. Zur Zeit des schwachen Verkehres kann man an den zentralisierten Anmeldeplätzen die Zahl der Beamtinnen in bestimmten Zeitabschnitten genau dem Rückgange des Verkehres anpassen, bei der verteilten Anordnung dagegen müßte jede der 15 Anmeldestellen mit mindestens 1 Beamtin besetzt werden, eine Maßnahme, die wiederum eine vermeidbare Personalmehrung nach sich ziehen würde. Auch die sachgemäße Abwicklung des Durchgangsverkehres mit Hilfe der Transitzettel müßte verlassen und an dessen Stelle die fernmündliche Übermittlung von Platz zu Platz treten.

Die einmal gewählte Zahl der Anmelde- und Auskunftsplätze würde bei der Dezentralisierung starr einer bestimmten Anzahl von Fernplätzen zugeordnet bleiben. Ändert sich nun im Laufe der Zeit die Zahl oder der Verkehrsumfang der Fernleitungen, so könnte sich dieses starre System den schwankenden Verkehrsbedürfnissen, ohne zeitraubende Verlegung der Leitungen und ohne Änderung des Anmeldestellenverzeichnisses, nicht in dem wünschenswerten Maße anpassen. Das Ergebnis der Untersuchung läßt sich somit kurz folgendermaßen zusammenfassen: Die Dezentralisierung der Anmeldeplätze würde mehr Raum für die Unterbringung der Tische und mehr Personal für die Abwicklung des Verkehres erfordern, im übrigen würde sie mit Unbequemlichkeiten für die Teilnehmer und mit wirtschaftlichen Nachteilen für die Verwaltung verknüpft sein. Die damit zu erreichenden Vorteile dagegen wären so gering, daß sie die geschilderten Nachteile in keiner Weise ausgleichen könnten. Der Zweck, in großen Fernämtern die Anmelde- und Auskunftsplätze zu dezentralisieren, erscheint mir daher nicht vertretbar.

d) *Zettelbeförderung:*

Von den Anmeldeplätzen ab werden in großen Fernämtern die Anmeldezettel mittels Förderbändern an die Verteilungsstellen gebracht. Von da ab müssen nun die Zettel entweder von Hand oder durch maschinelle Anlagen an die einzelnen Fernplätze verteilt werden. In kleinen Fernämtern, mit einer geringen Anzahl von Fernplätzen liegt die Entscheidung der Frage, ob die Verteilung der Zettel manuell oder maschinell vorgenommen werden soll, auf der Hand, denn letztere kann hier mit Rücksicht auf die einmaligen erheblichen Anschaffungskosten einer Maschinenanlage nicht in Betracht kommen. Weniger einfach dagegen liegt die Entscheidung der Frage, bei welcher Anzahl von Fernplätzen es wirtschaftlich günstiger ist, bei der Verteilung der Zettel zum Maschinenbetrieb überzugehen. Ich will nun versuchen, für diese immerhin wichtige Frage eine Klärung zu finden.

Bereits bei der Untersuchung der Frage über die Dezentralisierung der Anmeldeplätze habe ich ausgeführt, daß das Maximum der Unterteilung bei 20 Fernplätzen gegeben ist. Der Anmeldeverkehr für eine derartige Gruppe von Fernplätzen wächst dabei schon auf 2000 Anmeldezettel im Tage bezw. bei 12% Konzentration auf rund 240 Zettel in der Stunde an. Die gleiche Anzahl von Zetteln wird sich aber auch innerhalb dieser Zeit an den 20 Fernplätzen als erledigte Zettel zur Rückbeförderung an den Sammelplatz anhäufen. Nur um zunächst der Klärung der Frage über den Arbeitsumfang, den das Verbringen der Zettel an die verschiedenen Stellen in sich birgt, näher zu kommen, nehme ich für die Vornahme der Zettelverteilung innerhalb einer solchen Gruppe an, daß sie von 1 Arbeitskraft erledigt wird und will nun im einzelnen den Arbeitsvorgang bei dieser Verteilung verfolgen und feststellen, ob diese Arbeitskraft dabei voll ausgenützt wird.

Mit einiger Wahrscheinlichkeit wird sich über den Zeitaufwand für die Verteilung und Sammlung von rund 100 Anmeldezetteln folgendes Bild ergeben:

1. Sammeln von 100 Zetteln an den 5 Anmeldeplätzen . . . 2'30"
2. Ordnen der 100 Zettel, der Reihenfolge der Fernplätze nach . . 3'30"
3. Dienstgang von den Anmelde- zu den Fernplätzen bei einer Weglänge von rund 30 m . . . . 30"
4. Verteilen von 100 Zetteln an 20 Fernplätzen, $100 \times 1,8" = $ . . 3'
5. Sammeln von 100 erledigten Anmeldezetteln an den gleichen Plätzen, $100 \times 1,8" = $ . . . . 3'
6. Nach Rückkunft Einreihen der erledigten 100 Zettel in das Fächergestell am Auskunftsplatz . . . . 4'

Zeitaufwand für das Verteilen und Sammeln von 100 Zetteln . 16'30"

Einen Beschäftigungsgrad von 60% oder 40% Ruhepausen angenommen, ergibt einen tatsächlichen Zeitaufwand für die Verteilung von 100 Zetteln von ungefähr 1,40×16'30 rund 23 Minuten. Innerhalb dieser 23' fallen aber an den 5 Anmeldeplätzen gleichzeitig $\frac{240}{60} \times 23 = 92$ oder rund 100 Zettel an, das ist die gleiche, der Annahme zugrundegelegte Anzahl. Daraus geht hervor, daß unter dieser der Wirklichkeit nahe kommenden Annahme das Gleichgewicht im Zu- und Abfluß der Anmeldezettel erreicht wird. Eine Arbeitskraft kann also, unter der Gewähr ihrer vollen Ausnützung, die Verteilung und Sammlung aller anfallenden Anmeldezettel für 20 Fernplätze übernehmen; man darf aber, um Stauungen im Zettelabfluß zu vermeiden, derselben Arbeitskraft kaum mehr als die Bedienung dieser 20 Fernplätze zuweisen.

19

20 Fernplätze bilden sonach die Einheit für die Bemessung der handbetrieblichen Zettelverteilung.

Allgemein gilt der Grundsatz, zu Maschinenbetrieb dann überzugehen, wenn dabei Arbeitskräfte eingespart werden. Erweisen sich die jährlichen Kosten für die Verzinsung und Tilgung des Anlagekapitales, für die Unterhaltung und Bedienung einer Maschinenanlage gleich oder geringer wie die Personalkosten für die gleiche Arbeitsleistung, so ist der Maschinenbetrieb wirtschaftlicher wie der Handbetrieb.

Eine Zettelpostanlage kleinsten Umfanges erfordert auf alle Fälle für die Unterhaltung und Bedienung der Anlage mindestens 1 Arbeitskraft. Es kann daher eine maschinelle Zettelbeförderung in Fernämtern, bei denen zur Verteilung der Zettel nur 1 Arbeitskraft benötigt wird, keinesfalls in Frage kommen. In Fernämtern dagegen, die zur manuellen Verteilung der Zettel bereits 2 Arbeitskräfte heranziehen müssen, kann man schon die Wirtschaftsfrage über die Einführung des Maschinenbetriebes aufrollen, denn es läßt sich mit Einführung eines solchen Betriebes 1 Arbeitskraft einsparen.

Der Personalbedarf für die Bereitstellung einer Arbeitskraft im Fernbetrieb mit ununterbrochener Dienstzeit rechnet sich unter Berücksichtigung der Urlaubs- und Krankheitszeiten, der Nacht- und Sonntagsschichten zu ungefähr 2,5 Beamten im Jahre, die einen Kostenaufwand, entsprechend den Teuerungsverhältnissen vom 1. Januar 1922, von etwa 65,000 Mk. verursachen. Beim Übergang zum Maschinenbetrieb wird man also in dem eben angeführten Falle zunächst für den Wegfall der zweiten Arbeitskraft, im Jahre 65,000 Mk. einsparen. Dafür muß man aber den für die Verzinsung und Tilgung des Anlagekapitales, sowie für die Unterhaltung und Bedienung der Anlage erwachsenden Betrag zu Lasten des Maschinenbetriebes buchen. Es handelt sich nun um die technische Frage, ob mit dem Betrage von jährlich 65,000 Mk. die Lasten des Maschinenbetriebes getragen werden können. Die Verzinsung des Anlagekapitales zu 5%, die Tilgung desselben zu 2,5% und die Unterhaltung der Anlage roh zu gleichfalls 2½% angenommen, dürfte man, bei dem gleichen wirtschaftlichen Effekte, für die Herstellung einer Zettelpostanlage in einem Fernamte mit 2×20 = 40 Fernplätzen, etwa 125 Fernleitungen, maximal ein Kapital von 650,000 Mk. aufwenden. Zur maschinellen Zettelbeförderung für 40 Fernplätze benötigt man 20 Sendestellen, deren Anschaffungskosten für eine pneumatische Zettelpostanlage vor dem Kriege rund 500 Mk. für jede Stelle betragen haben. Legt man der heutigen Teuerung einen Zuschlag von rund 5000% der Überschlagsrechnung zu Grunde, so dürfen sich die Anschaffungskosten einer solchen Anlage in besagter Größe, trotz der Teuerung, kaum höher als zu 20×50×100 = 500,000 Mk. belaufen. Die Zinsen des Differenzbetrages von 0,05×(650,000—500,000) Mk. = 7500 Mk. stellen die jährlichen Einsparungen des Maschinenbetriebes gegenüber dem Handbetriebe für die Zettelverteilung in einem Fernamte mit rund 125 Fernleitungen dar. Daraus ergibt sich folgender Schluß von grundsätzlicher Bedeutung:

Die maschinelle Zettelverteilung ist in allen Fernämtern, bei denen für die manuelle Verteilung der Anmeldezettel gleichzeitig zwei und mehr Arbeitskräfte benötigt werden, wirtschaftlich günstiger wie die Handbetriebsverteilung.

1. Pneumatische Zettelpostanlagen:

Die technische Ausführungsform solcher Anlagen setze ich als bekannt voraus und verweise auf die in der Fachliteratur erschienenen Beschreibungen.

Für ein Fernamt mit 1000 Fernleitungen oder 300 Arbeitsplätzen sind nach dem vollen Ausbaue 150 Sendestellen zum Empfang der Anmeldezettel von der Verteilungsstelle zu den einzelnen Fernschränken mit ebensovielen Flachröhren aus Messing zwischen den beiden Stellen und 32 Rücksenderöhren zwischen den Schränken und den Walzenempfängern an der gemeinsamen Sammelstelle, im unteren Stockwerke des neuen Fernsaales, nötig. Nach den allgemeinen Ausführungen über den Zettelumlauf im Anmeldeverkehr für ein Amt mit rund 1000 Fernleitungen und der angenommenen Gesprächsbelastung berechnet sich die Zahl der Verteilerbeamten zu 4, dementsprechend müssen auch die Rohrpostverteiler für mindestens ebensoviele Personen vorgesehen werden. (Siehe Abb. 3, I. Teil.)

Entgegen den bisher in Fernämtern gebauten Zettelpostanlagen wurden die Walzenempfänger nicht mit den Rohrpostverteilern vereinigt, sondern getrennt von diesen an einer eigenen Sammelstelle 1 m über Tischhöhe vorgesehen, um den Rückfluß sämtlicher erledigten Anmelde- und Transitzettel von dem Zuflusse derselben räumlich und damit auch betrieblich zu scheiden. Betrachtet man in Abb. 3, I. Teil die dargestellte Rohrführung, sowohl im Grundriß wie auch im Aufriß, so wird man sich dem Eindrucke nicht verschließen können, daß eine Vereinigung von 160 Einzelröhren auf den verhältnismäßig kleinen Raum von 8×0,5×0,25 qm = 1 qm, der wegen Bedienung der Rohrpostverteiler auch nicht größer gehalten werden kann, gewisse technische Schwierigkeiten im Baue, vielmehr aber noch in der Unterhaltung der Anlage in sich birgt. Die Zugänglichkeit zu jedem einzelnen Rohr bei einem Bündel von 20 Stück, die für den Störungsfall gewahrt bleiben muß, läßt sich bei der gewählten, in der Natur der Anlage liegenden Anordnung kaum als besonders günstig bezeichnen.

Im allgemeinen erfüllen pneumatische Zettelpostanlagen die billigen Anforderungen eines geordneten Betriebes, sie arbeiten ziemlich störungsfrei. Die Schnelligkeit der Beförderung wird von keiner anderen Betriebsart erreicht. Der Zeitaufwand für die Beförderung eines Zettels von der Verteilungsstelle zu den Schränken oder umgekehrt beträgt bei den relativ kurzen Rohrlängen nur wenige Sekunden. Darin liegt vielleicht vom Betriebsstandpunkte aus ein gewisses Übermaß des technischen Effektes, denn es ist bei den auftretenden großen Wartezeiten in der Abwicklung der Ferngespräche ziemlich belanglos, ob der Anmeldezettel zur stundenlangen Lagerung den Fernplatz einige Sekunden früher oder später erreicht. Es dürfte nicht unbekannt sein, daß der Betrieb von Zettelrohrposten, genau und ebenso wie von Fernrohrposten sehr empfindlich gegen Feuchtigkeit reagiert. Die Feuchtigkeit schlägt sich während des Betriebes in den Innenwandungen der Fahrrohre nieder und durchweicht die eingelegten Zettel. Ein solch durchweichter Zettel bleibt leicht kleben, besonders dann, wenn die gefaltete Fahne aufreißt. Mit Rücksicht darauf muß man bei der Auswahl der Papiersorten für die Anmeldezettel sehr vorsichtig zu Werke gehen. Man darf zu diesen Zetteln nur starkes, bestes Papier in Verwendung nehmen.

In den meisten Anlagen müssen sogar die Zettel kurz vor ihrer Verwendung künstlich getrocknet und muß die Betriebsluft durch Filtereinrichtung von Staub und Ruß gereinigt werden. In den Rücksenderöhren, die jeweils 5 bis 6 Rücksendestellen zusammenfassen, kommen ab und zu bei starkem Verkehre durch zeitweise Anhäufungen vollkommene Rohrverstopfungen vor, die in einzelnen Fällen derart stark waren, daß man die breiartig zusammengepreßte Papiermasse auf mechanischem Wege nicht mehr aus den Röhren entfernen konnte. Solche Fälle sind für die

Verwaltung mit finanziellen Verlusten verknüpft, denn die dabei in Mitleidenschaft gezogenen Anmeldezettel, als Belege für die Gesprächsabwicklung, gehen verloren.

Solange solche Störungen nur vereinzelt auftreten, können und müssen sie, genau so wie in jedem anderen technischen Betriebe mit in Kauf genommen werden.

Mißlicher dagegen erweisen sich im Betriebe einer pneumatischen Zettelpostanlage:

1. das starke, pustende Geräusch an den Fernplätzen in dem Augenblick, in dem der Zettel aus dem Senderrohr fliegt,
2. das Klappen der Deckel beim Rücksenden der Zettel,
3. das ununterbrochene, surrende Maschinengeräusch am Walzenempfänger des Rohrpostverteilers und
4. das zeitweise, zum Glück nur im Störungsfalle beim Steckenbleiben der Zettel in den Walzen, immerhin aber täglich öfters auftretende, geradezu unerträgliche Geräusch, wenn der Revisionsdeckel am Walzenempfänger geöffnet werden muß. Die unter Ziffer 3 und 4 aufgeführten Geräusche können in Neuanlagen durch die getrennte Aufstellung der Zentralanlage im unteren Stockwerke, vom eigentlichen Umschaltsaale ferngehalten werden. Die anderen Geräusche aber, die in einem 1000 ter Fernamt bei einem sekundlichen Anfall von 4 Zetteln ein dauerndes Summen verursachen, sind bei dem Betriebe einer pneumatischen Zettelpostanlage unvermeidbar.

Hier Wandel zu schaffen, scheint der Erwägung wert. Wenn es nun der Technik gelingen sollte, eine andere Beförderungsart der Anmeldezettel in den Verkehr zu bringen, welche

1. die ungünstige Zusammenfassung einer so großen Zahl von Einzelröhren an einer Stelle, überhaupt in diesem Umfange die Verwendung von Röhren aus teurem Messing vermeidet,
2. die unvermeidbaren Geräusche des Betriebes mindert,
3. die Betriebsstörungen einschränkt oder wenigstens in ihren Folgen mildert,
4. die peinliche Auswahl bestimmter, teurer Papiersorten für die Anmeldezettel überflüssig macht und
5. die immerhin erheblichen, jährlichen Kosten einer pneumatischen Zettelpostanlage wesentlich vermindert,

so müßte in Zukunft der Bau von pneumatischen Zettelpostanlagen unterlassen werden. Seilpostanlagen, wie solche in Telegraphenämtern schon vielfach mit Erfolg im Betriebe stehen, scheinen mir die Mittel zur Erfüllung dieser Forderungen zu bieten. Ohne weiteres lassen sich aber die bisher in den Verkehr gebrachten Seilpostanlagen für Fernämter nicht verwenden. Ich habe daher die Rohr- und Seilpostanlagen G.m.b.H. in Berlin veranlaßt, ein neues Seilpostsystem für Fernämter nach den im folgenden Abschnitt niedergelegten Richtlinien auszuarbeiten.

2. Zettelpostanlagen mit Seilbetrieb.

Förderanlagen in Fernämtern haben den Zweck, von einem Verteilungspunkte der Anmeldungsstelle aus die anfallenden Zettel an eine große Anzahl von Sendestellen im Fernsaale zu verbringen und von diesen Stellen aus die erledigten Zettel an eine gemeinsame, von der ersten getrennten Sammelstelle wieder zurückzubefördern. Einem ähnlichen Zwecke dienen auch die Seilpostanlagen in Telegraphenämtern, jedoch mit dem Unterschiede, daß hier Telegrammformulare verschiedener Art in großem Formate und diese zum größten Teile in Bündeln bis zu 20 und mehr Stücken verschickt werden, während dort nur Zettel in bestimmter, unveränderlicher Gestalt und diese für jede Sendestelle nur in mäßiger Zahl zu befördern sind. Die an den Betrieb zu stellenden Bedingungen sind daher für Seilpostanlagen in Fernämtern einfacher, wie jene in Telegraphenämtern. Die Bau- und Betriebsschwierigkeiten von Seilpostanlagen in Telegraphenämtern liegen der Hauptsache nach in der Bedingung, daß die Telegramme von den Apparatentischen ebenfalls mittels Greiferwägen zurückbefördert werden sollen. Gerade diese Bedingung hat die schwierigsten technischen Weiterungen im Bau von Seilpostanlagen zur Folge, nämlich:

1. Die Geleiseführung kann nicht freizügig, nach seilposttechnischen Grundsätzen geplant werden, sondern sie muß sich der zufällig gewählten Aufstellung der Apparatentische, nicht nur im Grundriß, sondern auch in der Höhe der Tische, anpassen. Eine Maßnahme, die sowohl die Anlage, wie auch die Betriebskosten verteuert und das architektonische Bild eines Saales stört.

2. Die Rücksendung der Telegramme vom Tisch aus bedingt den Einbau eines besonderen Einlegeschlitzes und damit die Aufrechtstellung des Greiferwagens, die für den gleichzeitigen Abwurf der Telegramme als die ungünstigste Stellung bezeichnet werden muß. Befreit man sich aber von dem Gedanken der Rücksendung von Zetteln durch Greiferwägen und denkt sich dieselbe durch eine Förderbandanlage bewerkstelligt, wobei das Förderband entweder in die Tastatur der Fernschränke eingebaut oder besser an der Decke des unterhalb der Schränke gelegenen Raumes aufgehängt werden kann, so sind die Bedingungen, die nunmehr an den Bau und den Betrieb von Seilpostanlagen zu stellen sind, die denkbar einfachsten, denn sie bestehen lediglich darin, die Anmeldezettel in den Fernschränken an bestimmten Stellen abzuwerfen.

Das Geleise einer Seilpostanlage läßt sich in Fernschränken sehr einfach an der Decke des Schrankes, dem Schrankgesimse gegenüber, daher vollkommen verdeckt und ohne kostspielige Verkleidung und ohne besondere Aufhängevorrichtungen aufsetzen und zwar umso leichter, wenn die Schrankreihen parallel zur Saalachse (siehe Abschnitt C, I. Teil) aufgestellt werden und die Seilpostzentrale im unteren Stockwerke vorgesehen wird. (Siehe Abb. 4, I. Teil.)

Trotz der verdeckten Geleiseführung innerhalb der Schränke ist gegenüber dem Betrieb einer pneumatischen Zettelpostanlage die uneingeschränkte Zugänglichkeit der gesamten Anlage als besonderer Vorteil hervorzuheben. Von der Rückseite der Schrankreihe aus übersieht der Betriebswärter mit einem Blicke den geordneten oder gestörten Zustand eines ganzen Seilzuges. Die Anwendung von Förderbändern im unteren Stockwerke des Saales hat einen sehr ruhigen Betrieb in der Rücksendung der Anmeldezettel zur Folge, wie er in pneumatisch betriebenen Zettelpostanlagen nicht erreicht werden kann. Aber nicht allein die Rücksendung der Zettel, sondern auch die Verteilung derselben soll in Fernämtern möglichst geräuschlos vollzogen werden. Ein geräuschloser Betrieb wird erreicht, in dem man

1. die Geleiseschienen entweder aus Hartgummistäben oder aus Flachgummistreifen mit Metalleinfassung herstellt. Besser und billiger aber noch erreicht man die Geräuschlosigkeit eines bewegten Greiferwagens durch Aufziehen von Gummireifen auf die eisernen Laufrollen des Greiferwagens. Solch ausgerüstete Wägen können aber nicht mehr in den bisher üblichen, kreisrunden Vollschienen, sondern sie müssen in

Halbrundeisenschienen laufen. Gegenüber den Vollschienen erspart man bei Verwendung von Halbrundeisenstäben gleicher Größe rund 30% Eisenmaterial;

2. die Greiferwägen nach dem Abwurfe der Zettel in den Schrankreihen nicht mehr in die Ruhelage zurückschnellen läßt, ein Vorgang, der sonst ziemlich störende Geräusche verursachen würde. Diese für den Betrieb von Seilpostanlagen einschneidende Maßnahme läßt sich nur deshalb durchführen, weil man hier auf den Rücktransport der Zettel durch die Greiferwägen verzichtet.

Mit Rücksicht auf das kleinere Format der Anmeldezettel und die mäßige Zahl der gleichzeitig zu befördernden Zettel können auch die Greiferwägen leichter und einfacher gebaut werden, wie jene in Anlagen für Telegraphenämter. (Siehe Abb. 5, I. Teil.)

Dem Wesen nach liegt der Unterschied in einer pneumatischen Zettelpostanlage und jener mit Seilbetrieb darin, daß in der ersteren jede Sendestelle ein besonderes Fahrrohr benötigt und der Betrieb auf diesem Rohre sich nur anfallsweise nach Bedarf abwickelt, während in der letzteren eine Reihe Sendestellen in einem Zuge vereinigt sind und der Betrieb eines Zuges, gleichgültig, ob Anmeldezettel zur Beförderung vorliegen oder fehlen, ununterbrochen aufrecht erhalten wird.

Eine Seilpostanlage wirkt nun umso wirtschaftlicher, je mehr Sendestellen in einem Seilpostzuge vereinigt werden können. Es muß deshalb das Streben der Seilposttechnik darauf gerichtet sein, diese Höchstzahl an Sendestellen in einem Zuge zu erreichen. Die Zahl der Sendestellen eines Zuges findet aber ihre Grenze in der senkrechten Reichweite des Bedienungspersonales an der Zentrale einer solchen Anlage. Für mittelgroße Personen darf diese Reichweite mit 1,2—1,4 m angenommen werden. Vom technischen Standpunkte aus ist nunmehr die Frage zu lösen, wie viele solcher Sendestellen können bei dieser gegebenen Länge in dem System der R o h r - u n d S e i l p o s t a n l a g e n G.m.b.H. — ein anderes System kann für den vorwürfigen Fall überhaupt n i c h t i n F r a g e k o m m e n — mit parallel verschiebbaren Doppelschlitzen an der Zentrale eines Zuges eingebaut werden. Die Beantwortung der Frage ist nun ihrerseits wieder abhängig von der Größe der zu befördernden Zettel, die in Fernämtern eine Breite von 8 cm und eine Länge von 13 cm aufweisen. Für eine derartige Zettelgröße ergibt sich die nötige Bauhöhe eines Schlitzes einschließlich Laufschiene, Rollen und Gestänge zu 13 cm. Es können somit 130 cm : 13 cm = 10 Schlitzpaare, d. s. 20 Einlegeschlitze in der Zentrale eines Zuges eingebaut werden. (Siehe Abb. 6, I. Teil.)

Nach den bisher in den Verkehr gebrachten Seilpostsystemen ist für jeden Einlegeschlitz ein eigener Greiferwagen notwendig, von denen für den Betrieb der Anlage jeder Anlaufhebel eine andere Auskragung haben muß. Nimmt man die Teilung der Auskragungen für den Anlaufhebel mit 1,2—1,6 cm an, — eine kleinere Teilung ist der Rollen wegen nicht gut möglich — so würden die beiden äußersten Auskragungen 20×1,2 bis 1,6 cm = 24—32 cm voneinander entfernt sein, d. h. die äußersten Auskragungen weichen von der Mittellinie des Hebels je 12—16 cm nach oben und unten ab. Solch große Abweichungen der Anlaufhebel erweisen sich für die Bewegung der Greiferwägen einer Seilpostanlage nicht günstig, denn sie erhöhen bei einer Spurweite der Geleise von 6,5 cm und einer Anlaufkraft von etwa 500 g für den Hebel den Raddruck der Wägen im Augenblick der Auslösung auf $\frac{12 \text{ bis } 16}{6,5} \times 0,5$ kg = 0,9—1,25 kg. Der erhöhte Raddruck beeinflußt aber die Wagenreibung und damit die Seilspannung eines Zuges ungünstig, der umso größer wird, je mehr Wägen in einem

Zuge gleichzeitig bewegt werden. Selbst bei kugelgelagerten Wagenrollen erhöht sich die Wagenreibung auf mindestens 0,5—1 kg. Aus dieser Untersuchung geht also hervor, daß der Betrieb einer Seilpostanlage mit 20 Wägen seilposttechnische Nachteile in sich birgt. Gleichwohl möchte man aber den Gedanken der wirtschaftlich günstigsten Lösung nicht ohne weiteres fallen lassen. Nach einem Vorschlage der Rohr- und Seilpostanlagen G.m.b.H. läßt sich dieser Widerstreit in folgender Form ausgleichen.

Ein Seilpostzug mit maximal 20 Einlegeschlitzen soll mit der Hälfte der Greiferwägen betrieben werden. Diese Bedingung ist erfüllbar, wenn es technisch gelingt, während eines Umlaufes mit einem Greiferwagen die eingelegten Zettel eines bestimmten Einlegeschlitzes aufzunehmen, diese Zettel an der zugeordneten bestimmten Empfangsstelle abzuwerfen, dagegen während des folgenden zweiten Umlaufes mit dem gleichen Greiferwagen die Zettel eines zweiten, mit dem ersten in Wechselbeziehung stehenden Einlegeschlitzes aufzunehmen und sie dann an der zugehörigen zweiten, mit der ersten ebenfalls in Wechselbeziehung stehenden Empfangsstelle abzuwerfen. Man kann solche Anlagen als „Seilpostanlagen für den Doppelbetrieb", im Gegensatz zu den gewöhnlichen für den Einfachbetrieb bezeichnen, weil in einem Zuge dieser Anlage mit einem Greiferwagen zwei Sende- und Empfangsstellen bedient werden. Mit Einführung derartiger Anlagen vermindern sich die Anschaffungs- und Betriebskosten um fast die Hälfte einer gewöhnlichen Anlage. Dagegen erhöhen sich die Abwurfzeiten an den Empfangsstellen um den doppelten Betrag, es tritt somit eine Verzögerung in den Laufzeiten der Zettel ein. Für die Abwicklung des Fernbetriebes halte ich diese Verzögerungen in der Verteilung der Zettel für vollkommen belanglos, denn es ist bei der großen Anzahl vorliegender, nicht erledigter Anmeldezettel völlig gleichgültig, ob eine weitere Reihe von Zetteln einige Minuten früher oder später das stundenwährende Stillager am Fernplatze erhöhen. Gegenüber den zu erwartenden Einsparungen spielt die Verzögerung der Abwurfzeiten keine Rolle.

Die von der Rohr- und Seilpostanlagen G.m.b.H. angegebene technische Lösung dieser Frage ist aus den beiden Abb. 7 und 8 I. Teil näher zu ersehen.

1. Die wechselseitige Auslösung und Einschaltung der Abwurfschienen an den Empfangsstellen einer Seilpostanlage für den Doppelbetrieb.

Es würde im Rahmen dieser Abhandlung zu weit führen, die technischen Vorgänge, die das wechselseitige Spiel der drehbaren Abwurfschienen auslösen, hier näher zu erläutern.

2. Die wechselseitige Aus- und Einschaltung zweier, zusammengehöriger Einlegeschlitze an der Zentrale dieser Anlage.

Bei dem Seilpostsystem der Rohr- und Seilpostanlagen G.m.b.H., welche sich durch die gedrängte Anordnung der Zentrale mit nur 30 cm Breite gegenüber anderen Systemen hervorhebt, erreicht man die geringe Breite deshalb, weil es in diesem System gelungen ist, die Einlegeschlitze paarweise anzuordnen. (Siehe Abb. 6, I. Teil.) Diese sonst in keinem anderen System mögliche Anordnung der Schlitze wird nun für den vorwürfigen Zweck benützt, um die wechselseitige Aus- und Einschaltung mit Hilfe von Sperrädern, Klinken und Schiebern herbeizuführen. Auch hier muß aus den bereits erwähnten Gründen auf weitere Erläuterungen und Beschreibungen der Einrichtung verzichtet werden.

Gegen die Einführung von Seilpostanlagen für den Einfachbetrieb mit Gummireifen an den Wagenrollen und mit Sperrvorrichtungen für die Greiferwägen bestehen nicht die geringsten technischen Bedenken, umsoweniger, nachdem die für Fernämter in Aussicht genommenen Abänderungen den Betrieb der Anlagen, gegenüber jenen für Telegraphenämter, wesentlich vereinfachen. Was nun die Anlagen für den Doppelbetrieb anbetrifft, so soll zunächst in der folgenden Wirtschaftsrechnung der Beweis über den wirtschaftlichen Erfolg derselben erbracht werden. Im übrigen muß es der Rohr- und Seilpostanlagen G.m.b.H. überlassen bleiben, in einer Probe- oder Musteranlage den Nachweis über die technische Durchführbarkeit der gemachten Vorschläge und über die Geräuschlosigkeit des Betriebes zu erbringen.

Die Einführung des Seilpostbetriebes in Fernämtern setzt eine Änderung der Klinkenstreifeneinteilung im Klinkenfelde eines Schrankes voraus. Es muß nämlich der Abfallschacht in einer Breite von 10 cm von der Abwurfstelle an der Schrankdecke bis zur Abwurfschale am Fernplatz innerhalb des Schrankes, in dessen Mittellinie geführt werden und in der gleichen Ebene der Abwurfschacht vom Fernplatz durch die Zwischengeschoßdecke zum Förderband im unteren Stockwerke.

3. Wirtschaftlicher und betrieblicher Vergleich der verschiedenen Betriebsarten für die Zettelbeförderung.

Der nachfolgenden Untersuchung wird der Betrieb eines vollausgebauten Fernamtes mit rund 1000 Fernleitungen, einer durchschnittlichen Belastung jeder Fernleitung von werktäglich 130 Gesprächseinheiten, die an den 62 Sonn- und Feiertagen auf $^1/_3$ dieses Verkehres als herabgesunken gedacht wird, unter folgenden Annahmen zu Grunde gelegt:

1. Die Verzinsung des Anlagekapitales zu 5%,
2. die Tilgung desselben zu 2½% und
3. der Jahresgehalt eines Beamten zu 25,800 Mk.

Die Höhe dieses Gehaltes bildet den wichtigsten und ausschlaggebendsten Faktor in der Beurteilung der gesamten Wirtschaftsfrage. Er wurde unter der Voraussetzung entwickelt, daß zu den vorwürfigen Arbeiten halbscheidig Beamte in Ortsklasse A der Gruppe II mit 17840 Mk. Anfangsgehalt, 23360 Mk. Endgehalt und 2500 Mk. Kinderzulage, und solche der Gruppe III mit 19,640 Mk. Anfangsgehalt, 25,760 Mk. Endgehalt und 2500 Mk. Kinderzulage Verwendung finden. Das arithmetische Mittel aus diesen einzelnen Gehältern ergibt den obengenannten Gehalt.

Der Vergleich soll sich erstrecken auf:
1. die Zettelbeförderung durch pneumatische Zettelpostanlagen,
2. „   „   „   Seilpostanlagen mit Einfachbetrieb,
3. „   „   „   „   „   Doppelbetrieb und
4. „   „   mit Handbetrieb.

Zunächst habe ich in dem Anhang I. Teil auf Seite 60 eine Zusammenstellung angefertigt, aus der die durchschnittlichen Beförderungszeiten für die 3 verschiedenen maschinellen Förderanlagen entnommen werden können. Daraus geht hervor, daß man im Seilpostbetrieb nach Wahl die Beförderungszeiten eines Seilzuges von 38" auf 162" ändern kann, je nachdem man die Seilgeschwindigkeiten desselben zu 0,5 m oder zu 1 m pro Sekunde bemessen will und zwar ohne Änderung der Stromkosten für den Antriebsmotor, der dabei in jedem Falle mit der gleichen Tourenzahl läuft. Des weiteren geht aus dieser Zusammenstellung hervor, daß die Beförderungszeiten im Betriebe von pneumatischen Zettelpostanlagen mit durchschnittlich 3", den Betrieb von Seilpostanlagen nach dieser Richtung hin weit in den Schatten stellen würde, wenn es bei der Zettel-

26

beförderung auf diese Zeit allein ankäme. Ausschlaggebend für die Beurteilung dieser Frage ist aber nicht allein die Beförderungszeit der Zettel vom Augenblick ihres Einwurfes in die Zentrale der Sammelstelle bis zum Abwurf derselben am Fernplatz, sondern vielmehr ist jene Zeit maßgebend, die auf dem Wege verstreicht, den der Anmeldezettel von seiner Ursprungsstelle am Anmeldeplatz bis zu seiner Verarbeitungsstelle am Fernplatz durchläuft. Auf diesem Wege spielen nämlich die eingeschalteten, unvermeidbaren Stillager eine weit größere Rolle, als man leichthin immer annimmt. Auf Seite 61 des Anhanges I. Teil habe ich den Weg eines Anmeldezettels in seine einzelnen Etappen zerlegt und soweit möglich die Laufzeiten, entsprechend den auftretenden Geschwindigkeiten und den Wegstrecken der Fördermittel gerechnet, die Stillagerzeiten dagegen, für die ich, wie aus der Zusammenstellung ersehen werden wolle, sehr kurze Fristen angenommen habe, geschätzt. Je größer man diese Stillagerzeiten annehmen will, desto mehr verschwindet der krasse Unterschied in den Laufzeiten der Zettel zwischen den einzelnen Betriebsarten, der trotz der kurz bemessenen Stillagerungen nur mehr das $3^1/_3$ fache zwischen der Laufzeit bei Benützung einer pneumatischen Anlage und jener einer langsam laufenden Seilpostanlage beträgt. Im abgehenden Fernverkehr, für den die Laufzeit eines Anmeldezettels allein in Betracht kommt, spielt bei einer durchschnittlichen Gesprächsdauer von 3,5 Minuten eine Verzögerung der Laufzeit von 1' auf 3' keine Rolle, umsoweniger, da innerhalb von 3' rechnerisch an 2 Arbeitsplätzen jeweils nur 1 Zettel anfällt. Selbst für den unwahrscheinlichen Fall, daß an einem Fernarbeitsplatz im gegebenen Augenblicke kein weiterer Anmeldezettel zur Verarbeitung vorliegt, hat die vorzeitige Ankunft eines neuen Zettels vor Ablauf des bestehenden Gespräches keine praktische Bedeutung. In der Regel liegen aber an den Fernplätzen eine solche Menge unerledigter Anmeldezettel vor, daß das Geizen mit Sekunden bei den Laufzeiten der Anmeldezettel als höchst überflüssig und als unnötiger, kostspieliger Luxus im Betriebe bezeichnet werden muß. Eher noch läßt sich die Forderung einer raschen Rücksendung der erledigten Anmeldezettel zur Sammelstelle vertreten, die für den Fall erwünscht ist, wenn ein Teilnehmer unmittelbar nach Beendigung seines Ferngespräches die Höhe der erwachsenen Ferngebühren wissen will. Im pneumatischen Betriebe beträgt die Rücksendezeit 8" (siehe Seite 60, Anhang I. Teil), im Seilpostbetriebe bei einer Förderbandgschwindigkeit von 0,5 m pro Sekunde 40", die sich sofort auf 20" verkürzen läßt, wenn das Band mit einer sekundlichen Geschwindigkeit von 1 m läuft. Auch im Durchgangsverkehr bietet die beschleunigte Beförderung der Transitzettel gewisse Vorteile. Die Laufzeit eines Transitzettels von einem Fernplatze des Saales zu dem gewünschten, zweiten Platze berechnet sich für pneumatische Zettelpostanlagen im Mittel zu 1'+8" = 1 Min. 8 Sek., für Anlagen mit Seilbetrieb zu 204"+40" rund 4 Minuten. Im Falle der Dringlichkeit ließe sich aber hier im Seilbetriebe unter Heranziehung der Ferndienstleitungen fernmündlich der Verzögerung vorbeugen. Auf Grund dieser Überlegungen komme ich zu dem Entschlusse, bei einer eventuellen Einführung von Seilpostanlagen in Fernämtern, nicht die hohe Seilgeschwindigkeit mit 1 m und damit eine beschleunigte Laufzeit, sondern die niedrige mit einer verzögerten Laufzeit der Zettel als für einen geordneten Betrieb vollauf genügend, begutachten zu sollen und zwar umsomehr, da der langsamere Betrieb eine geringere Abnützung und einen geräuschloseren Lauf der bewegten Teile zur Folge hat.

Alle technischen Einrichtungen, mögen sie groß oder klein ausgefallen sein, verlieren an Wert, wenn ihr Betrieb sich wirtschaftlich nicht vertreten läßt. Daher ist neben der technischen Durchbildung eines Werkes die Frage über die Wirtschaftlichkeit desselben wohl die wichtigste. Betrachtet man nach diesem Gesichtspunkte die Schlußsumme der auf Seite 62 des Anhanges, I. Teil angefertigten Zusammenstellung über die jährlichen Kosten der verschiedenen Betriebsarten für die Zettelbeförderung in Fernämtern, so wird man über das Ergebnis dieser Untersuchung aufs höchste überrascht sein, denn es kommt hier unzweideutig zum Ausdrucke, daß der Betrieb einer pneumatischen Zettelpostanlage, wie solche bisher in allen großen Fernämtern Verwendung fanden, ein wirtschaftlicher Fehler ist, denn die jährlichen Kosten einer solchen Anlage überragen sogar die Kosten einer Handbetriebsverteilung um den hohen Betrag von 114,500 Mk. Worin ist nun der Grund zu diesem unerwarteten Ergebnisse zu suchen? Die Anschaffungs-, Betriebs- und Bedienungskosten der pneumatischen Anlagen entsprechen den gehegten Erwartungen, sie sind um einen erheblichen Betrag geringer wie die Kosten der Handbetriebsverteilung. Lediglich in der ungeheueren Preissteigerung des Papieres für die Anmeldezettel liegt die Niederlage der pneumatischen Anlage im Wettstreit der verschiedenen Betriebssysteme.

Der Papierpreis für die Anmeldezettel betrug nämlich vor dem Kriege:
a) für 1000 Anmeldezettel in pneumatischen Anlagen verwendbar: 2.45 ℳ
b) für 1000 gewöhnliche Anmeldezettel: . . . . 1.50 „

das ergibt einen Unterschied von 0.95 ℳ

Am Anfang des Jahres 1922 kosteten aber 1000 Stück Anmeldezettel der gleichen Qualität:
Sorte a)   38.45 ℳ
  „ b)   11.40 „

Unterschied: 27.05 ℳ, d. i. fast das 30 fache des Friedensbetrages. Wie bereits erwähnt, kann man in pneumatischen Anlagen zur Beförderung der Anmeldezettel nur bestes, starkes, vorgetrocknetes Papier in Benützung nehmen, während man in Ämtern, bei denen die Beförderung der Zettel entweder von Hand oder mittels Seilpostanlagen erfolgt, auf die Güte des Papieres keine Rücksicht zu nehmen braucht. (Siehe die beiden Muster auf Seite 63 des Anhanges, I. Teil.) In einem wirtschaftlichen Vergleiche darf aber dieser Unterschied nicht unberücksichtigt bleiben, besonders dann nicht, wenn gerade diesem Umstande eine ausschlaggebende Bedeutung zukommt.

Die jährlichen Kosten des Betriebes für die verschiedenen Beförderungsarten ändern sich für Fernämter anderer Größe in Stufen von 20 zu 20 Fernplätzen annäherungsweise proportional. Demzufolge dürfen die Beförderungskosten in einem Fernamte zu 200 Leitungen mit etwa $^1/_5$, in einem solchen zu 2000 Leitungen mit dem 2 fachen Betrage der in der Zusammenstellung gerechneten Summe in Ansatz gebracht werden.

Aber nicht allein die Unstimmigkeit der Handbetriebsverteilung gegenüber schließt die fernere Verwendung von pneumatischen Zettelpostanlagen in der bisherigen Form für Fernämter aus, sondern sie können auch im technischen und wirtschaftlichen Wettstreit den Seilpostanlagen gegenüber nicht Stand halten. Nach der angestellten Wirtschaftsrechnung beträgt der betriebstechnische Unterschied zwischen den jährlichen Kosten einer pneumatischen Anlage und einer Seilpostanlage nach dem Einfachbetrieb ohne Berücksichtigung der Mehrkosten für die Anmeldezettel 144,000 Mk., nach dem Doppelbetrieb 191,000 Mk., welche Beträge sich zu Gunsten des Seilpostbetriebes mit Berücksichtigung dieser Mehrkosten auf

r u n d 3 7 7,6 0 0 M k. bezw. 4 2 4,6 0 0 M k. im Jahre erhöhen.

Die Beförderungskosten eines Anmeldezettels rechnen sich nach den verschiedenen Betriebsarten wie folgt:

1. In pneumatischen   2. im Handbetrieb: 3. mit Einfach-   4. mit Doppel-
   Zettelpostanlagen   betrieb: betrieb:
   zu r d. 1 1 P f g.   zu r d. 9,7 P f g.   zu r d. 7 P f g.   zu r d. 6,5 P f g.

Nach dieser Sachlage dürfte es keinem Zweifel mehr unterliegen, daß in Zukunft die Zettelbeförderung in Fernämtern mit mehr als 1 Arbeitskraft für die gleichzeitige Verteilung der Zettel nur noch mit Seilpostanlagen durchgeführt werden kann. Ob dabei Anlagen nach dem Einfachbetrieb oder nach dem Doppelbetrieb in Anwendung kommen, bleibt zunächst eine offene Frage, deren Beantwortung dem Ergebnis des noch anzustellenden Versuches überlassen werden muß.

E) Vorentwürfe für neue Fernämter.

Die Fernleitungsstellen in Bayern sind fast alle überlastet. Zum Teil kann dieser Überlastung nur durch einen Neubau der Umschalteeinrichtungen begegnet werden. Eines solchen Neubaues bedürfen heute schon die Fernleitungsstellen in Nürnberg und Regensburg, in einigen Jahren auch jene in München. Die Sorge für die Erstellung dieser Neubauten hat die Veranlassung gegeben, alle dabei auftretenden Fragen in der vorstehenden Abhandlung zusammenzufassen und zunächst nur generelle Entwürfe als Grundlage zu den beabsichtigten Neubauten auszuarbeiten. An Hand dieser 3 praktischen Beispiele, die als Vorbilder für den Bau von Fernämtern für 1000, für 500 und für 250 Fernleitungen aufgefaßt werden können, will ich kurz zeigen, wie ich mir den Bau neuer Fernleitungsstellen nach den vorgeschlagenen Grundzügen verwirklicht denke.

1. Die Fernleitungsstelle in München mit maximal 1000 Fernleitungen.

Der Grundriß des Fernsaales ist seiner Längenentwicklung nach mit 64 m größer gehalten, als der in Abb. 1 I. Teil theoretisch entwickelte, weil hier außer den Fernarbeitsplätzen auch noch 30 Klopferarbeitsplätze für die langen Fernleitungen in den Schrankreihen eingebaut, mit vorgesehen wurden. (Siehe Abb. 9 I. Teil.)

Die Einreihung der Klopferplätze in die Schrankreihen erweist sich im Betriebe einer Fernleitungsstelle günstiger, als die bisher übliche Aufstellung gesonderter Klopfertischchen unmittelbar vor den Arbeitsplätzen, weil sowohl das Tischchen, als auch die vor demselben sitzende Beamtin die freie Bewegung des übrigen Personales im Saale hemmen. Wegen Raummangels in den älteren Fernleitungsstellen konnten den zahlreichen Schrankaufsichtsbeamtinnen, sowie auch den Reservebeamtinnen meist keine besonderen Arbeitsplätze zugewiesen werden. Im neuen Fernsaal zu München sind zu diesem Behufe genügend Plätze an den beiden Stirnflächen jedes verkleideten Heizkörpers, jeweils im Mittelpunkte des Arbeitsfeldes einer Schrankaufsichtsbeamtin, vorgesehen.

Zunächst soll für den 1. Ausbau der Fernleitungsstelle München, wenn möglich, nur die eine Hälfte des Saales zur Aufnahme der Umschalteeinrichtung herangezogen werden, während der übrigbleibende Reserveraum durch eine leicht abnehmbare Rabitzwand abgetrennt wird. Der 2. Ausbau mit $^3/_4$ des gesamten Fassungsvermögens könnte dann später, bis zu einer 2. nachträglich einzuziehenden Rabitzwand ausgedehnt werden. (Siehe Abb. 9, I. Teil.)

Im unteren Stockwerke, als Nebensaal, sollen alle nicht unmittelbar zum eigentlichen Verbindungsverkehr nötigen Einrichtungen, in 2 Teile getrennt für je 500 Leitungen, symmetrisch zur Querachse untergebracht werden und zwar:

1. Die Seilpostzentrale, im Verkehrsmittelpunkt des Amtes, in zwei einander gegenüberstehenden Reihen, mit je 4 Seilpostzügen, immer je zwei paarweise zwischen dem in ihrer Mitte angeordneten Fächergestelle;

2. die beiden Leitstellen, jede hinter dem zugehörigen Verteilerplatz mit 2×3 gegeneinander gestellten Tischen;

3. die Anmeldestelle, nach dem entwickelten Grundsatz getrennt in 2 Gruppen mit 8 senkrecht zur Umfassungsmauer stehenden Tischreihen, in denen je 10—14 Tische zur Aufnahme der 8 Förderbänder einander gegenüberstehen. Zwei Sammelbänder in der Mitte des Nebensaales, in welche die 8 Tischbänder einmünden, endigen an den beiden Leitstellen;

4. Vier Störungsstellen mit 4 Störungsaufsichtstischen und 4 Klinkenumschalter zu je 250 Leitungen an den 4 Eckpunkten des Saales zur Untersuchung, Messung und Umkupplung der Leitungen, sowie zur Feststellung der Störungsursachen usw. Die Störungsstellen wurden nicht zentralisiert, sondern mit Rücksicht auf die Minderung der Größe eines Klinkenumschalters und auf die bequemere Bedienung des Klinkenfeldes, getrennt vorgesehen;

5. zehn Kontrollplätze zur Überwachung des Ferndienstes und des Umschaltepersonales;

6. die Auskunftsstelle, der Seilpostzentrale vorgelagert mit 2 Tischreihen, getrennt nach dem ankommenden und abgehenden Auskunftsverkehr. Die Tische, den Anmeldetischen nachgebildet, links und rechts von dem im Mittelpunkte der Auskunftsstelle vorgesehenen Sammeltische als Empfangsstelle aller erledigten Anmeldezettel, der Lauf- und Durchgangszettel. Vor dem Sammeltische ein größeres Fächergestell mit 1000 Abteilungen, den 1000 Fernleitungen entsprechend, zur Einreihung der erledigten Anmeldezettel und hinter dem Tische, in Reichweite von der Seilpostzentrale entfernt, ein den beiden Fächergestellen der Verteilungsstellen nachgebildetes 3. Fächergestell zur Einreihung der Durchgangs- und Laufzettel;

7. Relaisgestelle für die Anmeldetische, für die Gruppenarbeitsplätze und für die Zwischenverstärker, Fernnachwählergestelle, Gehörschutzapparate, sowie 2 Haupt- und Zwischenverteiler mit Vorrichtungen zur Unterbringung der Kombinationsspulen. Hiezu möchte ich nebenbei bemerken, daß das Fernamt München als Endamt, ohne große Durchgangslinien, keine weitläufigen Verstärkereinrichtungen, wie z. B. Nürnberg, erhalten wird;

8. Zwei Saalaufsichtstische zur Überwachung des gesamten Dienstes im Nebensaal.

Alle von 1—8 aufgeführten Einrichtungen werden im Saale aufgestellt;

9. An der Decke des Nebensaales, im Zuge der Fernschränke, 4 Reihen Seilpostgeleise, in der Mitte für 8 Seilpostzüge geteilt, des weiteren 3 Reihen Förderbänder gleichfalls im Zuge der Schränke, für die beiden mittleren Reihen gemeinschaftlich jedoch nur 1 Band. Jede Bandreihe in der Mitte wiederum getrennt in 2 Förderbänder. Die 6 Bänder münden in 2 Sammelbänder, in der Querachse des Neben-

saales liegend, die ihrerseits an einem Abfallschacht über dem Sammeltisch der Auskunftsstelle zum Abwurf aller rückfließenden Zettel endigen;

10. 150 kurze, schief gestellte Abfallschächte, die zur Rücksendung der Zettel von jedem Fernschrank aus in Aussperrungen durch den Saalboden geführt, an den Förderbändern ausmünden.

Der Zettelverkehr soll sich nun nach der gedachten Anordnung aller Fördereinrichtungen in folgender Weise abwickeln:

Der am Anmeldetisch aufgenommene Anmeldezettel mit dem handschriftlich eingetragenen Zeitvermerk der Aufnahme, wird von der Anmeldebeamtin in das Förderband eingelegt, von diesem mitgenommen, auf das Sammelband übergeleitet und an der Abwurfschale des Verteilungsgestelles abgeworfen. Der Zeitvermerk wird in verschiedenen Fernleitungsstellen erst an der Verteilungsstelle durch einen besonderen Zeitstempelapparat dem Anmeldezettel aufgedrückt. Der Arbeitsvorgang des Aufdrückens würde an den beiden Verteilungsstellen je eine weitere Arbeitskraft bedingen, da man diese Arbeit während des Hochbetriebes den bereits voll beschäftigten Verteilerbeamtinnen nicht mehr zumuten kann. Die Bereitstellung zweier Arbeitskräfte verursacht aber mehr als 100,000 Mk. jährliche Kosten, außerdem bietet die Stempelung der Telegraphenverwaltung keinerlei Vorteile. Aus diesen Gründen halte ich die Verwendung von Zeitstempelapparaten in einem Fernamte für überflüssig.

An der Abwurfschale entnimmt die Verteilerbeamtin den Zettel und reiht ihn, entsprechend seinem Leitvermerke, in das dem Leitweg zugehörige Fach an der Vorderseite des Fächergestelles ein. Ist aus dem Leitvermerk der Leitweg nicht ohne weiteres festzustellen, so wird zu diesem Behufe die hinter der Verteilerbeamtin sitzende Leitbeamtin beigezogen.

Alle Voranmeldungen usw. werden an der Leitstelle ausgefertigt und auf dem gleichen Wege der Verteilerbeamtin zugestellt.

Eine Einlegebeamtin an der Vorderseite der Zentrale nimmt den Zettel aus dem Fache an der Rückseite des Fächergestelles und legt ihn in den korrespondierenden Einlegeschlitz des Seilpostzuges. Die Einteilung der Fächerabteilungen in dem Gestelle stimmt nämlich genau mit der Schlitzeinteilung an der Seilpostzentrale überein. Bei einer durchschnittlichen Beförderungszeit im Seilpostbetriebe von 162" befinden sich nun in einem Einlegeschlitze, der die Zettel zweier Arbeitsplätze mit durchschnittlich $6^2/_3$ Leitungen aufzunehmen hat, in der Regel mehrere, rechnerisch

$$6^2/_3 \times 30 \times \frac{12 \times 162"}{100 \times 3600"} = 1{,}08 \text{ Zettel, die sich auf die doppelte oder dreifache}$$

Zahl erhöhen, wenn die Einlegebeamtin mit der Einreihung im Rückstande bleibt. Diese Zettelanhäufung vermindert die Einlegearbeit im Seilpostbetrieb gegenüber jener im Zettelpostbetrieb wesentlich. Mit Inbetriebnahme der neuen Fernkabel werden nach einigen Hauptorten eine größere Anzahl Fernleitungen betriebsfähig bereitgestellt werden können, deren Anruforgane sich auf mehrere, zusammengehörige Fernschränke verteilen. Es stehen demnach für einen Leitweg mehrere ebenfalls nebeneinander angeordnete, besonders gekennzeichnete Einlegeschlitze — Gruppeneinlegeschlitze — bereit. An der Seilpostzentrale befinden sich aber 3 gleiche Fächergestelle, 2 zwischen den Seilpostzügen und das 3. für die Durchgangszettel senkrecht zu diesen, hinter dem Sammeltische, die zur Hauptgeschäftszeit von 3 Beamtinnen bedient werden. Es fließen demnach zu einem Leitwege mit mehreren Gruppeneinlegeschlitzen Zettel von 3 verschiedenen Stellen.

Aber auch hier läßt sich nun eine vollkommen gleichmäßige Verteilung der Zettel in die Gruppeneinlegeschlitze und damit auch an den Fernplätzen ohne handbetriebliche Unterverteilung — der Hauptbeweis für die Dezentralisierung der Anmeldeplätze — durch folgende Anordnung mechanisch ermöglichen. Neben jedem Gruppeneinlegeschlitze wird eine Taste und eine Lampe eingebaut. Die eine Einlegebeamtin verteilt ihre Zettel einzeln nach einer gewählten Reihenfolge gleichmäßig in die bereitstehenden Schlitze. Nach dem Einlegen des letzten Zettels drückt sie auf die Taste des zuletzt bedienten Schlitzes. Die Signallampe glüht und zeigt der nächsten Einlegebeamtin oder später eventuell ihr selbst wieder an, die vorgeschriebene Reihenfolge des Einlegens mit dem neben, ober- oder unterhalb liegenden Schlitze zu beginnen. Mit dem letzten Zettel an einem Schlitze angelangt, drückt auch diese Beamtin die zugehörige Taste. Die eine leuchtende Lampe erlischt, die zugehörige Lampe glüht, um damit der folgenden Beamtin von neuem den nächsten mit Zettel zu belegenden Schlitz zu bezeichnen. Mit diesem wandernden Spiele der Lampen erreicht man eine vollkommen gleichmäßige Verteilung der Zettel, innerhalb mehrerer gleicher, in eine Gruppe zusammengelegter Fernleitungen.

Nach dem Einlegen der Zettel in den Schlitz nimmt der nächste, dem Schlitze zugeordnete Greiferwagen den Zettelbund mit und wirft ihn auf seinem Wege, nach dem Anlaufen auf die Abwurfschiene, in abwärts gerichteter Stellung am Abfallschacht des Schrankes in eine am Ende des Schachtes befindliche Schale zur Entgegennahme am Fernplatz ab.

Die erledigten Anmeldezettel werden von den Fernbeamtinnen in den Abfallschacht, dessen Mündung in der senkrechten Mittellinie des rückwärtigen Teiles der Tastatur mit der Tischfläche abschließt, gelegt und fallen durch ihr Eigengewicht in das Förderband des unteren Stockwerkes, welches die Zettel gegen die Mitte des Saales hin mitnimmt, auf das Queroder Sammelband abwirft und von diesem zur Abwurfstelle am Sammeltisch verbracht werden. Die Beamtinnen am Sammeltisch scheiden die erledigten Anmeldezettel, die Lauf- und Durchgangszettel aus und reihen die letztgenannten Zettel in das dritte Fächergestell an der Seilpostzentrale, die erledigten Anmeldezettel in das große Fächergestell hinter dem Sammeltische ein, die Laufzettel geben sie zur Erledigung an die Auskunftstische für den abgehenden Auskunftsverkehr weiter.

In dem Vorentwurfe habe ich weder eigene Schränke für den Nachtverkehr, noch besondere B-Plätze für den Fernvermittlungsverkehr vorgesehen. Die Nachtschränke haben den Zweck, zur Zeit des schwächsten Verkehres mit einer geringen Anzahl von Umschaltebeamtinnen die anfallenden Verbindungen abzuwickeln. In einem Fernamte besteht das Bedürfnis, mehr als $^1/_3$ aller Leitungen auf die Nachtschränke zu legen, um das Arbeitsfeld für die zusammengelegten, sonst auf allen Schränken zerstreut liegenden Fernleitungen zusammenzudrängen. An einen Nachtschrank mit 2 Arbeitsplätzen können rund $2 \times 20 = 40$ Fernleitungen gelegt werden. Es müßten sonach für ein ausgebautes Fernamt mit 1000 Leitungen etwa 20 Nachtarbeitsplätze vorgesehen werden. Abgesehen von dem Mehrbedarf an Raum für die Aufstellung solcher Schränke, erfordert die Anschaffung derselben den Aufwand eines großen Kapitals, das zu $^2/_3$ der Zeit brach liegt. Um nun wenigstens die Aufstellung eigener Schränke zu vermeiden, empfiehlt es sich, die Anrufaggregate für die Nachtleitungen in gewöhnliche zusammenliegende Fernschränke einzubauen und die Schaltung dieser Schränke gleichzeitig für den Tag- und Nachtverkehr besonders auszugestalten.

Die selbsttätige Fernvermittlung über eigene B-Plätze in Anlagen mit vollautomatischem Betrieb gibt zu vielen Übermittlungsfehlern und Plackereien Veranlassung. Für ein ausgebautes 1000 ter Amt wären zur Abwicklung des Vermittlungsverkehres fast 30 Fern-B-Plätze notwendig, deren Bedienung allein an Personalkosten, ohne Anrechnung der Sachkosten einen Betrag von über 2 Millionen Mark verursachen würde. Zur Zeit sind Versuche im Gange, den Fernvermittlungsverkehr direkt am Fernarbeitsplatz, mit Hilfe einer einzubauenden Tastatur, abzuwickeln. Die Versuche scheinen erfolgreich zu sein, weshalb in dem Vorentwurfe keine B-Plätze vorgesehen wurden. Sollten die Versuche negativ ausfallen, so können die B-Plätze noch leicht im Nebensaale vor der Seilpostzentrale untergebracht werden.

Außer den Räumen für den eigentlichen Umschalte- und Ferndienst dürfen in einem Entwurfe für ein großes Fernamt die Nebenräume zur Kleiderablage, zur Hinterstellung von Reserveteilen, zu Werkstätten usw. nicht außer acht gelassen werden. Zur Bemessung der Garderoberäume, deren Flächen von der Gesamtzahl der beschäftigten Personen abhängig ist, muß zunächst, um die Personenzahl bestimmen zu können, die Zahl der nötigen Arbeitskräfte eines Fernamtes zusammengestellt werden.

Für ein 100 ter Fernamt sind folgende Arbeitsplätze mit je 1 Arbeitskraft zu besetzen:

A. Im Fernsaal:			B. Im Nebensaal:		
1. Oberaufsichten	. .	2 Plätze	1. Saalaufsichten	. .	2 Plätze
2. Saalaufsichten	. .	2 „	2. Verteilerdienst	. .	4 „
3. Schrankaufsichten und			3. Einlegedienst .	. .	3 „
Reservedienst	. .	30 „	4. Auskunftsdienst	. .	12 „
4. Klopferdienst	. .	32 „	5. Anmeldedienst	. .	80 „
5. Umschaltedienst .	. .	300 „	6. Kontrolldienst	. .	4 „
			7. Störungsdienst	. .	4 „
			8. Zwischenverstärkerdienst		4 „
			9. Am Sammeltisch .	.	6 „
zusammen: 366 Plätze			zusammen 119 Plätze		

Daher im ganzen Amte = 485 Arbeitsplätze, zu deren dauernden Bedienung 2,5×485 = 1213 Beamtinnen notwendig werden.

Zur Bemessung der Garderoberäume nimmt man nach den gemachten Erfahrungen für jede Person 0,5 qm Grundfläche an. Nach dieser Annahme rechnet sich die Gesamtfläche für Garderoben in einem Amte mit 1000 im Betriebe stehenden Fernleitungen zu 1213×0,5 = 607 qm. Hiezu noch 10% der Fläche für Erfrischungsräume und Krankenzimmer ergibt eine Fläche für diese Nebenräume

zu rund 670 qm.

Schätzungsweise noch 100 qm für 2 Werkstätten und Lagerräume für Reserveteile angenommen, ergibt die Gesamtfläche für ein Fernamt mit 1000 Fernleitungen, ohne Büroräume und ohne einen Raum für Maschinen- und Sammleranlage mit rund 200 qm, der am besten im Kellergeschoß des Gebäudes vorgesehen wird, zu:

1. Fernsaal	. . . . .	960	qm
2. Nebensaal	. . . . .	960	qm
3. Garderoben	. . . .	670	qm
4. Werkstätten	. . . .	100	qm

zusammen: 2690 qm oder rund
2,7 qm pro Fernleitung.

Es würde den Rahmen vorstehender Abhandlung überschreiten, wenn ich mich auch noch in das weite Gebiet über die zweckmäßigste Schaltung der Fernplätze, der Ferndienst- und Transitleitungen ufw. verlieren wollte. Diese Fragen müssen nach vollkommener Klärung aller hier einschlägigen generellen Fragen späteren Erwägungen und der Detailausarbeitung überlassen bleiben. Ich möchte aber trotzdem noch kurz einige Betrachtungen über die Verwendung von Kalkulagraphen im Fernbetrieb einfließen lassen.

Der Kalkulagraph hat, ähnlich einem Zeitstempel, die Aufgabe, jedem Anmeldezettel den Beginn und die Beendigung, somit die Dauer eines Gespräches, als unumstößliche Quittung für die Gebührenzurechnung, bei der neben der Entfernung und der Dringlichkeit, die Zeitdauer eines Gespräches eine ausschlaggebende Rolle spielt, deren Wert mit der Minutenbemessung eines Gespräches immer mehr zunimmt, sichtbar aufzudrücken. Eine Kalkulagraphenanlage in dem notwendigen Umfange, kostet aber einschließlich Verzinsung und Tilgung des Anlagekapitales, sowie Unterhaltung der Anlage mehr als 50,000 Mk. im Jahre. Die Deutsche Reichspostverwaltung hat im Hinblick auf diese Kosten die Bedürfnisfrage für die Verwendung von Kalkulagraphen bisher immer verneint. Die bayerische Telegraphenverwaltung stand in dieser Angelegenheit von jeher und steht heute noch auf einem anderen Standpunkte und zwar aus folgender Erwägung:

Bei der Abwicklung von rund 10 Millionen angemeldeten Gesprächen darf sicher angenommen werden, daß ein großer Bruchteil hievon an der Grenze der tarifmäßigen Gesprächsdauer beendet wird. Die Möglichkeit, diesen Zeitpunkt bei einer handschriftlich vorzunehmenden Aufzeichnung scharf zu begrenzen, darf füglich bestritten werden, nachdem schon der Kalkulagraph Zeitdifferenzen unter 6" nicht mehr registriert. Das Bedienungspersonal ist nun, wie bekannt, bei einer handschriftlichen Aufzeichnung im Zweifelsfalle eher geneigt, schon um Reklamationen vorzubeugen, die Gesprächsdauer zu Gunsten der Teilnehmer zu bemessen, umsomehr, da das Ablesen von Sekunden, als Bruchteile einer Minute, im stärksten Geschäftsandrang einen raschen Entschluß bedingt. Nimmt man diese Zweifelsfälle, sehr gering bemessen, nur zu 1% des gesamten abgehenden Verkehres an, so verliert die Telegraphenverwaltung die Gebühren für mehr als 100 000 tarifmäßige Gesprächsminuten. Dieser Verlust an Gebühren überschreitet den jährlichen Betriebsaufwand für eine Kalkulagraphenanlage jedenfalls um einen sehr erheblichen Betrag. Es besteht daher für die bayerische Telegraphenverwaltung kein Grund, von ihrem bisher eingenommenen Standpunkte abzugehen.

2. Die Fernleitungsstelle in Nürnberg mit maximal 500 Fernleitungen.

Die Zustände in der Fernleitungsstelle Nürnberg, die für die Aufnahme weiterer Fernleitungen schon seit einer Reihe von Jahren zu klein geworden ist, bedürfen dringend der Abhilfe. Es besteht die Absicht, die Ortsfernsprechanlage Nürnberg-Fürth im Laufe der nächsten Jahre nach dem vollautomatischen System umzugestalten. Mit der Verwirklichung dieses Planes wird der jetzige, erst im Jahre 1906 in Betrieb genommene, hohe geräumige Umschaltesaal mit Oberlicht zur anderweitigen Verwendung frei. Die vorhandenen Ortsumschalteschränke stehen in zwei Reihen symmetrisch zur Saalachse und begrenzen zwei bis zu den Umfassungsmauern reichende, große Saalflächen. Innerhalb dieser beiden Flächen können nun zwei weitere Schrankreihen für die Fernleitungsstelle Nürnberg, entsprechend dem in Abb. 1, I. Teil entwickelten Grundriße, jederzeit aufgestellt werden. (Siehe Abb. 10, I. Teil.)

Die Breite des Saales mit 12,8 m erscheint gegenüber der entwickelten Breite mit 15 m für vier Schrankreihen etwas schmal, dafür überschreitet aber die gegebene Länge des Saales die theoretisch notwendige um 14 m. Zunächst soll nun untersucht werden, ob die neue Fernleitungsstelle Nürnberg nach den entwickelten Richtlinien in dem alten Ortsumschaltesaal eingebaut werden kann. Nach der Linienbelastungsstatistik vom 25. Juli 1921 (siehe Seite 51—54 und 55 des Anhanges I. Teil) beträgt die Zahl der vorhandenen Fernleitungen 177, die mittlere Gesprächsbelastung einer Leitung mit Gesprächseinheiten rund 120, woraus sich eine Belegung der Fernarbeitsplätze mit durchschnittlich 3 Fernleitungen ergibt. Will man nun die neue Fernleitungsstelle Nürnberg mit dem dreifachen Fassungsvermögen der jetzigen Stelle versehen, so würde sich die Zahl der Fernleitungen zu rund 500 und die Zahl der Arbeitsplätze zu 500 : 3 = rund 170 errechnen. Bei der gegebenen Länge des Saales läßt sich diese Anzahl von Fernplätzen bequem unterbringen. (Siehe Abb. 10 I. Teil.)

Um nun auch bei der geringen Saalbreite, die zwischen je 2 Schrankreihen eine Gangbreite von 2,8 m zuläßt, noch ausreichende Verhältnisse zu gewinnen, ist geplant, die 16 Schrankaufsichtsplätze nicht wie in der neuen Fernleitungsstelle zu München in der Mittellinie der beiden Gänge, sondern neben den 16 Klopferplätzen vorzusehen. Außer diesen 16 Klopferplätzen sind in der Mitte jeder Schrankreihe noch je 2 Klopferdoppelplätze in Aussicht genommen, sodaß zusammen 24 Klopferplätze im Fernamte Nürnberg zur Aufstellung gelangen. Die Zahl der Fernplätze wurde im Plane mit Rücksicht auf die Einteilung der Seilpostschlitze, deren Höchstzahl in einem Zuge 20 beträgt, zunächst nur auf 160 statt 170 Plätze bemessen. Bei der verfügbaren Länge des Saales besteht aber die Möglichkeit, im Bedarfsfalle nicht nur 10, sondern 16 weitere, im ganzen also 176 Plätze zur Aufstellung zu bringen, jedoch nur unter der Voraussetzung, daß diese 16 Plätze, ohne Abwurfstellen für den Zettelempfang, lediglich für den ankommenden Fernverkehr, bei dem keine Anmeldezettel anfallen, herangezogen werden. Der gedachte Einbau von 2 Schrankreihen mit 80—88 Plätzen oder mit 240—264 Fernleitungen, unter Aufrechterhaltung des Ortsverkehrs im alten Umschaltesaale, genügt vorerst für die Bedürfnisse mehrerer Jahre. Mit dem Fortschreiten der Automatisierungsarbeiten kann dann eine Ortsschrankreihe allmählich ab — und die Fernschrankreihe dafür eingebaut werden. Der vorgesehene Einbau einer neuen Umschalteeinrichtung in den alten Umschaltesaal und deren Inbetriebnahme wäre ohne die aus anderen Gründen notwendige Verlegung der Anmeldestelle in das untere Stockwerk nicht ausführbar, weil erst nach vollständiger Räumung des Saales die für den Betrieb einer Fernleitungsstelle unerläßlichen Zusatzeinrichtungen dort untergebracht werden könnten; so aber läßt sich der Beginn der Bauarbeiten nach Räumung des zweiten Stockwerkes zu jeder beliebigen Zeit in Aussicht nehmen.

In dem neuen Fernamte zu Nürnberg mit 500 Fernleitungen, einer durchschnittlichen Belastung von 120 Gesprächseinheiten = 60 Gesprächen und 48% abgehenden Fernverkehr rechnet sich nach dem vollen Ausbau die Zahl der täglichen Anmeldungen zu 500×60×0,48 = 30 000×0,48 = 14 400. Für die Zahl anfallender Anmeldezettel genügt nach den entwickelten Grundsätzen 1 Verteilungsstelle an der Zentrale der Zettelverteilung.

An Anmelde- und Auskunftsplätzen sind in dem neuen Fernamte vorzusehen:

1. 14 400 : 400 = 40 Anmeldeplätze, die in dem unteren Nebensaal bequem untergebracht werden können. (Siehe Abb. 11 I. Teil.)

2. Nach dem geplanten Umfange des Amtes betragen die Auskunftsanfragen $500 \times 6 = 3000$ im Tage. Zur Erledigung dieser Anfragen benötigt man $3000 : 450 = 7$ Auskunftsplätze, die parallel zu den Anmeldetischen ihre Aufstellung finden.

Bezüglich aller übrigen im Nebensaale noch unterzubringenden Einrichtungen verweise ich auf die Ausführung zu dem Vorentwurf für eine
Fernleitungsstelle in München, jedoch mit der Einschränkung, daß für
Nürnberg nur die Hälfte der dort vorgesehenen Einrichtungen notwendig
wird. Der Hauptverteiler wird aber hier nicht im eigentlichen Nebensaale,
sondern in dem Raume für die Verstärkereinrichtungen aufgestellt werden. Das Fernamt Nürnberg spielt für die Verstärkereinrichtungen die
Rolle eines Zwischenamtes mit erheblicher Ausdehnung. Für den 1. Ausbau der Verstärkereinrichtungen genügt zunächst der neben der Anmeldestelle liegende, durch eine Abschlußwand von dieser getrennte Raum im
unteren Nebensaale. Nach Bedarf kann die Erweiterung der Verstärkereinrichtungen später im rechten Seitenflügel des Gebäudes vorgesehen
werden.

In der Abb. 12, I. Teil ist der Querschnitt durch das zweite und dritte
Stockwerk des vorhandenen Gebäudes zur Darstellung gebracht, woraus
ersehen werden wolle, daß alle notwendigen technischen Einrichtungen
sowohl im Fernsaale, wie auch im Nebensaale ohne Schwierigkeiten trotz
der vorhandenen 12 Säulen untergebracht werden können. Lediglich die
beiden mittleren Geleise der Seilpostanlage müssen der Säulen wegen, die
nicht vollkommen symmetrisch zur Saalachse liegen, gegen die Mitte zu
etwas zusammengerückt werden.

3. Die Fernleitungsstelle in Regensburg mit maximal 250 Fernleitungen:

Nach den gegebenen örtlichen Raumverhältnissen läßt sich die zur
Zeit im Betriebe stehende, mit der Ortsumschaltestelle in einem Zuge ver-
einigte Fernleitungsstelle im OPD. Gebäude Regensburg nach Vollendung
des bereits in Ausführung begriffenen Anbaues nicht mehr erweitern. Eine
anderweitige Unterbringung in einem anderen Teile des Gebäudes ist wegen
Raummangels ebenfalls nicht möglich. Daher erscheint die Errichtung
eines Neubaues für die Fernleitungsstelle Regensburg, deren Dringlichkeit
auch noch wegen anderer postalischer und fernsprechtechnischer Bedürfnisse gegeben ist, unabweisbar. Eine Trennung der Fernleitungsstelle von
der Ortsumschaltestelle, die nach dem vollautomatischen Systeme zweckmäßig in dem geräumigen Speicherraume des OPD.-Gebäudes untergebracht werden könnte, wäre die Folge einer Ausführung dieses Planes. Der
bereits von der Reichspostverwaltung erworbene, ursprünglich für andere
Zwecke bestimmte Bauplatz liegt ungefähr 1 km, also nicht zu weit von
der Ortsumschaltestelle entfernt.

Zur Ausarbeitung vorlagereifer Baupläne wurde zunächst für den Fernsaal allein ein Vorentwurf, nach den nun wiederholt angewandten Grundsätzen auf folgende Weise erstellt:

Nach der bereits mehrmals angeführten Statistik (siehe Anhang I. Teil,
Seite 56—59) betrug die Gesprächsbelastung einer Fernleitung in Regensburg durchschnittlich 115 Gesprächseinheiten = 60 Gespräche im Tage,
die Zahl der am 25. Juli 1921 vorhandenen Fernleitungen 62, die sich
unter Hinzurechnung der im Baue begriffenen Leitungen am Ende dieses
Jahres auf 87 erhöhen wird und es darf daher die Belegung der Fernarbeitsplätze mit Fernleitungen nach den gemachten Voraussetzungen zu
etwa 3,5 angenommen werden. Hienach wird es sicherlich nicht zu hoch

gegriffen sein, die Größe der neuen Fernleitungsstelle zu Regensburg schon mit Rücksicht auf die geplante, großzügig angelegte Binnenschiff fahrt, die voraussichtlich belebend auf die Entwicklung des Fernverkehres einwirkt, mit einem Fassungsvermögen von 250 Fernleitungen in Aus sicht zu nehmen.

Diese Annahmen, dem Bauprogramme einer neuen Fernleitungsstelle zu Grunde gelegt, ergeben folgenden Umfang der hiezu notwendigen Ein richtungen:

1. Fernarbeitsplätze nach vollem Ausbau:
   250 Leitungen : 3,5 Leitungen = 72, mit 8 Klopferzusatzplätzen,
2. Anmelde- und Auskunftsplätze : Gesamtzahl der täglich abzuwickeln den Ferngespräche = 250×60 = 15 000; hievon 48% im abgehenden Fernverkehre = 7200 Gespräche, daher berechnet sich die Zahl der An meldeplätze zu 7200 : 400 = 18 und die Zahl der Auskunftsplätze bei 250×6 = 1500 Anfragen im Tage, zu 1500 : 450 rund 3 bis 4;
3. Für die Größe dieses Amtes genügt ½ Verteilungsstelle mit 1 Arbeits kraft und ¼ der sonst in einem 1000 ter Amt üblichen Größe einer Seil postzentrale. Bei der gegebenen Sachlage erübrigt sich die Aufstel lung eines besonderen Fächergestelles für die Einreihung der Anmelde zettel, weil hier die Einlegeschlitze der Seilpostzentrale gleichzeitig die sonst benötigten Fächerabteilungen des Gestelles bilden. Die Verteiler- und Einlegearbeiten können dabei zusammengelegt und von 1 Arbeits kraft leicht bewältigt werden;
4. Garderobe- und Werkstättenräume für 1 Ober-, 1 Saal- und 4 Schrank aufsichten, 72 Fern- und 8 Klopferarbeitsplätze, 20 Anmelde- und 4 Aus kunftsplätze, 2 Kontrollplätze, 1 Störungsplatz, 1 Klinkenumschalter, 1 Verteilungsplatz und 1 Sammelplatz, zusammen:

   115 Arbeitskräfte oder 2,5×115 = 288 Personen.

Für jede Person 0,5 qm Garderobefläche, ergibt 144 qm Fläche für die Garderoben; hiezu noch 15—20 qm Fläche für ein Krankenzimmer, das gleichzeitig als Erfrischungsraum für das Bedienungspersonal heran gezogen werden kann, oder eine Gesamtfläche von rund 160 qm für diesen Zweck.

Der aus Abb. 13 I. Teil ersichtliche Grundriß, nach Einzeichnung der oben aufgeführten Einrichtungsgegenstände, soll lediglich eine Skizze dar stellen, mit deren Hilfe nunmehr der Hochbautechniker unter Berücksich tigung der übrigen Bedürfnisse des Gebäudes den definitiven Plan ent werfen kann.

Für ein Fernamt mit 72 bis 80 Arbeitsplätzen genügen zwei Schrank reihen, für deren Aufstellung eine Saalbreite von 11 m vollkommen ausreicht. Wegen genügender Tagesbelichtung bedarf es für zwei Schrankreihen keiner besonderen Vorkehrungen. Die Aufstellung der Anmeldestelle wurde hier entgegen dem entwickelten Grundsatze im Saale vorgesehen, damit zur Zeit des schwachen Verkehres der gesamte Betrieb, ohne Vornahme be sonderer Umschaltungen, im unteren Stockwerke stillgelegt und in dem oberen Saale zusammengelegt werden kann. Das unvermeidbare Stim mengewirr bei der fernmündlichen Entgegennahme von Anmeldungen spielt bei der Größe des Saales und der verhältnismäßig geringen Belegung der Arbeitsplätze keine Rolle. Die übrigen sonst noch im unteren Raume vor gesehenen Einrichtungen mit ¼ des Umfanges für ein 1000 ter Amt, wie Relaisgestelle, Gehörschutzapparate usw. werden durch eine Abschluß wand von der Auskunfts- und Störungsstelle getrennt. Die Aufhängung der Seilpostgeleise, Förder- und Querbänder ist ebenso, wie in den anderen Vorentwürfen, an der Decke des unteren Raumes gedacht.

Die Flächenausmaße für ein neues Fernamt in Regensburg bestimmen sich nach dem Vorentwurfe zu:
385 qm Fernsaal, 121 qm Nebensaal, 160 qm Garderoben, rund 20 qm Werkstätten, zusammen 686 qm oder rund 2,7 qm pro Fernleitung, das ist die gleiche Fläche wie in der Fernleitungsstelle München, auch hier ohne die Fläche für die Aufstellung der Maschinen- und Sammleranlage, die am besten im Kellergeschoße des Gebäudes vorgesehen wird.

F) Rentabilität des Fernbetriebes mit einem Ausblick auf die zukünftige Abwicklung des Fernverkehrs.

Die Entscheidung der Frage über die Ausführung oder Unterlassung eines Projektes hängt lediglich davon ab, ob sich trotz der herrschenden Teuerung die vollständige Neugestaltung einer bestehenden Einrichtung wirtschaftlich vertreten läßt, d. h. ob die zu erwartenden Einnahmen mit den erwachsenen Ausgaben in Einklang gebracht werden können. Ueberragen die Einnahmen, so kann es keinen Zweifel über die zu fällende Entscheidung geben. Ich will daher versuchen, zunächst die voraussichtlichen dauernden Ausgaben des Fernbetriebes in München nach dem vollen Ausbau des Amtes mit 1000 Fernleitungen in ihrer Gesamtheit zu erfassen. Zu diesem Behufe habe ich sowohl die einmaligen, wie auch die jährlichen Ausgaben, nach den Teuerungszuschlägen am 1. Januar 1922 schätzungsweise in dem Anhang I. Teil Seite 64—67 zusammengestellt und zwar, um zu zeigen, welchen ausschlaggebenden Einfluß die Belegung der Arbeitsplätze mit Fernleitungen auf die Kosten des Fernbetriebes ausübt, für vier verschiedene Fälle:

1. In einer Fernleitungsstelle mit $3\frac{1}{2}$ Leitungen pro Fernplatz,
2. „   „   „   „ $2\frac{1}{2}$ „   „   „
3. „   „   „   „ $2\frac{1}{4}$ „   „   „ und
4. „   „   „   „ $2\frac{3}{4}$ „   „   „ ,

in letzterem Falle gleichzeitig unter Abtrennung des gesamten Verkehres der unteren Zone und des ankommenden Verkehres der mittleren Zone von der manuell zu bedienenden Einrichtung. In jedem der vier Fälle wurden des weiteren die einmaligen und jährlichen Ausgaben A) für die Verzinsung und Tilgung der Gebäude- und Mobiliarkosten sowie die Unterhaltungskosten, B) für die Gesamtkosten der betriebsfertigen, voll ausgebauten Amtseinrichtung, C) für alle Kosten der Herstellung und Unterhaltung sämtlicher in München einmündenden Fernleitungen, D) für die Personalkosten des Umschalte- und sonstigen Personales, einschließlich der Kosten für Pensionen und für die Zentralleitung, entwickelt. Zur besseren Übersicht und zum Vergleich der Größenordnung sind die Ausgaben auf Abb. 14 I. Teil graphisch dargestellt. Auf der Abszissenachse eines Koordinatensystems wurden die Beträge für die jährlichen Ausgaben in Millionen Mark, auf der Ordinatenachse die Belastung einer Fernleitung in Gesprächseinheiten nach einem beliebigen Maßstabe, aufgetragen. Die letztere, veränderliche Ziffer beherrscht sowohl die Personalkosten, wie auch die Höhe der Einnahmen.

Die auf Seite 68 des Anhanges I. Teil entwickelten Einnahmen nach vollem Ausbau des Amtes wurden nach dem Gebührenanfall der Fernleitungsstelle München vom 2. bis 8. Januar 1922, also während einer Zeit des flauen Geschäftsganges, unmittelbar nach der 80% Erhöhung der Ferngebühren, berechnet. Nach der Telephonlinienbelastungsstatistik vom

25. Juli 1921, also zu einer Zeit der Hochkonjunktur betrug die durchschnittliche Belastung einer Fernleitung 130 Gesprächseinheiten, nach der Erhebung vom Januar dieses Jahres dagegen nur 107, also um 18% weniger. Der Berechnung wurde ein Mittelwert von 120 Gesprächen zu Grunde gelegt. Die Belastung einer Fernleitung wird sicherlich mit der geplanten, ausgiebigen Vermehrung aller Fernleitungen eine rückläufige sein, deren Folgen sich in einer erheblichen Verminderung der dringenden Gespräche künftig auswirken werden. Aus diesem Grunde und auch noch um die Schlußfolgerung dieser Erhebungen nicht zu optimistisch zu färben, ist die durchschnittliche Einnahme jedes Ferngespräches nicht mit 18.80 Mk., sondern nur mit 11.34 Mk., also ohne Zuschlag für dringende Gespräche in Ansatz gebracht.

Aus dem Diagramme (Abb. 14 I. Teil) kann ohne weiteres der ausschlaggebende Unterschied der Kosten, den die Belegung der Arbeitsplätze mit Fernleitungen auf die Gesamtkosten des Fernbetriebes ausübt, ersehen werden. Er beträgt gegenüber einem Amte mit $3\frac{1}{2}$ Leitungen pro Platz, in einem solchen mit $2\frac{1}{2}$ Leitungen 7,9; mit $2\frac{1}{4}$ Leitungen pro Platz 12,14 Millionen Mark im Jahre. Die richtige Bemessung der Belegungsziffer überragt in ihrer finanziellen Wirkung in einem neuzubauenden Fernamte alle anderen technischen Maßnahmen.

Diese graphische Darstellung läßt aber auch erkennen, daß nach dem Fernsprechgebührengesetze vom 11. Juli 1921 und nach den in der Zwischenzeit genehmigten Teuerungszuschlägen d i e R e n t a b i l i t ä t d e s F e r n b e t r i e b e s i n h o h e m M a ß e g e g e b e n i s t. Daraus erwächst für die Telegraphenverwaltung die Verpflichtung, nach Maßgabe der ihr zur Verfügung stehenden Mittel alle Vorkehrungen zu treffen, die den Fernbetrieb auf die mögliche technische Höhe bringt, jedoch unter der Voraussetzung, daß jeder Erhöhung der Beamtengehälter unmittelbar eine Erhöhung der Teuerungszuschläge der Fernsprechgebühren folgt. Der Betriebsüberschuß des Fernbetriebes deckt sich fast genau mit den Kosten des Personalaufwandes für ein Amt mit $3\frac{1}{2}$ Leitungen pro Platz. Er würde sich beispielsweise bei einer 50% Gehalterhöhung sofort um den gleichen Betrag kürzen. Aus der graphischen Darstellung können des weiteren noch nachstehende Schlußfolgerungen gezogen werden:

1. Der Betrieb einer Fernleitung erreicht bei einer Belastung mit 45—50 Gesprächseinheiten (siehe den Schnittpunkt der Linien für die Einnahmen und Personalausgaben) die Grenze seiner Wirtschaftlichkeit;

2. die sächlichen Ausgaben für den Fernbetrieb verhalten sich zu den Personalausgaben wie 1:2, dabei betragen die Gebäudekosten nur 1,5% und die Kosten der Amtseinrichtung nicht mehr wie 4,3%, während die Kosten der Fernleitungen mit 28% der Gesamtkosten noch nicht einmal die Hälfte der Personalkosten erreichen;

3. die durchschnittlichen Gesamtkosten eines Ferngespräches berechnen sich je nach der Belastung der Fernleitung mit 6,10 Mk. (130 Einheiten) im Hochbetrieb oder mit 6,8 Mk. (120 Einheiten) zur Zeit des flauen Geschäftsganges.

Legt man sich nach dieser Feststellung die Frage vor, ob die Einnahmen im Verkehre der unteren Zone mit $2\times1,25 + 0,8\times2\times1,25 = 4.50$ Mk. pro Gespräch die Ausgaben mit $6,8+0,2\times6,8$ (100 Gesprächseinheiten) —

$$3,9\times\frac{(5,27-3\frac{1}{2})}{3\frac{1}{2}} \text{ Personalkosten} - 1,65\times\frac{16,6}{55,5} \text{ (Leitungskosten) rund 5 Mk.}$$

decken, so kommt man zu dem Schlusse, daß die Abwicklung jedes Gespräches der unteren Zone einen Verlust von 0,50 Mk. nach sich zieht, der bei einem ausgebauten Amte mit etwa 200 Vorortleitungen sich auf rund

1,500,000×0,5 Mk. = 750,000 Mk. im Jahre steigert. Die fernmäßige Abwicklung des Verkehres der unteren Zone ist unwirtschaftlich, eine Änderung in der Abwicklung desselben daher geboten. Ich habe bereits im Abschnitt A) kurz angedeutet, wie man in der Fernleitungsstelle München dieses Ziel erreichen könnte. Man kann aber noch einen Schritt weiter gehen und die Frage untersuchen, ob sich nicht auch der ankommende Verkehr der mittleren Zone auf automatischem Wege abwickeln läßt. Theoretisch besteht die Möglichkeit, diese beiden vorgeschlagenen Maßnahmen in Erwägung zu ziehen, denn die Firma Siemens & Halske hat erst vor ganz kurzer Zeit ein Schaltungsschema für die selbsttätige Mehrfachzählung eines auf automatischem Wege veranlaßten Gespräches der unteren Zone in Vorlage gebracht und die Abtrennung des ankommenden Verkehres der mittleren Zone vom Fernamte bietet technisch keine sonderlichen Schwierigkeiten. Die ankommenden Bezirksleitungen endigen dabei direkt an den Fernwählern der automatischen Umschaltestellen in München, während in die Fernarbeitsplätze der Bezirksumschaltestellen besondere Tastaturen oder Wählscheiben einzubauen wären. In beiden Fällen müssen jedoch für die Abwicklung dieses Verkehres reine metallische Leitungen, ohne Kombinationsspulen zur Verfügung gestellt werden. Diese mit dem automatischen Betriebe in Kauf zu nehmende Einschränkung hat aber erhebliche Mehrausgaben im Bau der für diesen Verkehr notwendigen Leitungen zur Folge. Will man sich nun weiter in den Gedanken einer automatischen Abwicklung des gesamten Verkehres der unteren Zone und des ankommenden Verkehres der mittleren vertiefen, so ist es wohl angezeigt, vorher die wirtschaftliche Seite dieser Frage zu untersuchen. Auf Seite 67 des Anhanges I. Teil habe ich nun unter Ziffer IV die jährlichen Ausgaben für das mir vorschwebende, zukünftige Fernamt in München unter folgenden Annahmen entwickelt:

Das neue Fernamt in München erhält:

1. 250 Fernleitungen für den Verkehr über 100 km mit 2,5 Leitungen pro Platz also 140 Fernplätze;

2. 450 Bezirksfernleitungen, von denen nur 200 Leitungen in dem neuen Fernamte an 60 Fernplätzen, mit je $3^1/_3$ Leitungen endigen, während die übrigen 250 Leitungen zwar an den Hauptverteiler und Klinkenumschalter angelegt, sonst aber direkt an die Fernnachwähler geführt werden;

3. 200 Vorortsleitungen, mit der gleichen Führung wie unter Ziffer 2, rund 7% von 3000 Hauptanschlüssen für alle 22 an München angeschlossenen Vororte. Z. Zt. stehen in sämtlichen Vororten rund 1000 Hauptanschlüsse im Betriebe. Des Vergleiches halber wurden die Kosten der Automatisierung für den gesamten Ausbau mit vorgesehen.

Auch dieses Fernamt ist also für 1000 Fernleitungen, aber nur mit 200 Fernplätzen gedacht, jedoch mit der Möglichkeit, die Zahl der Plätze auf 300 erhöhen zu können.

Aus der Ausgabenentwicklung geht hervor, daß die Abtrennung des Vorortsverkehres und des ankommenden Bezirksverkehres vom Fernamte, trotz der hohen Kosten für die Automatisierung aller Vorortsanschlüsse und der erheblichen Mehrung an Kabelleitungen, gegenüber der manuellen Abwicklung des gesamten Fernverkehres eine Minderung der jährlichen Ausgaben von fast

5 Millionen Mark

im Gefolge hat, die sich bei jeder Gehaltserhöhung des Personales proportional derselben von selbst steigert.

Nach dem heutigen Umfange der Fernleitungsstelle München würde diese Ausgabenminderung, nach Ausführung der Vorschläge, bereits den Betrag von 1,2 Millionen Mark im Jahre erreichen. Rechnet man zu dieser Ausgabenminderung noch den Ausfall an Ferngebühren, der durch den Mangel an Fernleitungen entsteht und der mit rund 1 Million Mark in Ansatz gebracht werden darf, mit $1/_3$ dieses Betrages hinzu, so ergibt sich eine Geldsumme, die hoch genug wäre, um die anfallende Zinsen- und Tilgungsquote für die Kosten der Automatisierung aller im Bereiche des Vorortsverkehres liegenden Ortsfernsprechnetze zu decken.

Ich schlage daher vor, 1. so rasch als möglich eine nach den Plänen der Firma S. & H. auszustattende Vorortanlage zu automatisieren und 2. einen Fernarbeitsplatz, beispielsweise in der Fernleitungsstelle Augsburg mit einer Tastatur oder Wählscheibe auszurüsten und die in München von Augsburg kommenden Fernleitungen für den ankommenden Fernverkehr direkt an Gruppenwähler zu legen.

Das Ergebnis dieser beiden Versuche, sowie die Ausführung einer Probeanlage für den Seilpostbetrieb durch die Rohr- und Seilpostanlagen G.m.b.H. würden dann die Grundlage für den definitiven Entwurf eines Fernamtes in München bilden. Der Bau eines neuen Fernamtes erscheint auch im Falle eines erfolgreichen Ergebnisses der Versuche, trotz der Minderung der Fernplätze, mit Rücksicht auf die unzulängliche Größe des Haupt- und Zwischenverteilers, des Kombinationsspulengestelles, des Klinkenumschalters, der Anmelde- und Auskunftstische und der Zettelbeförderungsanlage, in vier bis fünf Jahren geboten.

Schlußbemerkung.

Aus einer allgemeinen Betrachtung über die Verhältnisse im Fernverkehr habe ich für den Bau neuer Fernämter Vorschläge und Richtlinien entwickelt zu dem Zwecke, für die Errichtung neuer Fernämter in München, Nürnberg und Regensburg feste Grundlagen und die wirtschaftlich günstigste Form zu schaffen. Ich muß es nun den beteiligten Fachkreisen überlassen, die vorstehende Abhandlung in ihren Annahmen und Anregungen einer eingehenden Kritik und Bewertung zu unterziehen, um auf diesem Wege eine vollständige Klärung aller hier einschlägigen Fragen einwandfrei zu erreichen. Aus der Fülle der angeschnittenen Fragen und dem Umfange der Ausarbeitung kann ersehen werden, daß der Bau neuer Fernämter zu den schwierigsten Aufgaben der Fernsprechtechnik zählt.

München, den 21. Juni 1922.

Dipl. Ing. Wilh. Schreiber
Oberregierungsrat
Vorstand des Telegraphenkonstruktionsamtes der Abteilung München
des Reichspostministeriums.

Anhang
zum I. Teil

Statistische Tafeln über den Fernverkehr,
Ermittlungen über die Fernplatzbelegung,
über die Laufzeiten in Zettelpostanlagen und
Entwicklung der jährlichen Ausgaben
und Einnahmen der Fernämter.

———————

Auszug

aus der Telephonlinienbelastungs-Statistik für die Fernleitungsstelle München vom 25. Juli 1921.

Name der angeschlossenen Vermittlungsstelle	Länge der Leitg. in km	Zahl der Schleifen	an-kommender Verkehr	ab-gehender Verkehr	Gesamt-Verkehr	pro Schleife
			in Gesprächseinheiten			
1) Vorortsverkehr bis 25 km						
Dachau — München O*)	19,9	4	238	174	412	103
Deisenhofen— „ G**)	16,4	2	72	47	119	59
Ebenhausen— „ G	22,4	4	217	168	385	96
Feldkirchen— „ O	12,3	2	92	68	160	80
Feldmoching—· „ G	12,6	2	41	40	81	40
Gauting— „ G	22,7	4	205	131	336	84
Geiselgasteig— „ G	9,7	2	54	57	111	55
Grasbrunn— „ G	16,9	1	14	11	25	25
Grünwald— „ G	14,9	4	98	65	163	41
Haar (Oby.)— „ G	12,2	2	59	60	119	59
Höhenkirchen— „ G	20,9	2	66	45	111	55
Höllriegelskreuth— München G	14,1	2	59	23	82	41
Ismaning— „ O	16,4	3	186	78	264	121
Lohhof— „ G	21,5	2	111	67	178	89
München—Pasing O	11,2	39	2560	2234	4794	123
„ —Planegg O	16,6	12	615	527	1142	95
„ —Pullach G	13,0	2	66	43	109	54
„ —Riem G	9,1	2	69	53	122	61
„ —Sauerlach G	24,3	1	73	63	136	136
„ —Schleißheim G	16,4	3	88	51	139	46
„ —Schwaben O	23,2	2	99	111	210	105
„ Unterhaching G	12,3	2	119	68	187	93
„ Zorneding G	20,9	2	107	55	162	81
	379,9	101	5308	4239	9547	1742
Durchschnittl. Länge	16,6					76 rd

*) O = Ortsanlage mit O. B. Betrieb.   **) G = Gruppenstellenanlage.

Name der angeschlossenen Vermittlungsstelle	Länge der Ltg. in km	Zahl der Schleifen	an- kommender Verkehr	ab- gehender Verkehr	Gesamt- Verkehr	pro Schleife
			in Gesprächseinheiten			
2.) Mittlerer od. Bezirks- verkehr bis 100 km						
Aichach — München	58,1	1	44	48	92	92
Altomünster— „	43,2	1	87	33	120	120
Augsburg— „	64,3	13	1086	967	2053	158
Bad Aibling— „	50,0	1	83	57	140	140
Bad Tölz — „	54,9	3	406	199	605	202
Bruckmühl— „	43,0	1	42	95	137	137
Buchloe— „	69,8	1	139	78	217	217
Dorfen— „	50,1	1	53	37	90	90
Erding— „	36,9	3	147	132	279	93
Feldafing— „	36,0	2	142	164	306	153
Freising — „	34,9	4	714	241	955	191
Fürstenfeldbruck— „	26,4	4	437	248	685	171
Grafing— „	32,6	3	240	160	400	133
Herrsching— „	40,4	3	281	222	503	168
Holzkirchen— „	33,4	3	162	102	264	88
Ingolstadt— „	86,5	5	478	223	701	140
Kaufbeuren— „	91,5	1	56	77	133	133
Kochel— „	84,0	1	97	64	161	161
Landsberg a. L.— „	60,2	3	251	146	397	132
Landshut— „	73,9	7	793	320	1113	159
Mühldorf— „	77,2	4	206	489	695	174
München—Murnau	76,0	2	147	126	273	136
„ —Neu-u.Altötting	92,4	2	145	93	238	119
„ —Penzberg	63,4	1	72	71	143	143
„ Pfaffenhofen a. Ilm	53,9	3	105	150	255	85
„ —Prien	82,3	1	102	72	174	174
„ —Rosenheim	59,5	7	454	387	841	120
„ —Schaftlach	44,2	1	16	31	47	47
„ —Schliersee	58,0	3	485	187	672	244
„ —Starnberg	26,7	6	434	332	766	127
zu übertragen:	1703,7	91	7904	5551	13455	4227

Name der angeschlossenen Vermittlungsstelle	Länge der Ltg. in km	Zahl der Schleifen	ankommender Verkehr	abgehender Verkehr	GesamtVerkehr	pro Schleife
			in Gesprächseinheiten			
Übertrag:	1703,7	91	7904	5551	13455	4227
Miesbach—München	50,6	2	104	83	187	93
München—Tegernsee	55,8	4	243	332	575	144
„ —Trostberg	80,1	2	135	79	214	107
„ —Tutzing	47,0	4	218	199	417	104
„ —Wasserburg a.I.	54,4	3	132	115	247	82
„ —Weilheim	55,7	4	215	219	434	108
„ —Weßling	28,4	1	62	24	86	86
„ —Wolfratshausen	38,1	3	379	191	570	190
	2113,7	114	9392	6793	16185	5141
Durchschnittl. Länge	55,3					135

3) Großer Fernverkehr über 100 km

Name der angeschlossenen Vermittlungsstelle	Länge der Ltg. in km	Zahl der Schleifen	ankommender Verkehr	abgehender Verkehr	GesamtVerkehr	pro Schleife
Bad Reichenhall–München	142,2	2	360	174	534	267
Bamberg— „	241,9	1	106	86	192	192
Berchtesgaden— „	159,9	2	146	144	290	145
Burghausen— „	115,1	1	18	49	67	67
Freilassing – .,	140,2	1	39	48	87	87
Garmisch-Part.— „	101,7	7	636	501	1157	165
Hof a. S.— „	315,4	1	108	90	198	198
Immenstadt— „	154,9	1	89	61	150	150
Kempten— „	133,5	4	689	273	962	240
Lindau— „	212,4	1	137	80	217	217
Ludwigshafen— „	430,0	1	112	63	175	175
Memmingen— „	115,9	1	127	81	208	208
München—Berlin	660,1	5	306	351	657	131
„ —Dresden	592,4	1	71	69	140	140
„ —Frankfurt a. M.	373,5	4	304	236	540	135
„ —Hamburg	771,3	1	79	119	198	198
„ —Innsbruck	158,4	1	87	64	151	151
„ —Leipzig	476,4	2	137	130	267	133
„ —Mannheim	364,4	2	180	178	358	179
„ —Neu-Ulm	146,9	1	92	156	248	248
„ —Nürnberg	189,1	10	967	772	1739	174
„ —Passau	166,0	1	115	118	233	233
„ —Regensburg	137,5	5	540	270	810	162
„ —Salzburg	146,6	1	77	88	165	165
zu übertragen:	6459,7	57	5542	4201	9743	4160

Name der angeschlossenen Vermittlungsstelle	Länge der Ltg. in km	Zahl der Schleifen	ankommender Verkehr	abgehender Verkehr	GesamtVerkehr	pro Schleife
			in Gesprächseinheiten			
Übertrag:	6459,7	57	5542	4201	9743	4160
München—Straubing	180,8	1	79	89	168	168
„ —Stuttgart	239,2	3	290	247	537	179
„ —Traunstein	111,2	3	347	149	496	165
„ —Würzburg	272,4	3	316	186	502	167
„ —Zürich	329,8	1	91	63	154	154
Zusammen:	7593,1	68	6665	4835	11500	4933
Durchschnittl. Länge	rd 261					170

Zusammenstellung:

	Im Mittel					
1) Vorortsverkehr bis 25 km	16,6	101	5308	4239	9547	1742
Vom Gesamtverkehr treffen			55%	45%		
hievon Durchgangsverkehr			10%			
folgl. reduziert sich der rein ankommende und abgehende Verkehr ohne Transit auf			50%	40%		
Verkehr pro Schleife						76
2) Bezirksverkehr bis 100 km	55,3	114	9392	6793	16185	5141
Verkehr pro Schleife						135
Vom Gesamtverkehr treffen			58%	42%		
hievon Durchgangsverkehr			10%			
folgl. reduziert sich der rein ankommende und abgehende Verkehr ohne Transit auf			53%	37%		
3) Großer Fernverkehr über 100 km	261,8	68	6665	4835	11500	4933
Verkehr pro Schleife						170
Vom Gesamtverkehr treffen			58%	42%		
hievon Durchgangsverkehr			10%			
folgl. reduziert sich der rein ankommende und abgehende Verkehr ohne Transit auf			53%	37%		
Zusammen:	283 Ltg.					

1) $101 \times 100 = 10100$ Gespräche
2) $114 \times 135 = 15390$ „
3) $6 \times 170 = 11560$ „

37050 Gespräche insgesamt, hievon 16448 abgeh. Gespräche

Zahl der abgeh. Gespräche in Prozenten des Gesamtverkehres:

$$\frac{101 \times 45 + 114 \times 42 + 68 \times 42}{283} = \text{rd. } 45\%$$

Durchschnittliche Gesprächsbelastung pro Fernltg. rd. 130 Gesprächseinheiten.

Vorläufige Festsetzung der Belegung von Arbeitsplätzen mit Fernleitungen

nach der Linienbelastungsstatistik vom 25. Juli 1921 in der Fernleitungsstelle München

1) **Im Vorortsverkehr bis 25 km** Leitungslänge und einer Gesprächsbelastung von 76 Gesprächseinheiten pro Ltg. = 38 Verbindungen. (Eine Gesprächsverbindung = 2 Gesprächseinheiten).

| | Zahl der Fernleitgn. pro Arbeitsplatz im getrennten Betrieb | Zahl der anfallenden Ferngespr.- Verbindungen nach der Statistik | | Prozentual. Anteil am Gesamt-Verkehr | Zahl der Fernltg. pro Arbeitsplatz im gemischten Betrieb |
		pro Tag	pro Stunde (Höchstleistung) 12%		
a) Im reinen ankom. Verk.	8	8 × 38 = 300	rd. 36	50%	4,00
b) „ „ abgeh. „	6,5	6,5 × 38 = 250	„ 30	40%	2,6
c) „ Durchgangsverkehr	4	4 × 38 = 150	„ 18	10%	0,40
		Durchschnittliche Zahl der Ltg. pro Platz			7,00

2) **Im Bezirks- oder mittleren Verkehr bis zu 100 km** Leitungslänge und einer Gesprächsbelastung von 135 Gesprächseinheiten pro Ltg. = 65 Verbindungen.

a) Im reinen ankom. Verk.	4	4 × 65 = 260	31	53%	2,12
b) „ „ abgeh. „	3	3 × 65 = 195	23	37%	1,11
c) „ Durchgangsverkehr	2	2 × 65 = 130	16	10%	0,20
		Durchschnittliche Zahl der Ltg. pro Platz			3,43

3) **Im großen Fernverkehr mit über 100 km** Leitungslänge und einer Gesprächsbelastung von 170 Gesprächseinheiten pro Ltg. = 85 Verbind.

a) Im reinen ankom. Verk.	2,5	2,5 × 85 = 213	27	53%	1,32
b) „ „ abgeh. „	2	2 × 85 = 170	22	37%	0,74
c) „ Durchgangsverkehr	1,5	1,5 × 85 = 128	13	10%	0,15
		Durchschnittliche Zahl der Ltg. pro Platz			2,21

Aus dem vorstehenden Belegungsplan rechnet sich die Zahl der nötigen Arbeitsplätze für die derzeitige Fernleitungsstelle in München wie folgt:

1) **Vorortsverkehr:**   2) **Bezirksverkehr:**   3) **Fernverkehr:**

$$\frac{101 \;\text{Zahl der vorhandenen Leitgn.}}{7,0 \;\text{Theoret Zahl d Fernltg. pro Platz}} \;+\; \frac{114}{3,43} \;+\; \frac{68}{2,21}$$

   rd. 15 Plätze   +   33 Plätze   +   31 Pl. = 79 Pl.

Bei 283 Fernleitungen treffen demnach im Durchschnitt pro Arbeitsplatz:

$$283 : 79 = \text{rund } 3^{1/2} \text{ Fernleitungen.}$$

Für eine neue Fernleitungsstelle in München würde sich bei der gleichen durchschnittlichen Gesprächsbelastung für rund 1000 Fernleitungen, die Zahl der Arbeitsplätze rechnen zu:

$$1000 \text{ Leitgen.} : 3^{1/2} \text{ Leitgen.}$$

rund 300 Arbeitsplätze.

Bei 8 Schrankreihen in jeder Reihe 40 Plätze oder 20 Fernschränke.

Auszug

aus der Telephonlinienbelastungs-Statistik für die
Fernleitungsstelle Nürnberg vom 25. Juli 1921.

Name der angeschlossenen Vermittlungsstelle	Länge der Ltg. in km	Zahl der Schleifen	an-kommender Verkehr	ab-gehender Verkehr	Gesamt-Verkehr	pro Schleife
			in Gesprächseinheiten			
1) Vorortsverkehr bis 25 km						
Behringersdorf—Nürnberg	10,2	2	100	74	174	87
Cadolzburg— „	19,7	3	71	85	156	52
Erlangen— „	18,5	7	444	238	682	97
Feucht— „	13,8	1	49	33	82	82
Heroldsberg— „	12,0	1	54	38	92	92
Fürth b. Nbg. „	7,2	20	545	815	1360	68
Langenzenn— „	22,7	2	147	68	215	107
Lauf a. P.— „	16,7	5	501	306	807	161
Nürnberg—Reichelsdorf	10,1	2	86	45	131	65
„ —Röthenbach b.L	12,4	2	55	35	90	45
„ —Roßtal	16,2	2	67	37	104	52
„ —Schwabach	16,6	4	287	224	511	128
„ —Wendelstein	14,4	1	51	38	89	89
Zusammen	190,5	52	2457	2036	4493	1125
Durchschnittlich	rd. 15		54%	46%		rd 90
2) Bezirksverkehr bis 100 km						
Altdorf b. Nbg—Nürnberg	25,1	1	50	64	114	114
Amberg— „	68,1	3	208	177	385	128
Ansbach— „	42,9	5	375	308	683	136
Bad Kissingen— „	80,9	1	102	96	198	198
Bamberg— „	59,2	6	422	426	848	141
Bayreuth— „	81,6	3	208	180	388	144
Eschenau— „	25,8	4	99	65	164	41
Forchheim— „	33,5	4	293	184	477	119
Donauwörth— „	97,6	1	172	56	228	228
Georgensgmünd— „	34,9	2	70	28	98	49
Gräfenberg— „	28,0	1	62	72	134	134
Gunzenhausen— „	49,9	2	136	157	293	146
Heilsbronn— „	25,9	1	66	39	105	105
Hersbruck— „	28,8	3	160	114	274	91
Kulmbach— „	98,8	1	78	100	178	178
Lichtenfels— „	90,1	1	43	38	81	81
Neumarkt Obpf.— „	36,9	3	272	138	410	136
zu übertragen:	908,0	42	2816	2242	5058	2169

Name der angeschlossenen Vermittlungsstelle	Länge der Ltg. in km	Zahl der Schleifen	an-kommender Verkehr	ab-gehender Verkehr	Gesamt-Verkehr	pro Schleife
			In Gesprächseinheiten			
Übertrag:	908,0	42	2816	2242	5058	2169
Neunkirchen a. B.– Nürnbg.	28,6	2	36	37	73	36
Neustadt a. A.– „	39,8	5	352	287	639	128
Nürnberg—Pegnitz	54,5	1	62	46	108	108
„ —Roth b Nbg.	26,3	3	182	110	292	97
„ —Sulzbach (Opf.)	56,4	1	63	84	147	147
„ —Treuchtlingen	63,0	1	110	42	152	152
„ —Weissenburg i. B.	53,9	3	133	126	259	86
Zusammen:	1230,5	58	3754	2974	6728	2923
Durchschnittlich:	51,0		56%	44%		120

3) Großer Fernverkehr über 100 km

Name der angeschlossenen Vermittlungsstelle	Länge der Ltg. in km	Zahl der Schleifen	an-kommender Verkehr	ab-gehender Verkehr	Gesamt-Verkehr	pro Schleife
Aschaffenburg — Nürnberg	173,9	1	28	20	48	48
Augsburg— „	140,6	3	282	300	582	194
Hof a. S.— „	135,4	4	271	260	531	133
Ingolstadt— „	103,5	1	79	40	119	119
Ludwigshafen a. Rh.- „	258,9	1	55	98	153	153
Marktredwitz-- „	114,0	1	100	74	174	174
München— „	189,1	10	772	967	1739	174
Nürnberg—Berlin	467,0	5	342	470	812	162
„ —Chemnitz	253,3	1	104	68	172	172
„ —Coburg	110,7	2	162	82	244	122
„ —Cöln	404,4	1	60	104	164	164
„ —Dresden	509,4	1	83	70	153	153
„ —Düsseldorf	449,4	1	94	60	154	154
„ —Erfurt	213,0	2	88	72	160	80
„ —Frankfurt a. M.	218,5	6	370	388	758	126
„ —Hamburg	582,2	2	164	154	318	159
„ —Karlsruhe	280,6	1	92	94	186	186
„ —Leipzig	284,0	2	162	140	302	151
„ —Mannheim	256,6	1	86	110	196	196
„ —Passau	223,5	1	67	52	119	119
„ —Regensburg	101,4	6	491	463	954	159
„ —Schweinfurt	115,6	1	79	126	205	205
„ —Straßburg i. Els.	327,4	1	(für den Verkehr Nürnberg–Stuttgart benützt)			
„ —Stuttgart	174,8	4	187	280	467	118
„ —Weiden	106,4	2	192	100	292	146
„ —Wien	500,7	1	44	132	176	176
„ —Würzburg	100,2	4	443	384	827	207
„ —Zwickau	207,5	1	66	56	122	122
Zusammen:	7002,0	67	4963	5164	10128	4072
Durchschnittlich:	rd 250		49%	52%		145

Name der angeschlossenen Vermittlungsstelle	Länge der Ltg. in km	Zahl der Schleifen	an-kommender Verkehr	ab-gehender Verkehr	Gesamt-Verkehr	pro Schleie
			in Gesprächseinheiten			
Zusammenstellung:	Im Mittel					
1) Vorortsverkehr						
bis 25 km	15	52	2457	2036	4493	1125
Verkehr pro Schleife						90
Vom Gesamtverkehr treffen			54%	46%		
hievon Durchgangsverkehr			10%			
folgl. reduziert sich der rein an-kommende und abgehende Verkehr ohne Transit auf			49%	41%		
2) Bezirksverkehr						
bis 100 km	51,0	58	3754	2974	6728	2923
Verkehr pro Schleife						120
Vom Gesamtverkehr treffen			56%	44%		
hievon Durchgangsverkehr			10%			
folgl. reduziert sich der rein an-kommende und abgehende Verkehr ohne Transit auf			51%	39%		
3) Großer Fernverkehr						
über 100 km	250	67	4963	5164	10128	4072
Verkehr pro Schleife						145
Vom Gesamtverkehr treffen			49%	51%		
hievon Durchgangsverkehr			10%			
folgl. reduziert sich der rein an-kommende und .bgehende Verkehr ohne Transit auf			44%	46%		
Zusammen:		177	11174	10174	21349	

Mittlere Gesprächsbelastung pro Fernleitung:

21349 : 177 = rd. 120 Gespräche.

Vorläufige Festsetzung der
Belegung von Arbeitsplätzen mit Fernleitungen

nach der Linienbelastungsstatistik vom 25. Juli 1921
in der Fernleitungsstelle Nürnberg

1) **Im Vorortsverkehr bis 25 km** Leitungslänge und einer Gesprächsbelastung von 90 Gesprächseinheiten pro Ltg. = 45 Verbindungen.
(Eine Gesprächsverbindung = 2 Gesprächseinheiten).

	Zahl der Fernleitgn. pro Arbeits-platz im getrennten Betrieb	Zahl der anfallenden Ferngespr.-Verbindungen nach der Statistik		Prozentual. Anteil am Gesamt-Verkehr	Zahl der Fernleitgn. pro Arbeits-platz im gemischten Betrieb
		pro Tag	pro Stunde (Höchst-leistung) 12 %		
a) Im reinen ankom. Verk.	6,5	rd. 270	rd. 33	49 %	3,19
b) „ „ abgeh. „	5,5	„ 225	„ 27	41 %	2,26
c) „ Durchgangsverkehr	3,5	„ 150	„ 18	10 %	0,35
Durchschnittliche Zahl der Ltg. pro Platz					5,80

2) **Im Bezirks- oder mittleren Verkehr bis zu 100 km** Leitungslänge
und einer Gesprächsbelastung von 120 Gesprächseinheiten pro Ltg.
= 60 Verbindungen.

a) Im reinen ankom. Verk.	4	rd. 240	rd. 28	51 %	2,04
b) „ „ abgeh. „	3,5	„ 210	„ 25	39 %	1,37
c) „ Durchgangsverkehr	2	„ 120	„ 14	10 %	0,20
Durchschnittliche Zahl der Ltg. pro Platz					3,61

3) **Im großen Fernverkehr mit über 100 km** Leitungslänge und einer
Gesprächsbelastung von 150 Gesprächseinheiten pro Ltg. = 75 Verbind.

a) Im reinen ankom. Verk.	2,5	rd. 190	rd. 23	44 %	1,10
b) „ „ abgeh. „	2,0	„ 150	„ 18	46 %	0,92
c) „ Durchgangsverkehr	1,5	„ 115	„ 14	10 %	0,15
Durchschnittliche Zahl der Ltg. pro Platz					2,17

Aus dem vorstehenden Belegungsplan rechnet sich die Zahl der nötigen Arbeitsplätze für die derzeitige Fernleitungsstelle Nürnberg wie folgt

1) Vorortsverkehr: 2) Bezirksverkehr: 3) Fernverkehr:

$$\frac{52 \text{ Zahl der vorhandenen Leitgn.}}{5,80 \text{ Theoret. Zahl d. Fernltg. pro Platz}} + \frac{58}{3,61} + \frac{67}{2,17}$$

$$\text{rd. 9 Plätze} + \text{16 Plätze} + \text{32 Pl} = 57 \text{ Pl.}$$

Bei 177 Fernleitungen treffen demnach im Durchschnitt pro Arbeitsplatz:

$$177 : 57 = \text{rund 3 Fernleitungen.}$$

Für eine neue Fernleitungsstelle in Nürnberg würde sich bei der gleichen durchschnittlichen Gesprächsbelastung für rund 500 Fernleitungen, die Zahl der Arbeitsplätze rechnen zu:

$$500 \text{ Leitgen.} : 3 \text{ Leitgen.}$$

rund 170 Arbeitsplätze.

Bei 4 Schrankreihen in jeder Reihe 42 Plätze oder 21 Fernschränke.

Auszug

aus der Telephonlinienbelastungs-Statistik für die Fernleitungsstelle Regensburg vom 25. Juli 1921.

Name der angeschlossenen Vermittlungsstelle	Länge der Ltg. in km	Zahl der Schleifen	an-kommender Verkehr	ab-gebender Verkehr	Gesamt-Verkehr	pro Schleife
			in Gesprächseinbeiten			
1) Vororisverkehr						
bis 25 km						
Abbach—Regensburg	11,4	1	31	47	78	78
Donaustauf— „	9,5	1	33	17	50	50
Laaber— „	20,2	1	26	13	39	39
Mintraching— „	14,5	2	150	101	251	125
Pielenhofen— „	15,5	1	29	18	47	47
Regensburg—Regenstauf	13,6	2	104	76	180	90
„ —Schönhofen	11,8	1	63	46	109	54
„ —Wenzenbach	11,4	2	27	19	46	23
„ —Wörth a D.	24,7	1	60	60	120	120
Zusammen	132,6	12	523	397	920	626
Durchschnittlich	**rd. 15**		57 %	43 %		**rd. 70**
2) Mittlerer od. Bezirks-						
verkehr bis 100 km						
Abensberg—Regensburg	36,7	2	91	66	157	78
Amberg— „	68,6	1	79	75	154	154
Beratzhausen— „	26,8	1	25	20	45	45 ·
Burglengenfeld— „	31,2	3	161	130	291	97
Cham— „	68,6	2	126	212	338	169
Deggendorf— „	78,8	1	116	92	208	208
Eggmühl— „	25,1	2	32	29	61	30
Hemau— „	25,3	1	32	57	89	89
Ingolstadt— „	73,5	1	39	72	111	111
Kelheim— „	26,4	2	136	73	209	104
Landshut— „	64,4	3	258	257	515	172
Neufahrn— „	39,3	2	65	75	140	70
Nittenau— „	35,1	1	77	30	107	107
Plattling— „	65,2	2	154	97	251	125
Regensburg—Riedenburg	41,9	1	55	30	85	85
„ —Röding	70,4	1	62	61	123	123
„ —Schwandorf	41,1	3	191	124	315	105
zu übertragen:	818,4	29	1699	1500	3199	1872

Name der angeschlossenen Vermittlungsstelle	Länge der Ltg. in km	Zahl der Schleifen	ankommender Verkehr	abgebender Verkehr	Gesamt-Verkehr	pro Schleife
			in Gesprächseinheiten			
Übertrag:	818,4	29	1699	1500	3199	1872
Regensburg—Siegenburg	44,3	1	47	6	53	53
„ —Straubing	43,3	3	207	215	422	141
„ —Sünching	26,6	1	97	92	189	189
„ —Vilshofen	96,5	1	44	27	71	71
„ —Weiden	85,2	2	181	98	279	139
Zusammen:	1114,3	37	2275	1938	4213	2465
Durchschnittlich	rd. 50		54 %	46 %		110
3) Großer Fernverkehr über 100 km						
München—Regensburg	137,5	5	270	540	810	162
Nürnberg— „	101,4	6	463	491	954	159
Passau— „	122,1	2	145	90	235	117
Zusammen:	361,0	13	878	1121	1999	438
Durchschnittlich	rd. 120		44 %	56 %		150 rd.

Zusammenstellung:

	Im Mittel					
1) Vorortsverkehr bis 25 km	15	12	523	397	920	620
Verkehr pro Schleife						70
Vom Gesamtverkehr treffen			57 %	43 %		
hievon Durchgangsverkehr			10 %			
folgl. reduziert sich der rein ankommende und abgehende Verkehr ohne Transit auf			52 %	38 %		
2) Bezirksverkehr bis 100 km	rd. 50	37	2275	1938	4213	2465
Verkehr pro Schleife						110
Vom Gesamtverkehr treffen			54 %	46 %		
hievon Durchgangsverkehr			10 %			
folgl. reduziert sich der rein ankommende und abgehende Verkehr ohne Transit auf			49 %	41 %		
3) Großer Fernverkehr über 100 km	rd. 120	13	878	1121	1999	438
Verkehr pro Schleife						150
Vom Gesamtverkehr treffen			44 %	56 %		
hievon Durchgangsverkehr			10 %			
folgl. reduziert sich der rein ankommende und abgehende Verkehr ohne Transit auf			39 %	51 %		
Zusammen:		62	3676	3456	7132	

Mittlere Gesprächsbelastung pro Fernltg.

7132 : 62 = rd. 115 Gesprächseinheiten.

Vorläufige Festsetzung der
Belegung von Arbeitsplätzen mit Fernleitungen

nach der Linienbelastungsstatistik vom 25. Juli 1921
in der Fernleitungsstelle Regensburg

1) **Im Vorortsverkehr bis 25 km** Leitungslänge und einer Gesprächsbelastung von 70 Gesprächseinheiten pro Ltg. = 35 Verbindungen.
(Eine Gesprächsverbindung = 2 Gesprächseinheiten).

	Zahl der Fernltgn, pro Arbeits- platz im getrennten Betrieb	Zahl der anfallenden Ferngespr - Verbindungen nach der Statistik		Prozentual. Anteil am Gesamt- Verkehr	Zahl der Fernltg. pro Arbeits- platz im gemischten Betrieb
		pro Tag	pro Stunde (Höchst- leistung) 12%		
a) Im reinen ankom. Verk.	8	8 × 35 = 280	rd. 34	52%	4,16
b) „ „ abgeh. „	7	7 × 35 = 245	„ 29	38%	2,16
c) „ Durchgangsverkehr	4	4 × 35 = 140	„ 17	10%	0,40
Durchschnittliche Zahl der Ltg. pro Platz					6,72

2) **Im Bezirks- oder mittleren Verkehr bis zu 100 km** Leitungslänge
und einer Gesprächsbelastung von 110 Gesprächseinheiten pro Ltg.
= 55 Verbindungen.

a) Im reinen ankom. Verk.	4	4 × 55 = 220	rd. 26	49%	1,96
b) „ „ abgeh. „	3,5	3,5 × 55 = 193	„ 23	41%	1,44
c) „ Durchgangsverkehr	2	2 × 55 = 110	„ 13	10%	0,20
Durchschnittliche Zahl der Ltg. pro Platz					3,60

3) **Im großen Fernverkehr mit über 100 km** Leitungslänge und einer
Gesprächsbelastung von 150 Gesprächseinheiten pro Ltg. = 75 Verbind.

a) Im reinen ankom, Verk.	2,5	2,5 × 75 = 188	rd. 23	39%	0,98
b) „ „ abgeh. „	2,0	2 × 75 = 150	„ 18	51%	1,02
c) „ Durchgangsverkehr	1,5	1,5 × 75 = 113	„ 14	10%	0,15
Durchschnittliche Zahl der Ltg. pro Platz					2,15

Aus dem vorstehenden Belegungsplan rechnet sich die Zahl der nötigen Arbeitsplätze für die derzeitige Fernleitungsstelle in Regensburg wie folgt:

1) Vorortsverkehr: **2) Bezirksverkehr:**   **3) Fernverkehr:**

$$\frac{12 \quad \text{Zahl der vorhandenen Leitgn.}}{6{,}72 \quad \text{Theoret. Zahl d. Fernltg. pro Platz}} \quad + \quad \frac{37}{3{,}60} \quad + \quad \frac{13}{2{,}15}$$

rd. 2 Plätze $+$ 10 Plätze $+$ 6 Pl. $= 18$ Pl.

Bei 62 Fernleitungen treffen demnach im Durchschnitt pro Arbeitsplatz:

$$62 : 18 = \text{rund } 3^{1}/_{2} \text{ Fernleitungen.}$$

Für eine neue Fernleitungsstelle in Regensburg würde sich bei der gleichen durchschnittlichen Gesprächsbelastung für rund 240 Fernleitungen, die Zahl der Arbeitsplätze rechnen zu:

250 Leitgen. : 3,5 Leitgen.

rund 72 Arbeitsplätze.

Bei 2 Schrankreihen in jeder Reihe 36 Plätze oder 18 Fernschränke.

Zusammenstellung

der durchschnittlichen Beförderungszeiten von Anmeldezetteln.

a) innerhalb einer Zettelpostanlage mit Seilbetrieb:

Bei einer sekundlichen Seilgeschwindigkeit	von 0,5 m	0,75 m	1,0 m
a) In Anlagen mit Einfachbetrieb, bei einer mittleren Seillänge von 60 m für jeden Seilzug,			
1. Gesamtumlaufzeit eines Zuges,	120"	80"	60"
2. Laufzeit vom Einlegschlitz an der Zentrale bis zur mittleren Abwurfstelle an den Schränken $= \frac{1}{4}$ von 1.)	30"	20"	15"
3. Durchschnittliche Beförderungszeit im Seilposteinfachbetrieb = arithm. Mittel aus 1.) und 2.)	75"	50"	38"
b) In Anlagen mit Doppelbetrieb, bei einer mittleren Seillänge von 72 m,			
1. Doppelte Gesamtumlaufzeit eines Zuges,	288"	192"	144"
2. Laufzeit vom Einlegschlitz bis zur mittleren Abwurfstelle = $\frac{1}{8}$ der Umlaufzeit,	36"	21"	18"
3. Durchschnittliche Beförderungszeit im Seilpostdoppelbetrieb $= \frac{1.) + 2.)}{2}$	162"	106"	81"

c) innerhalb einer pneumatischen Zettelpostanlage:

1. Beförderungsgeschwindigkeit im Senderohr 8 m pro Sek., bei einer mittleren Rohrlänge von 24 m im neuen Fernamt zu München, rechnet sich die Sendezeit im Mittel zu 24 : 8 = 3",

2. desgl. im Rücksenderohr, bei einer Geschwindigkeit von 3 m pro Sek., daher durchschnittliche Rücksendezeit im Zettelpostbetrieb

$$24 : 3 = 8"$$

d) innerhalb einer Förderbandanlage vom Fernplatz bis zur Sammelstelle, bei einer mittleren Entfernung von 20 m und einer mittleren Bandgeschwindigkeit von 0,5 m pro Sek., rechnet sich die durchschnittliche Rücksendezeit zu 40".

Zusammenstellung

der durchschnittlichen Laufzeiten eines Anmeldezettels, vom Anmeldeplatz bis zum Fernplatz, bei einer Zettelbeförderung durch die Beförderungsarten von a) bis d)

Vortrag der verschiedenen Laufstrecken und der verschiedenen Stillager	a) Durch pneumatische Anlagen	Durch Seilpostanlagen						d) von Hand
		b) mit Einfachbetrieb			c) mit Doppelbetrieb			
		und einer Seilgeschwindigkeit von						
		0,5 m	0,75 m	1,0 m	0,5 m	0,75 m	1,0 m	
1 Vom Anmeldeplatz zur Verteilungsstelle, mittels 10 m langer Bänder u. 0,5 m Bandgeschwindigkeit pro Sek.	20"	20"	20"	20"	20"	20"	20"	
2. Stillager an der Abwurfschale	10"	10"	10"	10"	10"	10"	10"	
3. Verteilen der Zettel in die Fächergestelle	*) 1,5"	2"	2"	2"	2"	2"	2"	
4. Stillager im Fächergestell	10"	10"	10"	10"	10"	10"	10"	
5. Verbringen der Zettel vom Fächergestell zum Rohrpostverteiler,	2"	—	—	—	—	—	—	} 23'
6. Stillager am Rohrpostverteiler	10"	—	—	—	—	—	—	
7. Einlegen in die Schlitze des Seilzuges	—	**) 0,5"	0,5"	0,5"	0,5"	0,5"	0,5"	
8. Einlegen in die Schlitze des Rohrpostverteilers	**) 2,5"	—	—	—	—	—	—	
9. Durchschnittliche Beförderungszeit.	3"	75"	50"	38"	162"	106"	81"	
Durchschnittliche Laufzeit eines Anmeldezettels	59"	117"	92"	80"	204"	148"	123"	} 23'
im Mittel:	1'	2'	1¹/₂'	1¹/₂'	3¹/₂'	2¹/₂'	2'	

Bemerkungen:

*) Die Verteilung der Zettel in die Gestellsfächer bei Rohrpostanlagen erfolgt nur in 4 größeren Abteilungen, während im Seilpostbetrieb 150 Fächer in demselben Gestell vorhanden sein müssen.

**) Im Rohrpostbetrieb muß jeder Anmeldezettel einzeln in die Einlegschlitze eingelegt werden, im Seilpostbetrieb bei einer Beförderungszeit von 3' häufen sich die Anmeldezettel in den Fächerabteilungen der Gestelle an. Daher werden sie in Bündeln, etwa 2 Stück in die Schlitze eingelegt. Diese Eigenart des Betriebes erfordert weniger Zeit und damit auch weniger Arbeitskräfte.

A. Jährlicher Bedarf an Anmeldezetteln

in einem Amt mit 1000 Ltgen., 30 Gespr. pro Ltg. im abgehenden Fernverk.:

1. An den Werktagen . . . . . . 303 × 30 000 = 9 090 000 Zettel,
2. An den Sonn- u. Feiertagen . . . 62 × 10 000 = 620 000 „

Zusammen: = 9 710 000 „

mit den Transit und Laufzetteln rund 10 **Millionen** Zettel.

B. Zusammenstellung der jährlichen Beförderungskosten

von 10 Millionen Anmeldezettel für die verschiedenen
Betriebsarten der Zettelbeförderung:

	Pneumatische Zettelpostanlagen	Handbetrieb	Seilpostanlagen nach dem	
			Einfachbetrieb	Doppelbetrieb
a) Lieferungskosten einer betriebsfertigen Anlage nach dem Angebote der Rohr- und Seilpostanlagen G. m. b. H. a)	3 500 000		2 200 000	1 800 000
b) Jährliche Verzinsung-, Tilgungs-, Betriebs- und Personalkosten:				
1. Verzinsung des Anlagekapitals	175 000		110 000	90 000
2. Tilgung des Anlagekapitals	87 000		55 000	45 000
3. Unterhaltung der Anlage	60 000		50 000	40 000
4. Stromkosten bei 6000 Std. 2,2 M. f. d. KW-Std.				
α) bei 0,8 KW für Rohrpost	10 000			
β) 2 bezw. 1,5 KW für Seilpost,			25 000	18 000
b 1.—β)			240 000	193 000
5. Personalkosten für die Bedienung der Anlage mit folg. Arbeitskräften:	332 500	15 Arbeitskräfte erfordern 37,5 Personen mit einem Kostenaufwand von		
a) am Fächergestell Rohr 3,6 Seil 4				
b) am Rohrpostverteiler 4,4 —				
c) an der Seilpostzentrale. — 3				
Arbeitskräfte:**) 8 7				
2,5 × ergibt eine Personenzahl von = 20 18 5.)	516 000	967 500	464 400	464 000
6. Mehrkosten der Anmeldezettel mit starkem, teuerem Papier, ausschließlich nur für pneumatische Zettelpostanlagen notwendig:	848 500			
10 × 38 450 M. = 384 500 M.				
10 × 15 000 M. = 150 000 M.				
Differenzbetrag = 234 500 M. 6.)	234 500			
Gesamtausgaben:	1 082 000	967 500	704 400	657 400

**) Siehe die Bemerkungen auf Seite 61 des Anhanges erster Teil.

Muster

eines Anmeldezettels, wie solche in Fernämtern mit pneumatischen Zettelpostanlagen Verwendung finden:

		Leitweg	Klopfer	Tag
			Ausgef.	
			Leitung	
			Vorgem.	Platz
		.....Min. .....ℳ .....Pf.		
München	Art. d. G. usw.		Nach	
Ausk.	Von			
F 35b. 20.				

desgleichen

in Anlagen mit Handbetriebsverteilung, oder mit Seilbetrieb:

Ausfertigungs- anstalt:			Tag: ..... / ..... 192.....
Von Ruf=Nr.		**Nach** Ruf=Nr.	Art des Gesprächs
Leitung.....		Leitung.....	

Vorgemerkt:		Ausgeführt:			
Zeit	Name des Beamten	Beginn des Gesprächs	Minuten- dauer	Gebühr ℳ | Pf.	Name des Beamten
$\frac{V.}{N.}$		$\frac{V.}{N.}$			

Bemerkungen:

F 35. 1920.

Entwicklung

der jährlichen Ausgaben, die schätzungsweise in dem neuzubauenden Fernamte in München nach vollem Ausbau mit 1000 Fernltgen., ohne Rücksicht auf eine teilweise Automatisierung des Betriebes für die Abwicklung des gesamten Fernverkehres erwachsen:

V o r t r a g	Einmalige Ausgaben	Jährliche Ausgaben
	in Mark	in Mark
I. In einem Fernamte mit $3^1/_2$ Ltgen. pro Fernplatz:		
A. Anteil an Herstellungs- und Unterhaltungskosten des Gebäudes nach den Preisen vom 1. Jan. 1922.		
1.) Umbauter Raum		
a.) für den Fernsaal, 960 qm × 5 m = 4 800 cbm		
b.) für den Nebensaal, 960 qm		
für die Garderoben, 670 „		
„ „ Werkstätten, 100 „		
für den Akkumulatorenraum 200 „		
für Stiegenhäuser u. Aborte 310 „		
2240 × 4 m = 8 960 cbm		
zusammen: 13 760 cbm		
Rund 14 000 cbm à 600 M. einschl. Heizungs- und Beleuchtungseinrichtungen:	8 400 000	
2.) Mobiliar, Garderoben, Stühle, usw.	1 600 000	
A.)	10 000 000	
3.) Unterhaltung des Gebäudeanteiles:		
6 % Verzinsung und Tilgung des Anlagekapitals,		600 000
Bauunterhaltung des Gebäudeanteiles,		150 000
Heizung der Räume,		50 000
Beleuchtung der Räume,		50 000
Reinigung der Räume,		50 000
		A.) 900 000
B.) Lieferungs- und Unterhaltungskosten der Amtseinrichtung, nach den Preisen vom 1. Jan. 1922.		
a.) 2 Hauptverteiler, 240 000 M.		
4 Klinkenumschalter, 80 000 „		
10 Aufsichts-Störungstische, 200 000 „		
16 Schrankaufsichtstische, 60 000 „		
92 Anmelde- u. Auskunftstische, 2 760 000 „		
10 Kontrollplätze 300 000 „		
Gehörschutzapparate, 150 000 „		
42 Kabel vom Hauptverteiler, 200 000 „		
16 Kabelkästen, 140 000 „		
für den Fernvermittlungsverkehr,		
Gruppenwähler und Tastatur, 2 300 000 „		
Stromlieferungsanlage, 800 000 „		
Zettelpostanlage mit Seilbetrieb. 1 800 000 „		
a.) zusammen: 9 790 000 M.		

Vortrag	Einmalige Ausgaben	Jährliche Ausgaben
	in Mark	in Mark

Übertrag . , 9 790 000 M.

b.) 150 Fernschränke à 35 000 M.   5 250 000 „

    32 Klopferplätze à 25 000 „   800 000 „

    22 500 Klinkenstreifen,   5 250 000 „

    Kabel und Leitungsmaterial,   3 600 000 „

    1000 Sprechgarnituren,   800 000 „

    150 Mikrotelephone,   110 000 „

    Kalkulagraphen und Uhrenanlage,   500 000 „

       b.) zusammen: 16 310 000 M.

c.) Werkstätteneinrichtung u. Sonstiges: 200 000 „

       Summa: B)   26 300 000 M.   **26 300 000**

d.) Ausgaben für Verzinsung (5%), Tilgung (2½%), Unterhaltung, Stromkosten usw. (2½%):   **2 630 000**

e.) Zettelbeschaffung: **150 000**

           B.)   **2 780 000**

C.) Lieferungs- und Unterhaltungskosten der Fernleitungen, nach den Preisen vom 1. Jan. 1922.

Die durchschnittliche Länge einer Fernltg. beträgt in der Fernleitungsstelle München z. Zt.:

    Im Vorortsverkehr,   16,6 km

    „ Bezirksverkehr,   55,3 „

    „ großen Fernverkehr   261,8 „

       zusammen: 333,7 km : 3 = 111 km

In der Wirtschaftsrechnung dürfen die Kosten für die Fernleitungen nur zur Hälfte in dem einen Amte gebucht werden, weil der Kostenanteil für die andere Hälfte die Gegenämter belastet, so daß die Kosten für die 1000 Fernltgen. nur mit 55,3 km in Rechnung zu stellen sind. Es wird nun angenommen, daß von den 1000 Ltgen. ¼ als vorhanden oberirdisch verbleiben, während ¾ der Ltgen. neu zu bauen sind, für die 5 Fernkabel mit je 150 Leitungswegen verlegt werden. Für ⅕ der Ltgswege. sind keine metallischen Drähte notwendig, da sie unter Einschaltung von Kombinationsspulen gebildet werden.

a.) Für die oberirdischen Ltgen. kommt nur ein Wertanschlag nach dem Friedenspreise in Frage, 200 × 55,5 km × 560 M. = 6 216 000 M. Wertanschlag, dessen Verzinsung und Tilgung mit 7% rund: 435 000 M. jährliche Kosten veranlaßt.   **435 000**

Unterhaltung dieser Ltgen. unter den herrschenden Teuerungszuschlägen 11 100 km × 400 M. =   **4 440 000**

b.) 5 Fernkabel mit je 150 Leitungswegen, pupinisiert, einschl. Verlegung, Verstärkereinrichtungen usw. pro km 600 000 M., 5 × 55,5 km = 277,5 km × 600 000 M. =   **C.)**   **166 500 000**

Die Verzinsung und Tilgung dieses Kapitales einschl. Unterhaltung der Kabel und der Verstärkereinrcht. 7%.   **11 655 000**

       Summe C).   **16 530 000**

Vortrag	Einmalige Ausgaben	Jährliche Ausgaben
	in Mark	in Mark
D. Personalkosten für die Abwicklung des Fernverkehres:		
a) Für den Umschaltedienst. 1213 Personen		
„ „ Abrechnungsdienst, 100 „		
„ „ Mechanikerdienst, 27 „		
zusammen: 1340 Personen		
Hiezu noch rund 10% für die Pensionslast und für die Ausgaben der Zentralleitung, rd. 160 Personen.		
Gesamtzahl: 1 500 Personen.		
Als Gehalt wird der Mittelwert zwischen der Gruppe IV u. V zu Grunde gelegt, mit jährlich 26 000 M.		39 000 000
Besoldung nach dem Stande vom 1. Jan. 1922.		
Zusammenstellung der Kosten I.)		
A.) Kosten des Gebäudeanteiles,	10 000 000	900 000
B.) „ der Amtseinrichtung,	26 300 000	2 780 000
C.) „ „ Fernleitungen,	166 500 000	16 530 000
D.) Personalkosten.	—	39 000 000
Gesamtsumme I.):	202 800 000	59 210 000
II. In einem Fernamte mit $2^1/_2$ Fernleitungen pro Fernplatz:		
Mehrung der Plätze von 300 auf 400, oder um 100 Plätze.		
A.) Gebäudeanteil, Saal $\frac{100}{4} \times 0,7\,m \times 15\,m \times 5\,m = 1312$ cbm		
Nebenräume, $100 \times 2,5$ Pers. $\times 0,5$ qm $\times 4\,m = 500$ „		
rund 1800 cbm	1 080 000	95 000
B.) Amtseinrichtung, $33^1/_3\%$ Mehrung der Summe I B b.) von 16 310 000 M. =	5 440 000	544 000
C.) Fernleitungen,	—	—
D.) Personalkosten,		
Umschaltedienst, $100 \times 2,5$ = 250 Personen		
Mechanikerdienst, 9 „		
Pensionen u. Zentralltg. 21 „		
zusammen: 280 Personen	—	7 280 000
II. Gesamtmehrung gegenüber I.)	6 520 000	7 919 000
III. In einem Fernamte mit $2^1/_4$ Fernleitungen pro Fernplatz:		
Mehrung der Plätze von 300 auf 450 oder um 150 Plätze:		
A.) Gebäudeanteil, Saal $\frac{150}{4} \times 0,7\,m \times 15\,m \times 5\,m = 1970$ cbm		
Nebenräume, $150 \times 2,5$ Pers. $\times 0,5$ qm $\times 4\,m = 600$ „		
rund 2 600 cbm	1 560 000	140 000
B.) Amtseinrichtung, 50% Mehrung der Summe I B b.) von 16 310 000 M. =	8 155 000	820 000
C.) Fernleitungen,	—	—
D.) Personalkosten,		
Umschaltedienst, $150 \times 2,5$ = 375 Personen		
Mechanikerdienst, 14 „		
Pensionen u. Zentralltg. 41 „		
zusammen: 430 Personen.		11 180 000
III. Gesamtmehrung gegenüber I.)	9 715 000	12 140 000

Entwicklung

der jährlichen Ausgaben, die schätzungsweise in dem der vollautomatischen Ortsanlage zugeordneten Fernamte zu München mit 1000 Fernltgen. unter der Voraussetzung erwachsen, daß der gesamte Vorortsverkehr vom Fernamte abgetrennt und automatisiert, der ankommende Bezirksverkehr ebenfalls abgetrennt und auf automatischem Wege abgewickelt wird.

Von 22 Vororten ohne Pasing mit rund 1000 Anschlüssen haben 5 Orte Umschalte-stellen mit Handbetrieb, rund 10 Bedienungsbeamte und 17 Orte, solche mit Gruppenstellen-anlagen. Nach vollem Ausbau wird angenommen, daß die Vororte 3000 Anschlüsse auf-weisen, für die 7 % Verbindungsltgen. = 200 Ltgen. notwendig werden. Für das Fernamt ergibt sich folgendes Bild:

Vorortsleitungen . 200 Ltgen.	250 Ltgen. für ankommend. Verkehr	
Bezirksleitungen . 450 „ . . .	200 Ltgen. für abgehend. Verk. mit 3½ Ltgen. = 60 Fernplätze.	
Fernleitungen . . 350 „	mit 2½ Ltgen. = 140 Fernplätze.	
zusammen: 1000 Fernltgen.	200 ·Fernplätze	

IV. In einem Fernamte mit 2³/₄ Fernltgen. pro Fernplatz:

Vortrag	Einmalige Ausgaben	Jährliche Ausgaben
	in Mark	in Mark
A.) Gebäudeanteil, ³/₅ der Summe Seite 64 Ziff. I A.)	6 660 000	600 000
B.) Amtseinrichtung, a.) siehe Ziff. I B a.)	9 790 000	979 000
b.) ³/₅ der Summe, Seite 65 Ziff. I B b.)	10 870 000	1 087 000
Zettelbeschaffung und Werkstätteneinrichtung	200 000	170 000
B.) Automatisierung der Vorortsanlagen:		
3000 × 4500 M. (Anschlußkosten),		
— 3000 × 1500 „ (Kosten eines EB Anschlusses),		
3000 × 3000 M. = 9 000 000 M., hievon 15 % für Ver-zinsung, Tilgung und Unterhaltung	9 000 000	1 350 000
C.) Kosten der Fernleitungen: Im autom. Vororts- und im Bezirksverkehr, Kabel ohne Kombinationsspulen und Ver-stärkereinrichtung .		
a.) Für 200 Vorortsltgen. 2 Stck. 100" Fernkabel à 16,6 km = 32,2 .,		
b.) „ 200 Bezirksltgen 1½ Stck. 100" „ à 27,9 „ = 37,2 „		
500 000 × 69,4 km	34 700 000	2 429 000
c.) Für 350 Fernltgen. mit Spulen und Verstärkereinrichtung. 2½ 100" Fernkabel à 130,2 km zu 600 000 M.	182 280 000	12 760 000
d.) Für 250 ankommende, oberirdische bereits vorhandene Bezirksltgen. (Siehe Seite 65 Ziff. I C a.))	—	4 875 000
D.) Personalkosten:		
a.) Für den Umschaltedienst, um 100 × 2,5 = 250 Pers. weniger wie Ziffer I D a.) = 963 Personen		
b.) Abrechnungsdienst, 100 „		
c.) Für den Mechanikerdienst, 17 „		
d.) Für Pensionen u. Zentralleitung. 110 „		
Sa. 1190 Personen		
Hievon ab 30 Pers. für den Vororts-umschalteverkehr — 30 „		
1160 Pers. à 26 000 M.	—	30 160 000
Gesamtsumme IV.) = M.	253 500 000	54 410 000

Entwicklung

der jährlichen Einnahmen nach dem am 1. Jan. 1922 geltenden Gebühren-
tarif, die schätzungsweise in dem neuzubauenden Fernamte in München
nach vollem Ausbau mit 1000 Fernltgen. anfallen. Nach einer Erhebung
vom 2.—8. Jan. 1922, in einer Zeit des flauen Geschäftsganges, ohne
Ferngebühren für die Anlage Pasing und für die sämtlichen Fern-
gruppenanlagen:

		Zahl d. Gespr.-verbindungen	Jährliche Einnahmen
Werktagsverkehr	Am 2. Jan. 22.	4 451	41 133,85 M.
	„ 3. „ „	4 896	54 556,30 „
	„ 4. „ „	5 164	56 338,45 „
	„ 5. „ „	5 457	63 680,60 „
	„ 7. „ „	4 307	37 996,95 „
		24 275	253 706,15 M.
Sonn- u. Feier-tagsverkehr	Am 6. Jan. 22.	1 952	18 439.00 „
	„ 8. „ „	1 736	18 845,60 „
		3 688	37 284,60 M.

In diesen Einnahmen sind die Gebühren für Gespräche ins Ausland ent-
halten. Ein Teil dieser
Einnahmen wird daher in
die ausländischen Kassen
fließen. Es wird ange-
nommen, daß die Rück-
erstattung der Gebühren
in umgekehrter Richtung
sich damit ausgleicht.

Daraus rechnet sich die durchschnittliche Einnahme für jedes Ferngespräch:

a.) an den Werktagen:

zu: $\frac{253\,706,15}{24\,275} = 10,45$ M. $+ 80\%$ Teuerungszuschlag $= 18,80$ M.

b.) an den Sonn- u. Feiertagen:

zu: $\frac{37\,284,60}{3\,688} = 10,10$ M. $+ 80\%$ Zuschlag $= 18,18$ M.

In diesen Beträgen sind die Gebühren für dringende Gespräche enthalten, ohne dringende
Gebühren darf der Einheitssatz für ein Ferngespräch nur zu $^2/_3$ dieses gerechneten Betrages
angenommen werden, also zu 6,3 M. $+ 80\%$ Zuschlag 11,34 M.

Bei 202 Fernltgen. (ohne Pasing u. Gruppenltgen.) betrug die Zahl der Ferngespräche 24 275.

Daher Zahl der Ferngespräche pro Werktag und Fernltg.: $\frac{24\,275}{5 \times 202} = 24$ Gespräche,

an Sonn- und Feiertagen $\frac{3\,688}{2 \times 202} = $ rd. 10 Gespräche.

Nach vollem Ausbau des Amtes mit 1000 Fernltgen. und vollständiger Verkabelung
des Fernleitungsnetzes rechnen sich die Einnahmen im Fernverkehr, ohne die Gebühren für
dringende Gespräche zu berücksichtigen, wie folgt:

Im Hochbetrieb betrug die Zahl der abgehenden Gespräche pro Tag u. Ltg. 30, daher

Mittelwert $= \frac{30 + 24}{2} = 27$ Gespräche.

Zahl der Ferngespräche im Jahre:

1000 Ltgen. $\times$ 302 $\times$ 27 an Werktagen	=	8 154 000 Gespräche.
1000 „ $\times$ 63 $\times$ 10 „ Sonn- u. Feiertagen =		630 000 „
		8 784 000 „

Jedes Gespräch zu 11,34 M. ergibt rund $= 100\,000\,000$ M. oder
100 000 M. pro Fernleitung.

II. Teil.

Technische Richtlinien

über den

apparatentechnischen Ausbau

neuzeitlich einzurichtender Fernämter.

Mit einem Anhang und 63 Zeichnungen in der
beigegebenen Plansammlung.

———

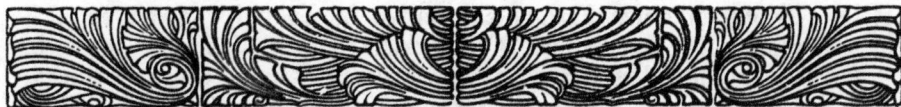

Einleitung.

Meine Ausführungen im I. Teile der Abhandlung „Allgemeine Betrachtungen und Vorschläge über den Bau großer Fernämter vom 21. Juni 1922" haben von Seite der bayer. OPD. im allgemeinen keine grundsätzlichen Widersprüche ausgelöst, weshalb der nachfolgend entwickelten Durchbildung der apparatentechnischen Einrichtungen neuer Fernämter die niedergelegten Richtlinien ohne wesentliche Änderungen zu Grunde gelegt werden können.

In dieser Auffassung werde ich noch bestärkt durch das günstige Ergebnis, das die in der Zwischenzeit durchgeführten Versuche:

1. mit der Zeit- und Zonenzählung für Ferngespräche in dem Studienobjekte Weilheim;

2. mit der Fernwählung zwischen dem Amte Augsburg und den an die automatischen Umschaltestellen in München angeschlossenen Teilnehmersprechstellen und

3. mit der durch Einführung der Wählscheibe an allen Fernplätzen in München erzielten selbsttätigen Fernvermittlung ohne Anwendung von B-Plätzen, gezeitigt haben.

Wie nicht anders zu erwarten war, treten in der Ansicht über die Belegung eines Fernarbeitsplatzes mit Fernleitungen bei den einzelnen OPDen die größten Unterschiede auf, so zwar, daß es für die Entwicklung eines neuen Fernamtes fast unmöglich erscheint, bei diesen entgegenstehenden Auffassungen einheitliche Richtlinien für die Platzbelegung aufzustellen. Diese Verschiedenheit der Auffassungen ist in der Natur der Sache begründet, denn die Gesprächsbelastung jeder Fernleitung ist nicht nur innerhalb eines Tages, sondern dauernd veränderlich. Diese dauernde Belastungsänderung muß daher bei dem Bau neuer Fernschränke in erster Linie Berücksichtigung finden.

Die starre Belegung von Arbeitsplätzen mit einer bestimmten, unveränderlichen Zahl von Fernleitungen kann künftig nicht mehr beibehalten werden.

Zunächst will ich versuchen, die Grundlagen, die meines Erachtens für die Durchbildung eines neuzeitlichen Fernamtes maßgebend sind, kurz zusammen zu fassen:

1. Die Leitungen eines Fernamtes werden in Zukunft, soweit es sich um solche für den großen Fernverkehr handelt, fast nur mehr in Fernkabeln, für den mittleren und kleinen Fernverkehr in Bezirks- und Vorortskabeln an die Fernleitungsstelle herangeführt. Der Vollzug dieses Programmes erfordert:

   a) für den großen Fernverkehr den Bau und den Betrieb von Verstärkerämtern und

   b) für den Durchgangsverkehr zwischen den mittleren und großen Fernleitungen die Anwendung von Schnurverstärkereinrichtungen.

2. Die Zukunft des Fernsprechverkehrs liegt in der planmäßigen Einführung und Ausgestaltung von Selbstanschlußsystemen in den Ortsfernsprechnetzen.

   Diese Maßnahme wird in der Durchbildung des Fernvermittlungsverkehrs und dessen Anpassung an die selbsttätig wirkenden Umschalteeinrichtungen besonders zu berücksichtigen sein.

3. Aber nicht allein der Fernvermittlungsverkehr, sondern auch der eigentliche Fernverkehr soll soweit wie möglich selbsttätig abgewickelt werden:

   a) durch Einführung des Selbstanschlußbetriebes im Vorortsverkehr bis etwa 25 km Entfernung mit selbsttätig wirkender Zeit- und und Zonenzählung (siehe Studienobjekt Weilheim);

   b) durch Trennung des ankommenden und abgehenden Bezirksfernverkehrs, etwa bis 50 km Entfernung, vom übrigen Fernverkehr in der Weise, daß die ankommenden Bezirksfernleitungen zum Teil wohl in das Fernamt eingeschleift werden, nicht aber an einem Anrufsatz, sondern an einem Ferngruppenwähler endigen und daß die Verbindung im ankommenden Bezirksfernverkehr vom fernen Amte direkt mittels Wählscheibe ohne Beiziehung einer zweiten Fernbeamtin hergestellt werden. (Siehe ankommender Fernverkehr Augsburg—München). Der Aufruf in abgehender Richtung erfolgt, soweit auf der Gegenseite SA Betrieb eingeführt ist, durch Betätigung der Wählscheibe.

4. Weitgehendste Heranziehung mechanischer Hilfsmittel für die Abwicklung des Fernverkehrs wie z. B.

   a) an Stelle des B-Verkehrs mit Tastatur der Einbau von Wählscheiben an jedem Fernplatze (siehe Fernamt München);

   b) die Anwendung von Zeit- und Datumstempeln für den Anmeldeverkehr;

   c) desgleichen von Zeitmeßeinrichtungen für die selbsttätige Aufzeichnung des Beginnes und der Beendigung eines Gespräches, sowie der Dauer eines Ferngespräches, endlich der Einbau von Warnlampen zur Festsetzung des Ablaufes der Sperrzeiten;

   d) die Anwendung mechanischer Fördereinrichtungen, beispielsweise einer Förderbandanlage zum Sammeln und Verteilen von Anmeldezetteln.

5. Jeder Fernarbeitsplatz erhält technisch die Möglichkeit, die Höchstzahl von 4 Fernleitungen aufzunehmen. Leicht auswechselbare Anrufsätze setzen damit die Betriebsämter in die Lage, die Arbeitsplätze während der Hauptgeschäftszeit jederzeit nach dem Bedürfnisse, dem veränderlichen Verkehrsumfange entsprechend mit mehr oder weniger Fernleitungen zu belegen.

6. Außerdem sollen die neuen Fernämter so ausgerüstet werden, daß das ganze Arbeitsfeld eines Amtes täglich zu dem Zeitpunkte, in dem der Verkehr um mehr als die Hälfte herabsinkt, ohne Mühe in einfacher, bequemer Weise auf $1/4$, im Nachtverkehr auf $1/8$ seiner Ausdehnung zusammengedrängt werden kann.

7. Die Zentralisierung des Anmelde- und Auskunftsverkehrs;

8. Die Vorbereitung der großen Fernverbindungen und die Vorübermittelung der abzusetzenden Gespräche durch Benützung simultan betriebener Klopfer- oder Summerapparate.

9. Die Überwachung des gesamten Fernverkehrs und des Bedienungspersonales durch besondere Kontrollplätze;

10. Schutz des Bedienungspersonales an den Fernschränken vor schädlichen Überspannungen durch Anwendung von Gehörschutzapparaten.

11. Leichte und bequeme Einschalte-, Rangier- und Untersuchungsmöglichkeit:

    a) aller eingeführten Fern- oder Durchgangsleitungen eines Amtes durch Einbau eines oder mehrerer Hauptverteiler und Klinkenumschalter;

    b) aller Leitungen für den Sammel- und Nachtverkehr durch Einbau eines oder mehrerer Nachtverteiler;

    c) aller Fernvermittlungs-, Anmelde-, Auskunfts- und sonstigen Dienstleitungen für den Ortsverkehr durch Einbau eines Ortsverteilers.

12. Der Bau besonderer Gestelle zur Aufnahme von Zusatzapparaten:

    a) für die Vierer und den Simultanbetrieb von Fernleitungen;

    b) für die künstliche Nachbildung und Verlängerung von Fernleitungen im Verstärkerbetrieb;

    c) für die Schnurverstärkereinrichtungen an den Arbeitsplätzen und

    d) für die Heranziehung einer Fernleitung zum Wählerbetrieb.

13. Jede Fernleitung endigt an einem bestimmten Anrufsatz des Arbeitsplatzes, die Vielfachschaltung der Fernleitungen ist damit entbehrlich.

14. Für den Durchgangsverkehr kommen vielfach geschaltete Transitleitungen zur Anwendung, die jeweils an einem bestimmten Anrufsatz endigen und durch einfache Kipperumstellung der gewünschten Fernleitung zugeschaltet werden. Unabhängig hievon werden für den Schnurverstärkerbetrieb gesonderte Transitleitungen, die an dem Verlängerungs- und Nachbildungsgestell endigen, eingebaut.

15. Der Dienstverkehr zwischen den einzelnen Arbeitsplätzen soll sich mit Hilfe vielfach geschalteter Ferndienstleitungen abwickeln, deren Zahl jedoch immer jener der einmündenden Fernlinien entspricht. Am Fernarbeitsplatz endigen daher die zusammengefaßten FDV.-Leitungen des betreffenden Platzes nur an einem Ferndienstabfragesatz.

Da die Inbetriebnahme des Fernkabelnetzes die Anwendung von hochfrequenten Wechselströmen für den Fernverkehr ausschließt, werden für diesen Betrieb in den neuen Fernämtern keine besonderen Einrichtungen vorgesehen.

A) Innen- und Aussenleitungen im Verhältnis zu den Fernleitungen, deren Anschluss, Führung und Verteilung innerhalb eines Fernamtes.

Im Hinblick auf das im Bau begriffene deutsche Fernkabelnetz wird ein neuzubauendes Fernamt entweder als ein Endamt ohne Verstärkereinrichtungen für den Kabelbetrieb oder als ein Zwischenamt mit einer ausgedehnten derartigen Einrichtung betrieben werden.

Für den Aufbau eines Fernamtes tritt dieser Unterschied zunächst nicht in die Erscheinung, denn es ist für die Führung der Kabel zum Amte belanglos, ob die Kabel aus Kabelrohrsträngen oder aus dem Verstärkeramte herangeführt werden. Der Unterschied zwischen den beiden Arten von Ämtern kommt lediglich in der Wahl des Aufstellungsortes für die Endverschlüsse der Fernkabel zum Ausdruck. Im ersten Falle werden die Endverschlüsse in unmittelbarer Nähe des Hauptverteilers eines Fernamtes, im letzteren Falle nächst dem Verteiler an jenem des Verstärkeramtes untergebracht. Am zweckmäßigsten wählt man den Aufstellungsraum für die Kabelendverschlüsse direkt unterhalb des Hauptverteilers oder, wo dies nicht angängig erscheint, im gleichen Raume neben dem H.V.

I. Die Führung der Fernleitungen und eines Teiles der Innenleitungen über den Hauptverteiler eines Fernamtes.

Den kabeltechnischen Mittelpunkt eines Fernamtes bildet der Hauptverteiler (H.V.), von dem alle Leitungswege, die für eine Fernverbindung in Frage kommen, ausstrahlen. Er hat den Zweck, jede beliebige Zusammenschaltung dieser verschiedenen Leitungswege nach den gegebenen Verkehrsverhältnissen eines Amtes zu ermöglichen. In seinem Aufbau und den verschiedenen Schaltverbindungen spiegelt er den ganzen inneren Zusammenhang einer Fernleitungsstelle wieder. An den Hauptverteiler eines Fernamtes sollen nur jene Leitungen geführt werden, die für eine ferne Verbindung unmittelbar in Frage kommen, während die Leitungen zur Verbindung mit den Teilnehmersprechstellen an einem Ortsverteiler, die Leitungen für den Sammel- und Nahverkehr an einem Nachtverteiler zusammengefaßt werden. Wie jeder andere Verteiler besteht auch der Hauptverteiler eines Fernamtes aus horizontalen und vertikalen Buchten mit Sicherungs- und Lötösenstreifen, an denen zunächst die 20" Lackpapierkabel, von den Fernkabelendverschlüssen ausgehend, endigen. Diese 20 paarigen Lackpapierkabel werden an 20-lamelligen Sicherungsstreifen mit Feinsicherungen aufgelöst. An dieser Stelle ist somit jede Fernleitung für die notwendige Beschaltung des Verteilers greifbar gestaltet. Die übrigen Schaltorgane eines H.V. bestehen aus 20 teiligen Lötösenstreifen.

In der Abb. 1 II. Teil habe ich derartige für die H.V. in Aussicht genommenen Lötösenstreifen dargestellt. Je nach ihrer Verwendung sollen 5 verschiedene Arten von Lötösenstreifen zur Anwendung kommen:

1. 20 teilige Lötösenstreifen mit 1 Stiftreihe; Abkürzung 20'
2. desgl.   „   2 Stiftreihen;   „   20"
3.   „   „   3   „   „   20'"
4.   „   „   4   „   „   20""
5.   „   „   5   „   „   20'""

Die Weiterführung der Leitungen von diesen Streifen aus erfolgt entweder mit 20 zweifach- oder dreifachadrigen (20", 20'") Baumwollseidenkabeln, die soweit man sie in einem versenkten Kanal oder an der Bodenfläche verlegt, zum Schutze gegen eindringende Feuchtigkeit mit einem Bleimantel umhüllt werden.

Für die Entwicklung eines großen Fernamtes handelt es sich zunächst um die Frage, ob der Hauptverteiler beispielsweise für ein Amt mit 1000 Fernleitungen schon in seinem ersten Ausbau für die gesamte Aufnahmefähigkeit oder nur für einen Teil derselben vorgesehen werden soll. Die Erfahrung hat gelehrt, daß in einem Fernamte die Untersuchungs-, Meß- und Störungsstelle die Grenze ihrer Leistungsfähigkeit bei 250—300 Fernleitungen erreicht. Bei einer größeren Zahl von Leitungen müssen unbedingt mehrere solche Stellen vorgesehen werden. Es ist nunmehr nicht notwendig, diese Stellen neben einander anzuordnen, sie können auch geteilt aufgestellt werden.

Für große Fernämter hat diese Teilung den schätzbaren Vorteil, das starke Zusammendrängen der Kabel an den Einmündungsstellen der Fernschränke wesentlich zu mindern und bei günstiger Aufstellung der verschiedenen Verteiler die Längen der kostspieligen Baumwollseidenkabel zu kürzen. Aus dieser Erwägung heraus möchte ich unter Änderung meiner Ausführungen in der erwähnten Abhandlung vorschlagen, grundsätzlich den inneren Aufbau eines Fernamtes auf die Größe von rund 250 Fernleitungen und nicht auf 500 Leitungen einzustellen und vom kabeltechnischen Standpunkte aus ein Fernamt mit 250 Fernleitungen als den Normaltyp eines Fernamtes zu bezeichnen. Unter dieser Annahme wäre ein Fernamt mit einer Aufnahmefähigkeit von höchstenfalls

1000 Fernleitungen mit der 4 fachen Zahl,
von 750   „   „   „ 3 „   „
   „   500   „   „   „ 2 „   „
   „   250   „   „   „ 1 „   „
   „   120   „   „   „ $\frac{1}{2}$ „   „
   „   60   „   „   „ $\frac{1}{4}$ „   „ der notwendigen Normaleinrichtungen auszugestalten. Entsprechend dieser Annahme soll daher auch der Hauptverteiler eines großen Fernamtes nicht als ein Ganzes für die gesamte Aufnahmefähigkeit zusammengebaut, sondern geteilt für je 250 Fernleitungen an verschiedenen Stellen, als Gruppenverteiler, vorgesehen werden. Der Zusammenhang der einzelnen Gruppen erfolgt durch besondere Verteilerkabel. Die Aufteilung des Hauptverteilers in einzelne, gleich große Gruppen hat neben der kompendiösen, einheitlichen Form den großen Vorteil, daß der einzelne Verteiler, dessen Länge ungefähr mit der Breite eines Klinkenumschalters (K.U.) von gleicher Aufnahmefähigkeit übereinstimmt, unmittelbar hinter und parallel zu diesem, aufgestellt werden kann. Ordnet man außerdem das Spulengestell (Sp. G.) zur Aufnahme der Viererspulen und im gleichen Zuge das Gestell für die Nachbildung und Verlängerung der Fernleitungen hinter dem H.V. ebenfalls parallel zu diesem an, so bilden diese 3 parallel gestellten Hilfseinrichtungen mit dem H.V. als Mittelpunkt die Ursprungsstelle für den kabeltechnischen Zusammenhang eines Fernamtes, die am zweckmäßigsten entweder unterhalb oder im gleichen Raume des Fernsaales, an der Stirnseite der Schrankreihe vorgesehen wird. Diese Art der Aufstellung erfordert den geringsten Kabelaufwand und wahrt die bequeme Zugänglichkeit zu allen Apparatenteilen.

Zur Entwicklung der Größenverhältnisse eines solchen Normalverteilers muß man sich vor allem ein Bild über den Zusammenhang der einzelnen Leitungswege und über die schaltungstechnischen Maßnahmen entwerfen, um daraus die Zahl und Größe der nötigen Kabel und ihrer Schaltorgane zu bestimmen.

In Abb. 2 II. Teil habe ich versucht, den Zusammenhang der Leitungswege eines neuzeitlichen Fernamtes an der Ursprungsstelle zwischen H.V., K.U., Sp.G. und den Fernschränken schematisch darzustellen.

a) Außenleitungen:

Die Zahl der Sicherungsstreifen zur Einschaltung von Fernkabeladern bemißt sich nach der Zahl der an den Endverschlüssen einmündenden Kabeladern. Diese Zahl stimmt jedoch nicht mit der Zahl der im Betriebe stehenden Fernleitungen eines Amtes überein, sondern sie muß wesentlich höher bemessen werden, weil in den Fernkabeln, hauptsächlich aber in den Bezirkskabeln nicht allein die reinen Fernleitungen, sondern bei gemeinsamer Benützung von Kabeln für Post und Eisenbahn auch Leitungen für die Eisenbahnverwaltung, Telegraphenleitungen und sonstige sowohl dem öffentlichen Verkehr wie dem inneren Betrieb dienende Leitungen Aufnahme finden.

Für einen H.V. mit 250 Fernleitungen darf man die einmündenden Kabeladern schätzungsweise zu rund 300" annehmen. An den vertikalen Buchten des H.V. sind daher für diesen Zweck

$$I., \ldots \frac{300}{20} = 15 \ Sicherungsstreifen \ für \ 20"$$

vorzusehen, die nur nach Bedarf eingebaut werden.

Mit 300 metallischen Doppelleitungen lassen sich durch Einbau von Kombinationsspulen maximal 150 künstliche Doppelleitungen bilden, so daß an einem H.V. besagter Größe mit einer Aufnahmefähigkeit von 450 Doppelleitungen gerechnet werden muß. Von diesen 450" Leitungen sind rund 250" für den an den Arbeitsplätzen abzuwickelnden Fernbetrieb und rund 50" für den selbsttätig abzuwickelnden Fernbetrieb, also zusammen 300" für den reinen Fernbetrieb vorzusehen. Von den übrigbleibenden 150" Leitungen werden etwa 100" für die Eisenbahnverwaltung und 50" für Telegraphen- oder andere Zwecke in Aussicht zu nehmen sein.

Bei dieser Überlegung bin ich von der Annahme ausgegangen, daß alle Adern eines Bezirkskabels, das von der Telegraphenverwaltung verlegt und auch unterhalten wird, gleichgültig zu welchem Zwecke die Adern herangezogen werden wollen, gemeinschaftlich an einem oder mehreren in posteigenen Gebäuden aufgestellten Kabelendverschlüssen endigen und daher auch alle Leitungen zur Beobachtung und Messung einheitlich über den H.V. und über den K.U. geführt, von da aus erst geteilt und dann die nicht für den Fernverkehr bestimmten Leitungen in eigenen Zubringerkabeln entweder zu den Eisenbahn- oder Telegraphendiensträumen zurückgeführt werden. Die Abschließung und Trennung eines solchen Kabels kurz vor ihrer Einmündung in das Fernamt halte ich im Interesse der einheitlichen Unterhaltung, der Messung und Beschaltung des Kabels nicht für zweckmäßig. In jenen Fällen, in denen die Eisenbahnverwaltung für ihre Zwecke eigene von den Postkabeln getrennte Kabel verlegt, mindert sich die Gesamtzahl aller Leitungswege auf 350.

Für die 150" Zubringerleitungen sind an den vertikalen Buchten des H.V.

$$II., \ldots \frac{150}{20} = rd. \ 8 \ Lötösenstreifen \ für \ 20".$$

anzubringen.

b) Innenleitungen.

Der H.V. ist das Bindeglied zwischen den eingeführten Fernleitungen, dem K.U., den Zusatzapparaten und den Fernarbeitsplätzen. Während nun der K.U. in erster Linie zur Beobachtung des gesamten Fernbetriebes, zur Untersuchung und Messung gestörter Fernleitungen, der Amtseinrichtungen und der Zusatzapparate und zur raschen Verlegung von Fernleitungen an andere Arbeitsplätze dient, hat der H.V. folgende Aufgaben zu erfüllen:

1. Jede beliebige, entweder dauernde oder auch nur zeitweise Verbindung
   a) der eingeführten Fernleitungen mit jedem Untersuchungsklinkensatz des Klinkenumschalters;
   b) des Untersuchungsklinkensatzes mit jedem Anruforgan der Fernarbeitsplätze;
   c) desgl. mit jeder Kombinationsspule des Spulengestelles herbeizuführen;
2. die aus den Kombinationsspulen gebildeten künstlichen Fernleitungen, wie jede andere metallische Fernleitung, ebenfalls über die Klinken des Umschalters zum Amte zu führen;
3. die durchgehenden Fernleitungen gleichfalls über den Klinkenumschalter zur Untersuchung einzuschleifen;
4. nach Wahl jede Fernleitung mit Simultan- oder Doppelsimultanspulen zum gleichzeitigen Telegraphieren oder zum Summerbetrieb auszurüsten;
5. jede ankommende Fernleitung an einen Ferngruppenwähler zu legen, um so die Teilnehmersprechstelle eines SA-Netzes vom fernen Amte selbst aufrufen,
6. jede im Durchgangsverkehr für den Schnurverstärkerbetrieb vorzusehende Fernleitung mit den Zusatzapparaten für deren Verlängerung und Nachbildung ausrüsten,
7. die Untersuchungsklinken der Fernleitungen im K.U. nach dem Leitungsprofil, bezw. nach der Nummer oder nach Lage der Kabeladern gruppieren,
8. die Klinken für die Ferndienstvielfachleitungen (FVD-Ltgen.) nach der Zahl der Fernleitungs-Richtungen in alphabetischer, jene für die Ferndienstabfrageapparate (FDA) nach der Zahl der Fernarbeitsplätze in arithmetischer Reihenfolge ordnen,
9. jeden Fernarbeitsplatz mit der Höchstzahl von Fernanrufapparaten (FA), im übrigen aber nach dem Verkehrsumfange mit Fernleitungen belegen zu können;
10. die Verbindung mit den anderen HV. des Amtes zu ermöglichen.
    α) Untersuchungsvorrichtungen für die Fernleitungen.

Nach diesen Ausführungen sind alle 300 einmündenden metallischen Fern- und Durchgangsleitungen über Untersuchungsklinkensätze zu führen. Aber nicht allein für die Stammschleifen, sondern auch für die aus diesen Schleifen gebildeten 150 künstlichen Schleifen muß am K.U. und am H.V. die gleiche Beobachtungs-, Untersuchungs- und Verlegungsmöglichkeit gegeben sein. Also sind auch für diese Leitungen die Klinkensätze bereit zu stellen.

Ein Klinkensatz für die Untersuchung einer Fernleitung besteht aus:

1. einer Mithörklinke zur Beobachtung;
2. einer Leitungsklinke zur Untersuchung und zum Wechseln einer Fernleitung;

3. einer Übertragerklinke für die Außenspule;
4. einer Übertragerklinke für die Innenspule des Übertragers zum Messen, ev. auch zum Wechseln der Spule und
5. einer Amtsklinke zum Messen und Abtrennen der Amtseinrichtung.

Mit Hilfe dieser 5 zweiteiligen Klinken lassen sich alle für den Fernbetrieb notwendigen Beobachtungen, Messungen und Verlegungen einer Fernleitung mit der zugehörigen Amtseinrichtung rasch und bequem vornehmen.

Die Klinken 3 und 4 sind für die 150 künstlichen Leitungen, sowie für alle reinen metallischen Schleifenleitungen nicht notwendig. Es würde also für diese Fälle ein Klinkensatz mit 3 Klinken genügen. Die Herstellung von Klinkenstreifen mit einem Vielfachen von 3 ist mit Rücksicht auf die Adernzahl eines Baumwollseidenkabels mit einem Vielfachen von 10 nicht empfehlenswert. Da nun des weiteren die Zahl der künstlichen und der metallischen Leitungen nicht unbedingt feststeht, sollen schon der Einheitlichkeit wegen alle Untersuchungsklinkenstreifen mit 2 mal 5 = 10 Klinken ausgerüstet werden. Für die eben angeführten Fälle werden die Klinken 3 und 4 am H.V. einfach durch kurze Drähte überbrückt. (Siehe Abb. 2, II. Teil.) Im übrigen wird sich mit der Einführung des elektrischen Bahnbetriebes die Notwendigkeit ergeben, jede metallische Leitung an ihrem Anfang und Ende durch den Einbau besonders konstruierter Ringübertrager elektrisch abzuschließen.

Die Größenverhältnisse eines H.V. will ich für 450 Leitungen als den umfassenderen, daher allgemeinen Fall, und nicht für 350 Leitungen, entwickeln. Wird in Wirklichkeit nur die letztere Zahl an Leitungen zur Ausführung vorgesehen, so kommen die überflüssigen Schaltorgane in Wegfall, wie überhaupt jeder H.V., der in seinen Ausmaßen immer den größten Anforderungen genügen muß, nur nach dem gegebenen Bedarf mit Schaltorganen belegt wird.

Am K.U. sind nun für 450 Leitungen 450 mal 5 = 2250 Klinken vorzusehen, die in Streifen zu je 10 Klinken zusammengebaut werden. Zur Aufnahme dieser $\frac{2250}{10}$ = 225 Klinkenstreifen wird der Umschalter in 10 Paneele unterteilt und werden die sämtlichen Streifen in 22½ Reihen übereinander gelagert.

Für die Verbindung dieser Klinkenstreifen mit dem H.V. genügen 8" für jeden Streifen; daher für 225 Streifen 8 mal 225" = 1800", die in $\frac{1800"}{20}$ = 90 Kabel zu 20" an die 20 teiligen Lötösenstreifen zu je 4 Stiftreihen an den H.V. geführt werden. Damit kann eine Anzahl von

$$\text{III.,} \ldots \frac{1800}{2 \times 20} = \textit{45 Lötösenstreifen zu 20}""$$

am H.V. als das Höchstmaß für die Untersuchung aller Leitungswege angenommen werden.

β) Der Einbau von Kunstschaltungen für die Fernleitungen.

Wohl keine technische Maßnahme hat im Fernsprechbetrieb größere wirtschaftliche Vorteile gezeigt, als die Einführung der Übertrager- oder Kombinationsspulen im großen Fernverkehr. Die dadurch zu erreichende Vermehrung der Leitungswege um 50% zwingt die Techniker den Einbau solcher Spulen, soweit wie möglich zu fördern und vor allem beim Bau eines neuen Fernamtes für eine zweckmäßige Unterbringung dieser zusätzlichen Einrichtungen Sorge zu tragen. In welcher Weise lassen sich nun die verschiedenen Zusatzapparate am einfachsten in den inneren Aufbau eines Fernamtes einfügen? Die zweckmäßigste Form der Aufspeicherung einer großen Anzahl von Übertragerspulen bietet ein Eisengestell mit Schubleisten, in das die auf einem Grundbrett aufgeschraubten Übertragerspulen mit ihren Zusatzapparaten, wie Drosselspulen, Kondensatoren, Relais usw. eingeschoben werden und welches, wie bereits erwähnt, parallel zum H.V. seine Aufstellung an einer Wandfläche findet. Einschließlich der Schaltanordnung für den Simultan-, Doppelsimultan- und für den Ferngruppenwählerbetrieb sind bis jetzt 8 verschiedene Kunstschaltungen im Fernverkehr zur Ausführung gekommen, von denen ich zunächst nur 4 verschiedene, für den Zusammenhang der Leitungen typische Fälle in Abb. 2, II. Teil zur Darstellung gebracht habe. Führt man nun die verschiedenen Wicklungsenden der Übertrager- und Drosselspulen, der Relais usw. auf dem Grundbrett an eine Klemmenreihe, so läßt sich diese Klemmenreihe mit den Lötösenstreifen des H.V. durch ein 20 paariges Kabel fest verbinden. Die Betrachtung aller bisher ausgeführten Kunstschaltungen zeigt, daß die Zahl der nötigen Klemmen zwischen 10 und 16 schwankt. Rüstet man daher alle Grundbretter und Lötösenstreifen mit der Höchstzahl von 16 Schaltelementen aus, so hat man die Gewähr, trotz der starren Kabelverbindung zwischen H.V. und Sp.G. alle möglichen im Fernbetrieb auftretenden Kunstschaltungen restlos ausführen zu können. Die im Einzelfalle überflüssigen Adern oder Schaltelemente bleiben frei oder werden kurz geschlossen. Soll im Laufe der Zeit eine eingebaute Schaltung ergänzt werden, so läßt sich die Ergänzung infolge der einheitlichen Form der Ausführung in die bereits bestehende Schaltung ohne Schwierigkeit einfügen.

Über die Zahl der für einen Normalverteiler nötigen Spulensätze führt folgende Erwägung zum Ziele.

Wie bereits erwähnt, sind für einen Normalverteiler 150 Spulenpaare vorzusehen. Nimmt man für Doppelkombinationen, für andere Fälle und als Vorrat noch 7% der obigen Zahl Spulenzusätze an, so erhält man rund 160 Spulensätze als Höchstzahl für die Ausführung aller möglichen Kunstschaltungen, mit denen man alle auftretenden Bedürfnisse sicherlich befriedigen kann.

Das Spulengestell hat nach dieser Erwägung 160 Einschubfächer zu erhalten, an deren Grundbrettern jeweils $2 \times 8' = 8''$ Klemmen eingeschraubt und mittels Kabeln zum H.V. geführt werden müssen. Für 160 Einschubfächer benötigt man $160 \times 8'' = 1280''$ oder $\frac{1280}{20} = 64$ Stck. 20'' Baumwollseidenkabel, deren Auflösung am H.V. den Einbau von

$$IV., \ldots \frac{1280}{40} = 32 \text{ Lötösenstreifen zu } 20'' \text{ erfordert.}$$

γ) Der selbsttätige Fernbetrieb.

In meiner Abhandlung über den Bau großer Fernämter bin ich auf Grund der Erfahrungen mit dem Fernschaltebetrieb von der Annahme ausgegangen, daß sich der selbsttätige Fernverkehr mit Zeit- und Zonenzähleinrichtungen, sowie die selbsttätige Fernwählung im ankommenden Fernverkehr nur auf metallischen Schleifenleitungen abwickeln läßt. Diese Annahme schließt die Heranziehung von Stammschleifen für diesen Betrieb aus. Da aber rein metallische Schleifenleitungen mit der fortschreitenden Vermehrung des Fernverkehrs immer häufiger mit Kunstschaltungen ausgerüstet werden, so müßte im Laufe der Zeit die Abwicklung des selbsttätigen Fernverkehres auf die kombinierten oder doppelkombinierten Kunstleitungen beschränkt bleiben und damit die Mehrzahl aller vorhandenen Leitungswege für diesen Betrieb ausscheiden. Eine solche, immerhin erhebliche Einschränkung stünde aber einer allgemeinen Einführung dieser wirtschaftlichen, betriebsfördernden Verkehrseinrichtung, die den Ferngruppenbetrieb ersetzen wird, mindestens hemmend im Wege. Nach den abgeschlossenen Versuchen zwischen den Fernämtern in Augsburg und München stehen der Betätigung eines Ferngruppenwählers (FGW) durch eine 60 km von dem I. FGW. aufgestellte Wählscheibe unter Benutzung einer Viererleitung keine sonderlichen technischen Schwierigkeiten entgegen. Wie sich nun der Wählerbetrieb auf einer Stammschleife, vielleicht unter Überbrückung der beiden Übertragerspulen mit zwei niederohmigen Drosselspulen hoher Selbstinduktion, oder unter Verwendung von Wechselstrom abwickeln wird, muß weiteren Versuchen vorbehalten bleiben. Hier handelt es sich lediglich um die Aufgabe, die für die Fernwählung notwendigen Schaltapparate organisch in die Hilfseinrichtungen eines neuzubauenden Fernamtes einzufügen, um daraus Anhaltspunkte für den Anteil zu gewinnen, den die Schaltelemente auf die Größenverhältnisse eines H.V. ausüben.

Für die Abwicklung des mechanisierten Fernbetriebes können folgende Fälle unterschieden werden:

a) In einem Umkreis bis zu 25 km, die vollkommen selbsttätige Abwicklung des Fernverkehres in beiden Richtungen zwischen zwei in der Vorortszone liegenden SA.-Anlagen, die beide mit Zeit- und Zonenzähleinrichtungen ausgerüstet sind. Ist nur in einer dieser beiden Anlagen eine solche Einrichtung eingebaut, so vollzieht sich der Verkehr nur nach einer Richtung voll-, nach der anderen halbautomatisch.

b) In einem Umkreis bis zu 70 km, d. h. bis zum ersten Verstärkeramt eines Fernkabels
  1. der Selbstanschluß im abgehenden Fernverkehr unter Benützung einer Wählscheibe am Arbeitsplatz;
  2. der Selbstanschluß im ankommenden Fernverkehr, soweit sich dieser auf einen Teilnehmer der eigenen SA-Anlage bezieht, unter Einbau eines FGW. am Ende der Fernleitung, und zwar:

a) ohne Einschleifung der Fernleitung am Arbeitsplatz mit direkter Führung zum I. FGW.;

b) mit Einschleifung der Fernleitung am Arbeitsplatz mit indirekter Führung über einen Wechselschalter am Anrufsatz zum I. FGW., zu dem Zwecke, durch Umstellen des Wechselschalters nach freier Wahl die ankommende Fernleitung auch in abgehender Richtung als gewöhnliche Fernleitung benützen zu können.

Gleichgültig nun, wie auch die Versuche mit einer Fernwählung auf Stammschleifen ausfallen mögen, der unter Ziff. 1. fallende Verkehr muß immer auf einer metallischen Schleifenleitung vollzogen werden, denn es erscheint wirtschaftlich nicht angängig, die lange Doppelader eines Bezirkskabels durch den Einbau eines Übertragers in einer relativ kurzen Entfernung auf der größeren Strecke brach liegen zu lassen.

Aus diesem Grunde möchte ich ganz allgemein anregen, beim Ausbau des Fernkabelnetzes für den Vorortsverkehr außer den Fern- und Bezirkskabeln, gleichzeitig auch nach Maßgabe des Bedürfnisses, ein eigenes, pupinisiertes Vorortskabel mit dünnen Adern zu verlegen. Erst damit erhält auch das Fernkabelnetz an den großen Zentralen die breite Basis zu seiner baumähnlichen Verästelung.

Welchen Umfang der hier angedeutete Fernverkehr annehmen wird, liegt im Schoße der Zukunft. Um nun trotzdem für die Größenverhältnisse eines H.V. einigermaßen Anhaltspunkte zu gewinnen, muß man sich auf eine Schätzung stützen und kann man annehmen, daß für ein Normalamt die Grenze der für den selbsttätigen Wählerbetrieb heranzuziehenden Fernleitungen bei 110 Leitungen erreicht wird.

Hievon werden schätzungsweise:

Für den Fall a) rund 40 Fernleitungen, davon 20 in abgehender Richtung und 20 in ankommender Richtung;

für den Fall b) 1. rund 30 Fernleitungen in abgehender Richtung;

für den Fall b) 2. rund 40 Fernleitungen in ankommender Richtung vorzusehen sein.

Von den zuletzt aufgeführten Fernleitungen sollen rund 30 Leitungen über Wechselschalter in die Fernschränke zum Wechselbetrieb eingeschleift werden. Die für den ankommenden Fernwählerverkehr vorgesehenen 20 und 40 = 60 Fernleitungen endigen an den I. FGW., die in einem gesonderten Raum nahe des Ortsverteilers entweder in dem Saale der automatischen Ortszentrale oder in der Hauszentrale des gleichen Gebäudes ihre Aufstellung finden. In Ortsanlagen mit mehreren automatischen Zentralen könnte man die teilweise Aufstellung der I. FGW. in der den einmündenden Fern- oder Bezirkskabel zunächst gelegenen Außenzentrale in Erwägung ziehen. Dies würde beispielsweise für die Außenzentralen Pasing bei München und Fürth bei Nürnberg, die weit von den übrigen Zentralen entfernt liegen, zutreffen. Die Verlegung der I. FGW. in die Außenämter hat aber technisch folgende Nachteile:

1. Die Einführung der Bezirkskabeladern erfordert den Einbau einer besonderen Abzweigmuffe oder den eines zweiten Kabelendverschlußes an der Auflösungsstelle der Außenzentrale.

2. Diese kabeltechnische Trennung hat die Trennung der für diese Kabeladern nötigen Übertragerspulen zur Folge.

3. Die Einschleifung einer für den Doppelbetrieb heranzuziehenden Fernleitung ist wegen der doppelten Leitungsführung unwirtschaftlich.

Daraus geht hervor, daß die Trennung der I. FGW. vom Fernamte wohl in außergewöhnlich gelagerten Fällen zulässig ist, nicht aber die Regel bilden darf. Ich will hier nur die Regelfälle behandeln und daher die Aufstellung der I. FGW. in einem Nebenraum des Fernamtes am zweckmäßigsten in der Nähe des Ortsverteilers annehmen. Es müssen zu diesem Behufe die beiden Ortsverteiler verbunden werden, wofür in der Regel zweiadrige Verteilerleitungen genügen. Die Einschleifung von 30 für den Wählerbetrieb bestimmten Fernleitungen in die Fernarbeitsplätze zu dem Zwecke, die Fernleitungen nach Wahl wechselweise sowohl für den manuellen, wie auch für den selbsttätigen Wählerbetrieb heranzuziehen, bedingt aber noch einige Zusätze. Zunächst endigt eine solche Fernleitung an einem Wechselschalter des Anrufsatzes und wird von dort über den H. V., O. V. zum I. FGW. geführt. Während des Wählerbetriebes ist dieser Wechselschalter geschlossen. Will nun die Beamtin des fernen Amtes zum manuellen Betrieb übergehen, so muß sie sich mit dem Arbeitsplatz des Gegenamtes in irgend einer Weise verständigen können. Zu diesem Zwecke stellt sie durch Ziehen ihrer Wählscheibe den I. FGW. auf eine bestimmte Dekade, beispielsweise auf die Dekade „0" ein. Die Kontaktreihe dieser Dekade wird nun mit Hilfe einer dritten Ader mit der Anruflampe des betreffenden Anrufsatzes verbunden. Die Anruflampe leuchtet. Nach Umlegen des Wechselschalters kann hierauf die normal geschaltete Fernleitung wie jede andere bedient werden. Aus diesem Grunde ist es notwendig vom I. FGW. bis zum Anrufsatz an Stelle von zweiadrigen, dreiadrige Leitungen zu verwenden. Es sind daher für die Fernwählung zur Verbindung des H. V. mit dem O. V.

$$V., \cdot \frac{60}{20} = 3 \text{ Lötösenstreifen zu } 20'''$$

am HV. vorzusehen, an die 3 Kabel mit je 20''' angelegt werden.

δ) Transitleitungen für die Schnurverstärkereinrichtungen.

Für Schnurverstärkereinrichtungen, deren genauere Beschreibung einem späteren Abschnitte vorbehalten bleibt und die nur im Durchgangsverkehr zwischen einer verstärkten langen Fernleitung und einer unverstärkten mittleren Fernleitung, allenfalls auch bei der Zusammenschaltung zweier Bezirksleitungen in Anwendung kommen, sind im Klinkenfelde der Fernschränke besondere, vielfach geschaltete Transitleitungen vorzusehen, die aber nur innerhalb der mit besonderen, für diesen Zweck bestimmten Doppelschnurpaaren ausgerüsteten Fernschränke verlegt werden. Zur Verhütung von Rückkopplungen im Verstärkerbetrieb mit den ausschließlich zur Verwendung kommenden Doppelrohrschaltungen muß jede dieser Leitungen künstlich auf ein Normalmaß verlängert und durch je eine Nachbildung ergänzt werden. Um die Einschaltung der Zusatzstromkreise im Betriebe an allen mit Verstärkereinrichtungen ausgerüsteten Fernschränken bequem und in einfacher Weise vornehmen zu können, soll jeder dieser Fernschränke für jede zu verstärkende Fernleitung zwei vielfach geschaltete Transitklinkenleitungen, die eine für die Verlängerung und die andere für die Nachbildung erhalten. Diese beiden Transitklinkenleitungen werden zunächst zur Wahrung ihrer Wechselbarkeit an die eine Seite des H.V. geführt, während an der zweiten Seite des H.V. die in einem Eisengestell mit Einschubfächer untergebrachten Zusatzteile für die Kunstschaltungen in der gleichen Weise wie die Übertragerspulen mit ihren Zusätzen des Sp.G. mit Hilfe von starren Kabeln an Lötösenstreifen endigen. Zur Einschaltung der Verlängerungszusätze in die betreffende Fernleitung und zur Umschaltung derselben für den Durchgangsverkehr wird in jede dieser Fernleitungen am Zusatzgestell ein Wechselrelais eingebaut, welches die im Normalfalle am Anrufsatz endigende Fernleitung über die nunmehr in Reihe liegende Verlängerung zur Transitleitung umschaltet. Die Erregung dieses Wechselrelais erfolgt in dem Augenblicke, in dem der erste Stecker des Doppelschnurpaares die c-Ader der Transitklinke für die Verlängerung erreicht. Der zweite Stecker des Doppelschnurpaares schaltet nach seiner Einführung in die zweite, mit einer anderen Bohrung versehene obere Transitleitung den Nachbildungszusatz einfach parallel zu dieser Fernleitung. Die c-Ader dieser Klinke führt nicht über den H.V., sondern wird am Ende der Schrankreihe an Erde gelegt zu dem Zwecke, nach Einführen des zweiten Steckers über dessen c-Ader der Spannung der Heizbatterie für die Schnurverstärkereinrichtung unmittelbar einen Ausgleich zu bieten. In der gleichen Weise wird nun auch die für den Durchgangsverkehr gewünschte zweite Fernleitung mit dem dritten und dem vierten Stecker des Doppelschnurpaares in die Verlängerungs- und Nachbildungszusätze dieser Fernleitung unter Benützung der zugehörigen Transitleitungen eingeschaltet. Das Doppelschnurpaar verbindet die beiden künstlich ergänzten Fernleitungen über die in einem unterhalb des Saales gelegene, an einem besonderen Gestelle untergebrachte Verstärkereinrichtung, deren Schwächungswiderstand am Arbeitsplatz mit Hilfe eines Drehschalters reguliert werden kann. Die Umstellung des Wechselrelais und damit die Abschaltung der Fernleitung vom gewöhnlichen Anrufsatz wird dem Arbeitsplatz auf einer gesonderten dritten (c)-Ader in folgender Weise signalisiert. Beim Umstellen des Wechselrelais wird der c-Ader über einen Vorschaltewiderstand Spannung aufgedrückt. Diese Spannung findet über die normale Transitlampe, deren Zweck noch später erläutert werden wird, einen Ausgleich zur Erde. Die Transitlampe leuchtet in diesem Falle wegen des Vorschaltewiderstandes dunkel, im Gegensatz zum Normalfalle, wo sie als Schlußzeichen hell erglüht.

Am HV. erfordert demnach jede über die Schnurverstärkereinrichtung zu führende Fernleitung folgende Schaltelemente:

a) Im Klinkenfeld:

1. die Transitleitung für die künstliche Verlängerung . . 3 Adern
2. die Transitleitung für die künstliche Nachbildung . . . 2 „

zusammen 5 Adern

b) Im Zusatzgestell:

1. die Fernleitungsverlängerung . . . . 2 Adern
   die Wicklung des Wechselrelais . . . . 1 Ader
2. die Hin- und Rückführung der Fern- über die Drehpunkte 2 Adern
   bezw. über die Arbeitskontakte des Wechselrelais . . 2 Adern
3. die Signalisierung auf der c-Ader am dritten Kontakt des
   W.R. . . . . , ... , . . . , 1 Ader
4. die Fernleitungsnachbildung . . . . 2 Adern

zusammen 10 Adern
= 2×5 Adern

Auch bei Bemessung der Zahl von Fernleitungen für die Schnurverstärkereinrichtung kann man sich nur auf Schätzungen stützen und etwa annehmen:

Für ein Amt mit 1000 Fernleitungen sind 160 Leitungen
„ „ „ „ 750 „ „ 120 „
„ „ „ :, 500 „ „ 80 „
„ „ „ „ 250 „ „ 40 „
„ „ „ „ 120 „ „ 20 „

zum Schnurverstärkerbetrieb auszurüsten. In dem größten Fernamte genügt es, die Verstärkereinrichtung nur an 2 H.V. heranzuführen, einen Normalhauptverteiler daher für maximal 40 Schnurverstärkereinrichtungen zu bemessen, das Klinkenfeld für die Transitleitungen dagegen in großen Ämtern für die Höchstzahl, im übrigen aber, soweit es sich lediglich um die Größe der Schränke handelt, das Feld für die mittlere Zahl vorzusehen.

Unter dieser Annahme sind nach dem vollen Ausbau eines Amtes für einen Normal H.V.

a) zur Verbindung mit den Schnurverstärkerzusätzen

$$\text{VI.,} \ldots \frac{80 \times 2 \times 5}{20 \times 5} = 8 \; L\ddot{o}t\ddot{o}senstreifen \; zu \; 20'''''$$

mit $\frac{2 \times 80}{20} = 8$ Kabel zu 20", und 8 Kabel zu 20''',

b) zur Verbindung mit den Klinken der Transitleitungen

$$\text{VII.,} \ldots \frac{80 \times 5}{20 \times 5} = 4 \; L\ddot{o}t\ddot{o}senstreifen \; zu \; 20'''''$$

mit $\frac{80}{20} = 4$ Kabel zu 20''' und

4 Kabel zu 20" vorzusehen.

ε) Verbindungen zu den Fernschränken.

Wie bereits eingangs erwähnt, sollen alle Fernarbeitsplätze mit Einrichtungen versehen werden, die den Einbau von 4 Anrufsätzen ermöglichen. Zu diesem Zwecke sollen nun alle Anrufsätze, ähnlich den Feldklappenschränken, mit Steckdosenendverschlüssen auswechselbar gestaltet und die Lötösen dieser Endverschlüsse starr mit den Lötösenstreifen des H.V. verbunden werden. Normalerweise genügen zur Verbindung der

84

beiden Lötösenelemente zweiadrige Kabel für jede Fernleitung. Da aber sowohl im Fernwählerbetrieb als auch im Schnurverstärkerbetrieb eine weitere Ader zu Signalzwecken benötigt wird, dürfte es sich empfehlen, zur Wahrung eines ungehinderten Wechsels in der Belegung der Anruforgane, jeden Fernleitungssatz mit 3 Adern an den H.V. heranzuführen und diese dritte Ader in allen Fällen, in denen sie nicht benötigt wird, freizulassen. Die Einschleifung einer für Fernwählung und Doppelbetrieb bestimmten Fernleitung erfordert zwischen dem Wechselschalter am Anrufsatz und dem I. FGW. am O.V. eine weitere zweiadrige Verbindung, die aber infolge der verhältnismäßig geringen Anzahl solcher Einschleifungen jeweils nur an jedem 4. Anrufsatz durchzuführen wäre.

Je nach der Intensität des Fernverkehrs schwankt in einem Normalamte mit 250 Fernleitungen die Zahl der Fernarbeitsplätze zwischen 70 und 80, sie beträgt sonach im Mittel rund 75 Plätze. Zum Anschlusse von 75 Arbeitsplätzen mit je 4 Anrufsätzen werden am H.V. an Schaltelementen benötigt:

$$\text{VIII., } \ldots \frac{75 \times 4 \times 3}{20 \times 3} = 15 \text{ Lötösenstreifen zu } 20''',$$

außerdem für den Doppelbetrieb an dem 4. Anrufsatze jedes Fernarbeitsplatzes

$$\text{IX., } \ldots \frac{75 \times 2}{20 \times 2} = 4 \text{ Lötösenstreifen zu } 20''.$$

ζ) Ferndienstleitungen.

Bei der Herstellung von Fernverbindungen haben die Fernbeamtinnen an den Arbeitsplätzen gegenseitig in folgenden Fällen in einen Gesprächsverkehr einzutreten:

1. im Durchgangsverkehr, um sich über den Zeitpunkt der Freigabe einer gewünschten Fernleitung, sowie über die für dieses Durchgangsgespräch zu benützende Transitleitung zu verständigen;

2. bei einer Anfrage über die vermutliche Zeitspannung bis zur Abwicklung eines angemeldeten Ferngesprächs die gewünschte Auskunft zu erteilen und

3. auftretende Unregelmäßigkeiten in der Abwicklung von Ferngesprächen der Störungsstelle am K.U. zu melden oder den Vollzug einer Störungsbehebung umgekehrt der Fernbeamtin mitzuteilen.

Dieser Verkehr bedingt Einrichtungen, welche die Gesprächsverbindungen aller Beamtinnen der Fernarbeitsplätze, der K.U. und der Auskunftsplätze unter sich zuläßt. In einfachster Weise erfolgt die Abwicklung eines derartigen Verkehrs auf einer Anzahl von Dienstleitungen, die vielfach sämtliche Arbeitsplätze des Fernamtes, der K.U. und der Auskunftsschränke bestreichen und deren Anruforgane über einen Sprechkipper an dem zugehörigen Arbeitsplatze endigen. Der Anruf des gewünschten Platzes wird bewirkt, indem man durch Einführung eines an der c-Ader geerdeten Steckers der Anruflampe über eine dritte Leitung Spannung aufdrückt. Bisher hat man für diesen Verkehr in vielen Fernämtern jeder Fernleitung eine eigene Ferndienstleitung zugeordnet. Die Erfahrung hat aber gelehrt, daß in dieser Maßnahme deshalb ein gewisses Übermaß an technischem Aufwand liegt, weil

1. eine Fernbeamtin nur einen und nicht mehrere Dienstanrufe gleichzeitig entgegennehmen kann und

2. bei einem Verkehr nach einem bestimmten Orte mit mehreren Fernleitungen, der geringe dienstliche Verkehr innerhalb des Amtes, der sich der Hauptsache nach nur auf den Durchgangsverkehr mit rund

10% des Gesamtverkehrs beschränkt, leicht auf einer Ferndienstleitung abgewickelt werden kann. Die obige Maßnahme wurde getroffen, um bei einer allenfallsigen Verlegung einer Fernleitung, ohne Änderung des Vielfachfeldes, den Ferndienstanruf- und abfrageapparat (FDA.) gleichzeitig mitverlegen zu können.

Die ungehinderte Verlegung jeder Fernleitung an einen anderen beliebigen Arbeitsplatz ohne Änderung des einmal nach alphabetischer Reihenfolge der Fernleitungen festgelegten Vielfachfeldes ist ein Gebot, das auch bei einer anderen Lösung der Aufgabe gewahrt bleiben muß. Ein Fernamt mit beispielsweise 1000 Fernleitungen würde nach der bisherigen Art den Einbau von 1000 Klinken für jeden Fernschrank erfordern. Es ist daher vom wirtschaftlichen Standpunkte aus wohl der Überlegung wert, eine Verminderung dieser Zahl herbeizuführen. Der Weg, der hier zum Ziele führt, ist bereits oben unter Ziff. 2. angedeutet. Man benötigt nämlich in einem ausgebauten Fernamte, außer den Dienstleitungen für die Arbeitsplätze der K.U. und Auskunftsschränke, nur so viele FD.-Leitungen als Fernleitungsrichtungen R in diesem Amte auftreten. Keinesfalls darf aber die Zahl R unter die Zahl der vorhandenen Arbeitsplätze Z sinken. Die Vorausbestimmung von R für ein neues Amt ist nicht einfach. Allgemein kann man feststellen, daß die Zahl R im Verhältnis zur Zahl Z mit der Größe des Amtes sinkt. Beispielsweise rechnet sich $\frac{R}{Z}$ in Regensburg mit 62 Fernleitungen zu rund 2, in München dagegen mit 283 Fernleitungen nur zu rund 1,14. Mit Einführung der Fernkabel und der damit verbundenen Vermehrung an Fernleitungen, hauptsächlich aber mit der Bildung von Netzgruppen in SA-Anlagen, bei denen eigene Fernämter nicht mehr gebaut werden (Verbundämter), wird das Verhältnis $\frac{R}{Z}$ immer mehr sinken und sich der Zahl 1 nähern, vielleicht sogar unter diese Zahl herabgedrückt werden.

Mit Bestimmtheit kann man aber die Beziehung $R \geq Z$ festlegen.

Für ein Normalamt mit 250 Fernleitungen und rund 75 Fernarbeitsplätzen, 2 Arbeitsplätzen an den K.U., 4 Auskunftsplätzen und $\frac{R}{Z} = 1,1+15\%$ Vorrat zwischen der Buchstabenfolge für neuzugehende Fernleitungen darf R = 1,25 Z + 2 + 4 = rund zu 100 angenommen werden, also rechnet sich für ein Amt mit rund

1000	Fernleitungen R zu rund	400	FD-Leitungen
750	,,	,, ,,	,,	300	,,
500	,,	,, ,,	,,	200	,,
250	,,	,, ,,	,,	100	,,
120	,,	,, ,,	,,	60	,,
60	,,	,, ,,	,,	40	,,

Ich schlage nun vor, den Platz zur Aufnahme der Lötösenstreifen am H.V. und den Raum für die Klinkenstreifen am K.U. einheitlich nach der größten Zahl von R, die Zahl der Schalt- und Untersuchungselemente jedoch nach der Größe des Amtes zu bemessen. Nach diesen Ausführungen wäre also das Ferndienstvielfachfeld (FDV) für die Fernschränke beispielsweise in München mit 400, in Nürnberg mit 200, in Regensburg und Würzburg je mit 100 Vielfachklinken zu belegen. Die Zahl der FDA. dagegen läßt sich eindeutig bestimmen, sie ist gleich 2, für einen Normalverteiler daher gleich 75. Sowohl die FDV.-Leitungen, als auch die FDA.-Leitungen müssen wegen der Möglichkeit ihrer Untersuchung, ihrer Verlegung und ihrer ungehinderten, beliebigen Zusammenschaltung über den

H.V. und den K.U. geführt werden. Zur Untersuchung und Verlegung der FVD.-Leitungen und der FDA.-Leitungen genügt je eine dreiteilige Doppelunterbrechungs- und einer eben solchen Parallelklinke, die in Streifen zu je 10 Klinken zusammengefügt werden. Die Einteilung des Klinkenfeldes für die FDV.-Leitungen erfolgt nach der alphabetischen Reihenfolge aller Fernleitungsrichtungen, jene für die FDA.-Leitungen nach der arithmetischen Folge aller Arbeitsplätze. Die FDV.-Leitungen sollen nun vielfach über alle, in mehreren Reihen aufgestellten Fernschränke über die örtlich von diesen getrennt aufgestellten Arbeitsplätze aller K.U. und aller Auskunftsschränke in einem Zuge geführt werden. Ein solch weitverzweigter, räumlich in verschiedenen Ebenen liegender Vielfachzug läßt sich sachgemäß ohne Kabelknoten, an dem mehr als 2 Kabel zusammenfließen, nicht bilden. Ein derartiger Kabelknoten, der durch Auflösung von 3 oder 4 vieladriger gleichstarker Kabel an einem Lötösenstreifen entsteht, wird am zweckmäßigsten als Nullpunkt des Vielfachzuges in den H.V. verlegt, von wo aus das eine Kabel zu den Wechselklinken des K.U., das zweite zur ersten, das dritte zur zweiten Fernschrankreihe und eines dieser beiden in seiner Verlängerung über die Auskunftsschränke führt. An jedem Stifte eines Lötösenstreifens liegen somit 3 oder 4 Kabeladern. Ein Kabelknotenpunkt ist daher für die Vielfachleitungen eine Klemm- und keine Schaltstelle, die erst an dem anderen Ende des von den dreiteiligen Parallelklinken zurückgeführten Kabels am Lötösenstreifen entsteht. Von hier aus erfolgt die auswechselbare Verbindung mit den Lötösen für die FDA.-Leitungen, die ebenfalls über Wechsel- und Parallelklinken am K.U. direkt zu den Fernarbeitsplätzen gelegt werden. Die Zahl der FDV.-Leitungen mit maximal 400 weicht von der Zahl der FDA.-Leitungen mit 75 Leitungen für ein Normalamt wesentlich ab. Der in dem Unterschiede dieser Zahlen liegende Ueberschuß an FDV.-Leitungen bleibt zum Teil am H.V. rudimentär und zwar jener, dessen FDA.-Leitungen an den übrigen Verteilern eines Amtes liegen. Aber auch der übrigbleibende Teil an FDV.-Leitungen ist immer noch um rund 20% höher als die Anzahl der FDA.-Leitungen. Im Einzelfalle kann dieser Unterschied zwischen 1 und 4 schwanken, je nachdem an einem Fernarbeitsplatz eine oder vier Fernleitungsrichtungen vertreten sind. Demzufolge schwankt auch die an einen Lötösenstift für FDA.-Leitungen von den FDV.-Leitungen heranzuführende Zahl an Schaltdrähten zwischen 1 und 4.

In der Praxis kann man aber an einen Stift nicht gleichzeitig mehrere Drähte löten, besonders dann nicht, wenn später infolge von Leitungsverlegungen einer von diesen Drähten allein wieder ausgelötet werden soll. Um nun trotzdem die ungehinderte Zusammenschaltung und Lötung einer größeren Anzahl von den Lötösen der FDV.-Leitungen kommenden Schaltdrähte mit den Lötösen einer einzigen FDA.-Leitung einwandfrei herbeiführen zu können, werden für jede der drei Adern (a, b, c) einer FDA.-Leitung, entsprechend den 4 Schaltmöglichkeiten, 4 Lötstiftreihen vorgesehen. Die 4 Oesen einer Stiftreihe werden an ihrem einen Ende kurz geschlossen und die starre Kabelader wird an dieses Ende angelötet, während die 4 Oesen am anderen Ende der Reihe zur Aufnahme der lösbaren Schaltdrähte frei bleiben. An einem 20 teiligen Lötösenstreifen mit 4 Stiftreihen (20'''') können aber dreifach adrige Kabel für 20 Leitungen nicht restlos aufgelöst werden, dazu sind 3 solche Streifen notwendig. Für ein Normalamt mit 75 bis 80 Fernarbeitsplätzen berechnet sich die Zahl der hiefür nötigen 20''' Kabel zu 4. Am H.V. sind daher für die *FDA.-Leitungen*

X., . . 4×3 = 12 *Lötösenstreifen zu 20'''' (4 Kabel zu 20''')*
vorzusehen.

Dagegen bestimmt sich die Zahl der Lötösenstreifen in einem Normalamte für *FDV.-Leitungen*

XI., . . . zur *Knotenbildung* dieser Leitungen zu

$\dfrac{100}{20} = 5$ *Lötösenstreifen zu 20'''*, an die 3×5 = 15 Kabel zu 20''' angelegt werden. In einem 1000ter Amte berechnet sich die Zahl der Streifen zu $\dfrac{400}{20} = 20$ Streifen, an denen 3×20 = 60 Kabel zu 20''' endigen.

XII., . . . Als Schaltelemente ebenfalls

5 *Lötösenstreifen zu 20'''* mit 5 Kabel zu 20'''.

In einem 1000ter Amte berechnet sich die Zahl der Streifen zu $\dfrac{400}{20} = 20$ Streifen, an denen 3×20 = 60 Kabel zu 20''' endigen.

Die beschriebene Art des Ferndienstleitungsverkehrs, der sich ohne Verwendung von Anrufrelais nur mit Anruflampen und Kippern abwickelt, erfordert den Einbau eines Klinkenvielfachfeldes in allen Fernschränken eines Amtes. Die Größe des Vielfachfeldes in jedem Schrank hängt von der Zahl der Schränke ab. Deshalb wächst der Aufwand an Klinken- und Kabelmaterial mit der Größe des Amtes zur Zahl der Schränke im quadratischen Verhältnisse, dementsprechend auch die Lieferungskosten für die Herstellung dieser Einrichtung. Es wird daher bei der quadratischen Steigerung der Kosten in der Größe des Amtes eine Grenze geben, bei der aus wirtschaftlichen Gründen diese einfache Art der Verkehrsabwicklung verlassen werden muß. Der dienstliche Verkehr eines Arbeitsplatzes mit allen übrigen Plätzen des gleichen Amtes läßt sich nämlich auch ohne Vielfachfeld durch Anwendung des Selbstanschlußprinzipes mit Hilfe einer Wählscheibe an jedem Arbeitsplatz abwickeln. Bei der geringen Gesprächsdichte des Ferndienstleitungsverkehrs mit rund 10% des Gesamtverkehrs genügt für dessen Abwicklung eine kleine Zahl von Gruppen- und Leitungswählern. Die Kosten eines solchen Nebenamtes mit allem Zubehör bis zu 1000 Plätzen dürfen schätzungsweise zu 80 GM. pro Platz angenommen werden, wie sich aus nachstehender Berechnung ergibt:

Ferngespräche eines Normalamtes pro Tag 250 mal 65 = 16 250. Bei 10% Durchgangsverkehr rund 1600 Durchgangsgespräche mit 2 mal 1600 = 3200 An- und Rückfragen an den Fernplätzen. Eine 12% Konzentration vorausgesetzt, ergibt dieser Verkehr eine Belastung der GW. mit Gesprächen von ½ Minute Dauer 0,12 mal 3200 = 352. Ein GW. kann in einer Stunde bei einer 50% Ausnutzung und ½' Gesprächsdauer 60 An- und Rückfragen aufnehmen. Daher benötigt man für diesen Verkehrsanfall $\dfrac{352}{60}$ rd.6 GW. In einem Amte mit mehr als 100 Arbeitsplätzen sind ebensoviele LW. erforderlich. Die Zahl der Vorwähler-Zahl der Arbeitsplätze, 80×50 $\mathscr{M}$ + 6×200 $\mathscr{M}$ + 6×200 $\mathscr{M}$ = 6400 $\mathscr{M}$ oder pro Arbeitsplatz $\dfrac{6400}{80} = 80\ \mathscr{M}$.

Nimmt man des weiteren die Kosten eines Klinkenstreifens mit 20 Vielfachklinken zu 9 GM., die Kosten eines lfd. Meters 21 dreifachadrigen Baumwollseidenkabels zu 1.50 $\mathscr{M}$, die Mehrung der FDV.-Leitungen gegenüber der Zahl der Arbeitsplätze zu 20%, die Länge eines Kabels für einen Arbeitsplatz zu 0,7 m und die Zahl der Arbeitsplätze zu x an, so läßt sich für einen überschlägigen Vergleich zwischen den Herstellungskosten eines selbsttätigen und eines handbetrieblichen Dienstverkehrs annäherungsweise folgende wirtschaftliche Beziehung aufstellen:

Einmalige Herstellungskosten eines Wähleramtes für den selbsttätigen Betrieb der FD.-Leitungen $K_1 = x \times 80 \ \mathcal{M}$, desgl. für den Handbetrieb, $K_2 = x \times \left(\dfrac{x \times 1,2 \times 9 \ \mathcal{M}}{2 \times 20} + \dfrac{x \times 0,7 \times 1,2 \times 1,5 \ \mathcal{M}}{2 \times 20} \right)$

Klinken-   Kabelkosten

Setzt man diese beiden Ausdrücke einander gleich: $x \times 80 = x^2 \times 0,3$, so rechnet sich x zu rund 270 Arbeitsplätzen. Berücksichtigt man ferner noch, daß die jährlichen Betriebs- und Pflegekosten eines Wähleramtes weit höher sind, als jene einer einfachen Klinkenleitungsanlage, so darf man die Wirtschaftsgrenze zwischen den beiden Betriebsarten sicherlich nicht unter 300 Arbeitsplätzen annehmen.

Die Untersuchung lehrt also, daß in Fernämtern bis zu 1000 Fernleitungen der Ferndienstleitungsverkehr mit einem Klinkenfelde und Handbetrieb dem Wählerbetrieb vorzuziehen ist.

γ) Untersuchungsklinken für den Doppelsimultan- und den Simultanbetrieb:

Außer den Untersuchungsklinken für Fernleitungen, die auch die Untersuchung der Uebertragerspulen zulassen, müssen am KU. und HV. des weiteren noch Vorkehrungen getroffen werden, die die Untersuchung, Messung und Verlegung aller aus den Kunstschaltungen gebildeten Simultan- und Doppelsimultanleitungen für den Telegraphen- und Summerbetrieb ermöglichen. Zur Untersuchung dieser Kunstleitungen genügen am KU. für jede Leitung zweiteilige Doppelklinken, die eine für die Außen-, die zweite für die Inneneinrichtung dieser Leitungen. Schätzungsweise dürften 100 Doppelklinken, die am KU. in 2 Reihen zu 10 Klinkenstreifen mit 10 Klinken untergebracht werden, wohl als ausreichend erachtet werden. Am HV. sind zur Auflösung der Kabel für die U n t e r s u c h u n g der S i m u l t a n - und D o p p e l s i m u l t a n l e i t u n g e n:

XIII., . . . $\dfrac{100}{20} = 5$ *Lötösenstreifen zu 20" und 5 Kabel zu 20"* vorzusehen.

Ein Teil dieser Simultanleitungen soll zur Vorbereitung und Vorübermittelung von Fernverbindungen herangezogen werden. Um dem Bedürfnis nach Einführung dieser Verkehrsarten nach allen Richtungen jederzeit genügen zu können, ist es notwendig, an jedem Schranke neben dem Anschlußorgan für die Sprechgarnitur eine weitere Klinke einzubauen, die mittels eines Einfachsteckers zur Verbindung mit einem Klopfer- oder Summerapparat dient. Diese Klinken werden durch je eine Kabelader starr mit dem HV. und dort mit den zugehörigen Simultanleitungen verbunden. Bei rund 40 in einem Normalamte notwendigen Fernschränken genügen zum Anschlusse von *Klopfer- oder Summerapparaten*

XIV., . . . $\dfrac{40}{20} = 2$ *Lötösenstreifen zu 20' und 2 Kabel zu 10".*

ϑ) Sieht man zum Schlusse noch in einem großen Fernamte für die Verbindung der einzelnen HV. unter sich etwa

XV., . . . *4 Lötösenstreifen zu 20" für abgehende* und
XVI., . . . *4 Lötösenstreifen zu 20" für ankommende*

Verbindungsleitungen vor, so wird nach meinem Ermessen ein nach den vorstehenden Richtlinien ausgestalteter HV. alle Bedingungen, die ein neuzeitlich einzurichtendes Fernamt in Bezug auf die bequeme Zusammenschaltung und Verlegung von Leitungen erfordert, restlos erfüllen.

In der Abb. 2 II. Teil habe ich eine Zusammenstellung angefertigt, aus der schematisch die Beschaltung des HV., d. h. die Führung der mehradrigen Verteilerleitungen für alle im Fernbetriebe vorkommenden, wichtigsten Fälle ersehen werden wolle.

Nach Abschluß obiger Vorerhebungen kann nunmehr an die technische Gestaltung eines HV. geschritten werden.

Eine Art der Ausführung eines Normal HV., dessen Größe für alle auftretenden Fälle in Aemtern mit 250 und mehr Fernleitungen genügen dürfte, habe ich in Abb. 3 und 4 II. Teil zur Darstellung gebracht. Im allgemeinen unterscheidet sich ein solcher HV. von einem gewöhnlichen Ortsverteiler in keiner Weise. Nur die 20 teiligen Lötösenstreifen sind unter sich in der Zahl der Lötösenstreifen, die zwischen 1 und 5 schwankt, verschieden.

Für die bequeme Beschaltung eines HV. empfiehlt es sich daher, die zusammengehörigen Lötösenstreifen durch besondere Tafeln zu bezeichnen. Auf diesen Tafeln ist entweder der Zweck, dem die Kabel dienen, oder der Leitungsweg anzugeben und jede zusammengehörige Lötstiftreihe mit der Zahl 0 oder 1 beginnend fortlaufend zu nummerieren. Bei allen HV., die mit den Fernschränken bodengleich aufgestellt werden, führen sämtliche Kabel von den Buchten ausmündend nach abwärts, bei jenen, die unterhalb des Fernsaales liegen, werden die Kabel zum Fernsaale nach aufwärts, alle übrigen nach abwärts verlegt. (Siehe Abb. 3 II. Teil.) Die Führung dieser Kabel bestimmt die Lage der einzelnen Lötstiftreihen in den Buchten. Aus der in Abb. 4 II. Teil angefertigten Zusammenstellung über die notwendige Zahl von Lötösenstreifen für alle im Bau großer und mittlerer Fernämter wichtigen Fälle können die Größenverhältnisse der einzelnen HV. ohne weiteres entnommen werden.

II. Die Führung bestimmter Innenleitungen über den Nachtverteiler eines Fernamtes.

In den meisten Fernämtern hat man bisher schon zur Abwicklung des geringen Verkehrs während der Nachtzeit eigene Nachtschränke aufgestellt, an denen eine verhältnismäßig kleine Zahl von Fernleitungen zusammengedrängt und bedient werden kann. Es hat sich nun im Betriebe großer Fernämter das Bedürfnis herausgestellt, nicht allein die während der Nachtzeit mäßig anfallenden Verbindungen von einigen Umschaltebeamtinnen abwickeln zu lassen, sondern den in dem Zusammendrängen des Arbeitsfeldes liegenden Betriebsvorteil auch auf jenen Verkehr auszudehnen, der zwischen der Höchst- und Mindestleistung, also im Uebergangsverkehr während der Abendstunden, oder im Sonn- und Feiertagsverkehr liegt. Ein solch weit gestecktes Ziel erfordert zu seiner praktischen Auswirkung gegenüber den bisherigen, einfachen Maßnahmen zweifellos besondere technische Vorkehrungen.

Solange der Gesprächsverkehr eines Fernamtes nicht unter die Hälfte seines Maximums sinkt, kann dessen Abwicklung, die während des Höchstbetriebes an 2 Arbeitsplätzen vollzogen wird, ohne technischen Eingriff leicht an einem Fernschrank, der Einheit eines Fernamtes, mit der Hälfte des Personals betätigt werden. Sinkt jedoch der Gesprächsverkehr während des täglichen Betriebes noch weiter, so könnte mit Rücksicht auf die gebotene Betriebsentlastung das Arbeitsfeld einer Fernbeamtin in der Weise vergrößert werden, daß man ihr mehrere Fernschränke zur Bedienung zuweist, eine Maßnahme, die während des Betriebes einen fortwährenden, zeitraubenden und störenden Wechsel des Arbeitssitzes an den Fernplätzen bedingt und aus diesem Grunde zur Abhilfe drängt. Im Vollzuge

des oben angedeuteten Programmes sollen nun nicht allein die Nachtleitungen, sondern auch die dem Übergangsverkehr dienenden Fernleitungen, die ich der Kürze halber „Sammelleitungen" nennen will, an
besonderen Schränken, den Sammel- und Nachtschränken, zusammengedrängt werden. Seite 32 I. Teil meiner Abhandlung über den Bau
großer Fernämter habe ich bereits die Gründe näher erläutert, die
gegen die Aufstellung besonderer Nachtschränke sprechen und dort ausgeführt, in gewöhnlichen, zusammenliegenden Fernschränken eigene
Anrufsätze für die Nachtleitungen einzubauen und die Schaltung dieser
Schränke einheitlich für den Tag- und Nachtverkehr, also für einen Doppelbetrieb besonders auszugestalten. An einem gewöhnlichen Fernschranke
sollen nun einheitlich 2 mal 4 = 8 Anrufsätze für den Tagesbetrieb eingebaut bezw. der Einbau in dieser Höchstzahl vorgesehen werden.

Im Zuge dieser Apparatenteile können aber, wie dies in einem
späteren Abschnitte noch näher gezeigt werden wird, auf die Breite eines
Schrankes weitere 5 mal 4 = 20 Anrufsätze, ohne technische Schwierigkeit zusammengedrängt werden. Es stehen somit den 8 Tages-, 20 Sammelsätze gegenüber, eine Ausführungsform, die theoretisch eine Zusammendrängung der Leitungen von 1 auf 2,5 zuläßt. Im Fernbetrieb wird voraussichtlich diese immerhin erhebliche Zusammendrängung von Anrufsätzen
für den Übergangsverkehr vollauf genügen, denn von den 2 mal 4 = 8
vorgesehenen Sätzen werden im Mittel höchstens 6 bis 7 tatsächlich belegt
und von den belegten Sätzen sind während des verminderten Verkehrs
sicherlich nicht alle im Betriebe stehenden Tagesleitungen für den Sam-
mel- und Nachtverkehr notwendig. Welches Verhältnis nun in den einzelnen Fernämtern zwischen der Zahl der Sammel- und jener der Tagesleitungen herrscht, läßt sich im voraus eindeutig nicht bestimmen, wahr-
scheinlich wird es in jedem Amte verschieden sein, und auch in dem
gleichen Amte treten infolge der Zunahme an Fernleitungen oder des
Fernverkehres nach dieser Richtung hin fortwährend Änderungen ein. Um
nun trotz dieser unsicheren Voraussetzungen den unverkennbaren Betriebsvorteil, der in dem Zusammendrängen des Arbeitsfeldes liegt, in
neuzubauenden Fernämtern völlig ausnützen zu können, muß zwischen
den Tages- und Sammelschränken ein neues Bindeglied eingeschoben
werden, welches die Verschiedenheit der veränderlichen Verhältnisse
zwischen den Tages- und Sammelleitungen in einfacher Weise ausgleicht.
In dem Einbau eines weiteren Verteilers gewöhnlicher Bauart erachte ich
ein solches Bindeglied für gegeben. An der einen Seite dieses Verteilers
kann jede beliebige, der Zahl der Tagessätze entsprechende Zahl von Lötösenstreifen, an der zweiten Seite jede andere, den Sammelsätzen entsprechende Zahl von Streifen gelegt und sämtliche Anrufsätze mit den
zugehörigen Lötösenstreifen durch Kabel starr miteinander verbunden
werden. Nach Maßgabe des auftretenden Bedürfnisses und der gegebenen
Verkehrsverhältnisse kann nunmehr an einen solchen Verteiler, für den
ich den Ausdruck Nachtverteiler N.V. prägen will, jede beliebige Tages-
fernleitung mittels mehradriger Verteilerlitzen an eine bestimmte Sammel-
leitung wechselbar angelegt werden.

Wieviele solcher Sammelleitungen sollen nun in einem großen Fernamte vorgesehen werden?

Wie schon erwähnt, setzt die Abwicklung des Verkehrs an den Sammelschränken erst in dem Zeitpunkte ein, in dem der gesamte Gesprächsverkehr um mehr als die Hälfte des Normalverkehrs gesunken ist, also
etwa bei einem Verkehr, wie er an Sonn- und Feiertagen in den Fernämtern einzutreten pflegt. Dieser Verkehr schwankt beispielsweise im

Fernamte München zwischen $^1/_3$ bis $^1/_4$ des Normalverkehrs. Ich nehme daher für die Entwicklung neuer Fernämter den Sammelverkehr mit einem Mittelwert von $^1/_4$ des Gesamtverkehrs an. Es bleibt indes unbenommen, in einem anderen Fernamte dieses Verhältnis höher oder niederer zu bemessen. Für ein Normalamt mit 38 bis 40 Fernschränken würde sich nach dieser Annahme die Zahl der Sammelschränke auf $\frac{40}{4} = 10$ berechnen und für verschieden große Fernämter ergäben sich hiernach in der Zahl der Sammelschränke folgende Abstufungen:

Für ein Fernamt mit 1000 Fernleitungen rund 40 Sammelschränke
,,   ,,   ,,   ,,   750   ,,   ,,   30   ,,
,,   ,,   ,,   ,,   500   ,,   ,,   20   ,,
,,   ,,   ,,   ,,   250   ,,   ,,   10   ,,
,,   ,,   ,,   ,,   120   ,,   ,,   5   ,,
,,   ,,   ,,   ,,   60   ,,   ,,   2   ,,

Diesen Zahlen entsprechend werden auch die Größenverhältnisse eines N.V. verschieden abzustufen sein.

Was nun den Aufstellungsort eines N.V. betrifft, so sind bei der Beurteilung dieser Frage andere Gesichtspunkte maßgebend als bei der Aufstellung eines H.V., der am zweckmäßigsten an der Stirnseite der Schrankreihe im gleichen oder unterhalb gelegenen Raume vorgesehen wird. Der N.V. ist von der Kabeleinführung unabhängig; die Wahl des Aufstellungsortes kann daher nach dem geringsten Kabelaufwande getroffen werden. Das Mindestmaß im Kabelaufwande für die Verbindung des N.V. mit den Fernschränken ist mit Rücksicht auf die erhebliche Längenausdehnung eines Fernsaales bei einer Aufstellung des Verteilers in dessen Mittellinie gegeben, ob unterhalb oder im gleichen Raume des Saales, entscheiden die örtlichen Verhältnisse. Daraus geht hervor, daß aus kabeltechnischen Gründen eine Vereinigung des H.V. mit dem N.V. nicht empfohlen werden kann und des weiteren auch deshalb nicht, weil durch die getrennte Führung eine weitere Zusammendrängung der von dem H.V. kommenden zahlreichen Kabel an den Einmündungsstellen der Schrankreihen vermieden wird.

Die Zweckbestimmung der Sammelschränke erfordert in ihrer Aufstellung die möglichste Verminderung in der Längenausdehnung. Es ist daher auch in den größten Fernämtern mit mehreren Schrankreihen die Aufstellung der Sammelschränke nicht getrennt, sondern in einer Flucht vorzusehen. Diese nach einem Mittelpunkte gerichtete Aufstellung ergibt zwangsweise auch die Verteilung der Nachtleitungen an einer Stelle. Also wird in allen Fernämtern, die schon beim ersten Ausbau mit der Hälfte der erforderlichen Fernschränke die ganze Länge des Fernsaales in Anspruch nehmen, die Aufstellung eines einzigen N.V. die günstigste Verteilung der Nachtleitungen ergeben. (Siehe die Projekte der Fernämter in Nürnberg, Regensburg und Würzburg). In dem neuen Fernamte München dagegen, bei dem der erste Ausbau sich zunächst nur auf die eine Hälfte des Saales erstrecken soll, wird die kürzeste Kabelführung der Nachtleitungen mit der Aufstellung zweier N.V., von denen jeder in der Mitte der zugehörigen Saalhälfte seine Aufstellung findet, erreicht.

Demnach scheiden für die Abstufungen in der Größenbemessung eines N.V. die Fernämter über 500 Fernleitungen aus und es genügt die Größe eines N.V. auf die Fernämter mit 60, 120, 250 und 500 Fernleitungen zu beschränken.

Schaltungstechnisch bietet der Übergang vom Tages- zum Sammel- oder Nachtbetrieb keine Schwierigkeiten. Jede Fernleitung endigt nämlich im Anrufsatze an den Federn eines Transitkippers, der zwei Umschaltungen zuläßt. Die eine Umschaltung (Kipper nach abwärts) legt im Durchgangsverkehr, unter Ausschaltung des in der Normalstellung parallel zur Fernleitung liegenden Anrufrelais, die Fernleitung an die starr mit 2 Anrufsätzen verbundene, an allen Fernschränken vielfach geschaltete Transitleitung. Die zweite Umschaltung (Kipper nach aufwärts) verlängert die gleiche Leitung über den N.V. zu einem zweiten Anrufsatze des Sammelschrankes. Der Anruf sowie die Bedienung einer Fernleitung erfolgt in dieser Kipperstellung nicht mehr am Tages-, sondern am Sammelplatz.

Der Übergang zum Sammelbetrieb durch Umlegung der Nachtkipper wird nicht gesondert für jede Fernleitung, sondern schrankweise für alle Fernleitungen gleichzeitig in dem Augenblick vollzogen, in dem die letzte Fernbeamtin den betreffenden Fernschrank verläßt. Die Platzwanderung in der Abwicklung des Fernverkehrs erfordert aber außer der Verlegung des Fernanrufes eine zwangsläufige, gleichzeitige Umleitung des jeder Fernleitung zugeordneten Ferndienstleitungs- und Zettelverkehrs. Die Umlegung der beiden auf einen Fernschrank treffenden Ferndienstabfrageleitungen, die gleich den Fernleitungen an den Ferndienstabfragekippern mit 3 umschaltbaren Kipperstellungen endigen, von denen die erste nach abwärts die Sprechgarnitur und die andere nach aufwärts die Nachtleitung anlegt, vollzieht sich in ähnlicher Weise wie die der Fernleitungen.

Wegen Umleitung des Zettelmateriales, die täglich nach dem Umstellen sämtlicher Fernleitungen auf die Sammelplätze vollzogen werden muß, ist eine Signaleinrichtung zwischen den Tagesschränken und der Zetteleinlegestelle, auf die ich später noch eingehend zurückkommen werde, zu schaffen. Diese Einrichtung hat die Aufgabe, den Vollzug der Kipperumstellung bei den FDA.-Leitungen eines Schrankes der Einlegebeamtin selbsttätig durch eine besondere Lampe am Einlegeschlitz zu signalisieren. Zu diesem Zwecke wird zwischen dem Ferndienstabfragekipper des zweiten Platzes am Fernschranke und dem Nachtkipper zu den 3 Adern für die Sammelleitungen eine weitere vierte Ader und vom N.V. zur Zetteleinlegestelle bis zur Signallampe am Schlitze eine Einzelader verlegt. Die beiden Umschaltehebel der FDA.-Kipper eines Schrankes liegen zur Signalleitung in Reihe, so daß die Signalisierung erst nach Umlegung beider Kipper erfolgen kann. Die Signalleitung endigt an den beiden Arbeitskontakten des zweiten Kippers, während an den gleichen Kontakten des ersten Kippers in der Ruhestellung Erde, in der Nachtstellung eine verdeckte Spannung liegt. Eine ähnliche Umschalteeinrichtung mit Erd- und Gegenspannung an den Arbeitskontakten wird nun auch an der Einlegstelle angebracht, an der zur Signalleitung in Reihe die Lampe liegt. Werden nun beim Übergang zum Sammelbetrieb die beiden FDA.-Kipper eines Schrankes in Nachtstellung gebracht, so findet die verdeckte Spannung über die Signalleitung an dem Ruhekontakte der Umschalteeinrichtung einen Weg zur Erde. Die Signallampe glüht, ein Zeichen für die Einlegebeamtin, die Verschlußklappe des betreffenden Einlegeschlitzes zu schließen. Ein vorstehender Stift dieser Klappe schaltet die in die Tischplatte versenkt eingebaute Einrichtung um und legt damit eine gleichhohe, ebenfalls verdeckte Spannung an die Signalleitung, die der bereits vom Kipper aus aufgedrückten Spannung entgegenwirkt, wodurch die Lampe erlischt. An der Rückseite der umgelegten Klappe findet die Beamtin den nunmehr einzuschlagenden Leitweg der Anmeldezettel vermerkt. Der Zettelverkehr erleidet somit trotz der Umstellung keine Unterbrechung. Soll nun zu einem anderen gegebenen Zeitpunkte vom Sammel- wieder zum Tagesbetrieb übergegangen werden, so bringt man die beiden FDA.-Kipper am Tagesschrank in die Normallage zurück. Die auf der Signalleitung noch ruhende Gegenspannung findet nun in umgekehrter Richtung ihren Ausgleich án der angelegten Erde des normal gestellten Kippers. Die Signallampe am Einlegeschlitz leuchtet jetzt bei umgelegter Klappe wiederum auf als Mahnung, die Klappe zu öffnen. Nach dem Öffnen der Klappe schaltet sich die Gegenspannung von der Signalleitung ab und der Umschaltehebel legt die Signalleitung an Erde, die Lampe erlischt. Der Tagesbetrieb wickelt sich wieder normal ab.

In der Abb. 5 II. Teil habe ich in ähnlicher Weise wie beim H.V. den Zusammenhang der Leitungen für den Tages- und Sammel- bezw. Nachtbetrieb unter Anwendung eines N.V. übersichtlich dargestellt. Nach dieser Darstellung sind sowohl für den Tagesbetrieb, wie auch für den Nachtbetrieb 3 verschiedene, also im Ganzen 6 von einander abweichende Arten von Fernanrufsätzen in einem neuzeitlichen Fernamte notwendig, und zwar
a) für den Tagesbetrieb:

1. Gewöhnliche Fernanrufsätze, bei denen der Transitkipper 3 Stellungen, nämlich eine Ruhe-, eine Transit- und eine Nachtstellung aufweist,
2. Schnurverstärkeranrufsätze mit einer Signalleitung für die Transitlampe, im übrigen wie unter Ziff. 1,
3. Fernwähleranrufsätze mit eingeschleifter Fernleitung, die ankommend und abgehend an einem Wechselschalter endigt. Dieser Wechselschalter weist ebenfalls 3 Stellungen auf. Normalstellung für den Durchgang zum I. FGW., Stellung nach abwärts für den normalen Handbetrieb und die dritte Stellung nach aufwärts für den Nachtbetrieb, im übrigen wie unter 1.

b) für den Sammel- und Nachtbetrieb:

4. wie unter Ziff. 1, jedoch ohne Nachtstellung des Transitkippers und damit ohne Fortschaltung von Leitungen,
5. wie unter Ziff. 2 und der Einschränkung in Ziff. 4,
6. wie unter Ziff. 3, jedoch ohne Nachtstellung des Transit- und Wechselkippers.

Auf eine nähere Beschreibung der einzelnen symbolisch dargestellten, einfachen Stromlaufbilder will ich hier als zu weitführend nicht eingehen. Ich beschränke mich lediglich darauf, die Größenverhältnisse und die Art eines N.V., sowie die Zahl der nötigen Lötösenstreifen und der Kabel für verschieden große Fernämter zu entwickeln. Nur über die Führung und Schaltung der Transitleitungen, deren eingehende Begründung dem Abschnitt IV vorbehalten bleibt, möchte ich hier noch zum Verständnis des Schaltbildes erwähnen, daß wegen des zeitlich getrennten Doppelbetriebes die für den Sammelbetrieb notwendigen Nacht-Transitleitungen durch einen doppelten Anschluß aus den Tagestransitleitungen gewonnen werden. Zur Hintanhaltung von unliebsamen Doppelverbindungen auf einer solch gemeinsamen Transitleitung, an der 4 Anrufsätze, 2 für den Tages- und 2 für den Nachtbetrieb dauernd und nicht wechselbar angelötet bleiben, werden in der c-Ader jeder Transitleitung 2 Besetztlampen mit 2 Prüftasten, die eine an dem Tagesarbeitsplatze, die andere am Sammelarbeitsplatze als Belegtzeichen vorgesehen. Derartige Doppelverbindungen wären auf einer Transitleitung mit 4 Sätzen ohne Warnzeichen im Zeitpunkte des stufenweise sich vollziehenden Übergangsverkehrs leicht möglich für den Fall, daß auf einer noch nicht umgestellten Fernleitung x am Tagesarbeitsplatz ein Durchgangsgespräch abgewickelt werden soll, während gleichzeitig auf einer bereits umgelegten Fernleitung y, die zufälliger Weise auf die gleiche Transitleitung wie die Leitung x dauernd geschaltet ist, am Sammelarbeitsplatz das gleiche Verkehrsbedürfnis auftritt. Die beiden Belegtlampen leuchten als Warnzeichen beim Drücken der Prüftaste dann auf, wenn an irgend einer Klinke der Transitleitung ein Stecker steckt. Die Erde am c-Ast des Steckers schließt beim Drücken der Prüftaste den Strom über die Besetztlampe. Der Einbau einer Besetztlampe, der allgemein in jeder Transitleitung vorzusehen ist, wird nur in jenen Leitungen vollzogen, die auch an den Sammel- oder Nachtplätzen zu Transitverbindungen herangezogen werden.

Übergehend auf die Festsetzung der Zahl von Lötösenstreifen für den N.V. eines Normalamtes mit rund 250 Fernleitungen bezw. mit 75 Arbeitsplätzen berechnet sich zunächst die Zahl der Streifen für die Verbindung der 4 an jedem Arbeitsplatze in Aussicht genommenen T a g e s - a n r u f s ä t z e zu:

1.) $\dfrac{80 \times 4}{20} = 16$ Lötösenstreifen mit 20''' und der gleichen Zahl 20''' Kabel.

Hiezu möchte ich bemerken, daß für den Anschluß von gewöhnlichen Fernanrufsätzen unter Ziff. 1 der obigen Zusammenstellung, deren Einbau in einem Fernamte wohl für die Mehrzahl aller Fernleitungen in Frage kommen wird, die Verwendung von zweiadrigen Kabeln genügen würde. Im Hinblick aber auf die beabsichtigte ungehinderte Vertauschbarkeit aller Fernleitungen möchte ich vorschlagen, allgemein nur dreiadrige Kabel zu diesen Verbindungen in Verwendung zu nehmen, um so in der Freizügigkeit bei der Belegung von Fernarbeitsplätzen mit den Fernleitungen der verschiedenen Betriebsarten in keiner Weise behindert zu sein. Des weiteren bin ich bei der Bestimmung der Streifenzahl von der Annahme ausgegangen, daß auch die Tagessätze aller Sammel- und Nachtschränke an den N.V. gelegt werden. Für die Einführung eines Sammelbetriebes allein wäre diese Maßnahme überflüssig. Nicht aber für den Nachtbetrieb, denn während dieses Betriebes soll das notwendige Arbeitsfeld durch Außerbetriebsetzung weiterer Fernleitungen noch enger, etwa bis auf $^1/_8$ des ganzen Amtes zusammengedrängt und auch die Tagessätze der Sammelschränke auf die Nachtschränke umgelegt werden. Diese Maßnahme hat noch den weiteren Vorteil, daß im Bedarfsfalle selbst die nicht belegten Tagessätze der Nachtschränke für den Nachtbetrieb herangezogen werden können.

Zur Verbindung der an jedem vierten Anrufsatze eines Arbeitsplatzes vorgesehenen Einschleifung von Fernleitungen für den wechselbaren Hand- und Selbstanschlußbetrieb, letzterer mit F e r n w ä h l u n g sind nötig:

2.) $\dfrac{80}{20} = 4$ Lötösenstreifen mit 20''' und die gleiche Zahl 20''' Kabel.

Die Verlängerung der FDA.-L e i t u n g e n an allen Arbeitsplätzen mit ungeraden Nummern erfordert zur Auflösung der Kabel am N.V.

3.) $\dfrac{40}{20} = 2$ Lötösenstreifen mit 20''' und die gleiche Zahl 20''' Kabel,

desgleichen an den Plätzen mit geraden Nummern einschließlich der zugehörigen vierten Ader für die Signalleitung

4.) $\dfrac{40}{20} = 2$ Lötösenstreifen mit 20'''', jedoch 4 Kabel mit 20''.

In einem Normalamte mit nur einem NV. benötigt man keine Verteilerkabel. Muß dagegen in einem großen Amte mit mehr als 500 Fernleitungen im Verlaufe seiner allmählichen Entwicklung ein zweiter N.V. aufgestellt werden, während andererseits die zunächst geringe Erweiterung die Inbetriebsetzung eigener Sammelschränke in der neuen erweiterten Abteilung noch nicht rechtfertigt, so ergibt sich die Notwendigkeit, die beiden N.V.

mit einander zu verbinden. Hiefür sind schätzungsweise in dem größten hier behandelten Fernamte in ankommender Richtung am N.V.

5.) *4 Lötösenstreifen mit 20'''* und die gleiche Zahl 20''' Kabel und ebenso in abgehender Richtung

6.) *4 Lötösenstreifen mit 20'''*, sowie die gleiche Zahl 20''' Kabel notwendig.

Die Anrufsätze der Sammel- und Nachtschränke, soweit diese für den Sammel- und Nachtbetrieb herangezogen werden, erfordern zu ihrer Verbindung mit dem N.V.

7.) $\frac{10 \times 5 \times 4}{20}$ = *10 Lötösenstreifen mit 20'''* und die gleiche Zahl 20''' Kabel, die Einschleifung der Fernleitung für die Fernwählung an jedem vierten Anrufsatze der 5 Paneele eines Schrankes zum gleichen Zwecke

8.) $\frac{10 \times 5}{20}$ rund *2 Lötösenstreifen mit 20'''* und die gleiche Kabelzahl.

Außer den 2 FDA.-Leitungen für den Tagesbetrieb erhält jeder Sammel- und Nachtschrank für den Sammelbetrieb auch noch zwei weitere FDA.-Leitungen. Hiefür wäre zum Anschluß der Leitungen $\frac{10 \times 2}{20}$ = 1 Lötösenstreifen mit 20''' am N.V. vorzusehen. Da nun aber diesem einen Streifen an der anderen Seite des Verteilers 4 solcher Streifen für die FDA.-Leitungen der Tagesschränke gegenüberstehen, so muß man auch hier, ähnlich wie bei den FDA.-Leitungen am H.V. die Möglichkeit schaffen, an eine FDA.-Leitung der Sammelschränke bis zu 4 FDA.-Leitungen der Tagesschränke zu schalten und daher für jede der 3 Adern (a, b, c) einer FDA.-Leitung, entsprechend den 4 Schaltmöglichkeiten am Lötösenstreifen der FDA.-Leitungen an den Sammelschränken 4 Lötstiftenreihen vorsehen. Daher benötigt man für das eben angeführte eine Kabel mit 20'''

9.) *3 Lötösenstreifen zu 20''''*.

Das gesamte Ferndienstvielfachfeld eines Normalamtes mit rund 100 FDV.-Leitungen wird somit an den Sammelschränken bis auf 20 FDV.-Leitungen zusammengedrängt. Im Mittel treffen demnach an den Sammelschränken auf eine FDA.-Leitung 5 FDV.-Leitungen. Das Zusammendrängen dieser Leitungen erfolgt stufenweise, einerseits am H.V. und andererseits am N.V. In Abb. 5 II. Teil habe ich diesen Vorgang in einfachen Strichen bildlich dargestellt. Während demnach der ankommende Ferndienstverkehr an zwei verschiedenen, örtlich getrennten Stellen entgegengenommen werden kann, wickelt sich der abgehende Dienstverkehr sowohl an den Tages-, wie auch an den Sammelplätzen ohne Änderung des Bezeichnungsfeldes für die Ferndienstvielfachklinken anstandslos ab.

Endlich müssen noch am NV. für die Verbindung der Signallampen am Einlegeschlitz mit den Signalleitungen der FDA.-Kipper besondere Lötösenstreifen, und zwar

10.) $\frac{40}{20}$ = *2 Lötösenstreifen mit 20'* und *2 Kabel zu 10"* vorgesehen werden.

Die Größenentwicklung der einzelnen, für verschieden große Fernämter bestimmten N.V. ergibt nach diesen eingehenden Erläuterungen wie aus Abb. 6 II. Teil ersehen werden kann, keine Schwierigkeiten, ebensowenig wie deren Beschaltung. In einem Fernamte bis zu 60 Fernleitungen empfiehlt es sich, wegen der kompendiösen Form die Konstruktion eines N.V. aus Façoneisen mit horizontalen und vertikalen Buchten zu verlassen und an dessen Stelle die Lötösenstreifen auf einem an der Wand befestigten Schaltbrett anzuschrauben.

III. *Die Führung von Außenleitungen über den Ortsverteiler eines Fernamtes.*

Wie bereits kurz erwähnt, sollen in einer Fernleitungsstelle jene Leitungen, die für bestimmte dienstliche Zwecke mit dem Ortsnetze des betreffenden Amtes direkt in Verbindung stehen, nicht über den HV. des Fernamtes, sondern über einen anderen Verteiler gewöhnlicher Bauart, den Ortsverteiler (O.V.) geführt werden. Dieser O.V. hat wie alle übrigen Verteiler die Aufgabe, die Untersuchung der verschiedenen Leitungen bequem auszuführen, sich der fortschreitenden Erweiterung eines Amtes einfach anpassen und jede beliebige Einschaltung und Vertauschung der einzelnen Leitungen mit den zugehörigen Apparatenteilen ohne besondere Mühe vornehmen zu können.

An einen solchen O.V. werden nun folgende Leitungen einer Fernleitungsstelle angeschlossen:

1.) die Leitungen für den Fernvermittlungsverkehr,
2.) „   „   „   „ Anmeldeverkehr,
3.) „   „   „   „ Auskunftsverkehr und sonstigen Ortsdienstkehr.

Seine Aufstellung findet der O.V. eines Fernamtes entweder neben dem O.V. des Ortsamtes, soferne es mit dem Fernamte im gleichen Gebäude untergebracht wird, oder an einer anderen geeigneten, unterhalb des Fernsaales gelegenen Stelle. Übrigens stehen auch einer Vereinigung der beiden O.V. zu einer Einheit keine technischen Bedenken entgegen.

1. *Die Leitungen für den Fernvermittlungsverkehr.*

Die Verbindung der Fernleitungen eines Amtes mit den Teilnehmerleitungen eines Ortsnetzes, in dem der Selbstanschlußbetrieb bereits allgemein durchgeführt ist, läßt sich in zweifacher Art herstellen:

a) Durch den Einbau besonderer Vorschalteschränke zwischen den Teilnehmerleitungen und den Wählereinrichtungen eines SA.-Netzes ohne Anwendung von Wählern für den Aufbau der Verbindungen. Diese Art des Verkehrs hat den Vorteil, daß während der Gesprächsabwicklung keine Kontaktkette in der Verbindungsleitung liegt, die Teilnehmeranschlußleitung ohne irgendwelche Unterbrechung direkt mit der Fernleitungsstelle, daher möglichst störungsfrei in Verbindung steht. Diese letztere Vorkehrung schafft für alle Teilnehmeranschlüsse eine bequeme Trenn- und eine leicht zu handhabende Untersuchungsstelle. Andererseits aber sind mit der Anwendung von Vorschalteschränken folgende Nachteile verknüpft:

Die Herstellung von Verbindungen an den Fernvermittlungsschränken erfordert, besonders in großen Städten mit ununterbrochener Dienstzeit, die im Wählerbetriebe von selbst gegeben ist, eine erhebliche mit der Mehrung von Außenzentralen außerordentlich steigende Zahl von Umschaltebeamtinnen, sowie die Einführung des Sprechleitungsverkehrs zwischen dem Fernamte und den einzelnen örtlich zerstreut liegenden Vorschalteschränken.

Aus Betriebsrücksichten muß jeder Vorschalteschrank als Zwischenglied zwischen Ortsverteiler und SA.-Amt an der Kabeleinmündungsstelle aufgestellt und müssen sämtliche Teilnehmerleitungen über die Klinken dieses Schrankes eingeschleift werden, eine Maßnahme, die sich für die Projektaufstellung ungünstig, mindestens aber sehr kostspielig auswirken wird. Ferner steht die Anwendung von Vorschaltschränken im Betriebe eines SA.-Amtes dem systematischen Ausbau des Leitungsnetzes insoferne hindernd im Wege, als ein solcher Betrieb eine umfangreichere Einrichtung leitungssparender Unterzentralen und selbsttätig wirkender Gruppenumschalter ausschließt. Ebenso steht der F.V.-Verkehr über Vorschalteschränke der Einrichtung des vollselbsttätigen Vorortsverkehres mit Einrichtungen für Zeit- und Zonenzählung entgegen und schließlich beeinträchtigt er auch den wirtschaftlichen Wert eines halbselbsttätigen Betriebes im Bezirksfernverkehr.

Soferne demnach für die Einführung der beiden letztgenannten Betriebsarten, die im Fernverkehr eine beträchtliche Personaleinsparung erwarten läßt, (siehe I. Teil Abhandlung über den Bau großer Fernämter Abschnitt F) durch die örtlichen Verhältnisse der Netzgestaltung in größerem Umfang Gelegenheit besteht oder in Zukunft zu erwarten ist, wäre für das Projekt eines neuzubauenden Fernamtes mit Anschluß an SA.-Zentralen die manuelle Fernvermittelung als entwicklungshemmend außer Betracht zu lassen.

b) Durch den Einbau von I. und II. Ferngruppenwählern (FGW.) in die übrigen Wählerketten eines SA.-Amtes zum Aufbau der Verbindung vom Fernamt bis zur Teilnehmersprechstelle mittels einer vom Fernarbeitsplatz aus zu betätigenden Wählscheibe. Aus technischen und wirtschaftlichen Erwägungen (siehe die erwähnte Abhandlung Seite 33) ist die Abwicklung eines halbselbsttätigen FV.-Verkehres über eigene B-Plätze mit Zahlengebereinrichtungen nicht empfehlenswert. Die in der Fernleitungsstelle München mit Hilfe von Wählscheiben an den Fernarbeitsplätzen durchgeführten, ausgedehnten Versuche haben in jeder Hinsicht befriedigt, so daß diese Betriebsweise wohl als die endgültige Form des FV.-Verkehrs angesehen werden darf.

Im Vergleich zum Handbetriebsverkehr über Vorschalteschränke oder zum halbselbsttätigen Betrieb über eigene B-Plätze mit Zahlengebereinrichtung kann der Selbstanschlußbetrieb vom Fernplatz aus nicht als eine zeitliche Mehrbelastung der Fernbeamtin angesehen werden, da auch beim Dienstleitungsverkehr der Fernbeamtin eine Reihe besonderer Verrichtungen zufallen, und zwar:

1. das Aussuchen einer freien Sprechleitung,
2. das Drücken der zugehörigen Sprechtaste,
3. die Übermittlung der Rufnummer und das Abhören der Kollation,
4. der Empfang der Verbindungsleitungsnummer und die Übermittelung der Kollation, sowie
5. das Einführen des Verbindungssteckers in die Klinke der Verbindungsleitung und der Aufruf der Teilnehmersprechstelle.

Nach der mehr als 10 jährigen Erfahrung im SA.-Betrieb Münchens erfüllt die selbsttätige Fernvermittlung ebenso wie die manuelle über Vorschalteschränke restlos alle Bedingungen, die füglich an die geordnete Durchführung des Fernverkehrs zu stellen sind, und zwar ermöglicht sie:

1. die Vorbereitung einer Fernverbindung und die vorzeitige Herbeiholung des gewünschten Teilnehmers zum sofortigen Beginn des Ferngespräches nach Freiwerden der Fernleitung,
2. die Unterscheidung einer belegten Teilnehmersprechstelle nach orts- oder fernbesetzt,
3. die Benachrichtigung des Teilnehmers einer ortsbesetzten Sprechstelle von der beabsichtigten Trennung des Ortsgespräches anläßlich einer vorliegenden Fernverbindung und endlich
4. die Trennung einer bestehenden Ortsverbindung ohne Mitwirkung des Teilnehmers und den Selbstanschluß der gewünschten Teilnehmerleitung an die betreffende FV.-Leitung.

Was nun die Wirtschaftlichkeit dieser beiden Betriebsarten betrifft, so kann dieser Frage erst nach Festlegung der quantitativen Beziehungen zwischen der Zahl der einzelnen Apparatenteile näher getreten werden. Im Hinblick auf die technischen und wirtschaftlichen Vorteile, welche die Einführung von Unterzentralen und Gruppenumschaltern in SA.-Netzen, des selbsttätigen Fernwählerbetriebes von fernen Umschaltestellen aus, sowie mit der Automatisierung des gesamten Vorortsverkehrs auf der Grundlage der selbsttätigen Zeit- und Zonenzählung bietet, schlage ich vor, in allen neuzubauenden Fernämtern, die an SA.-Netze angeschlossen werden, unter Mitbenützung und entsprechender Vermehrung der für die obigen Betriebe vorgesehenen FGW. allgemein die Fernvermittlung mittels Wählscheibe an den Fernplätzen dann einzuführen, wenn die Wirtschaftsrechnung einigermaßen einen Ausgleich für die Mehrkosten erwarten läßt. Über die Zahl der für ein Fernamt bestimmter Größe nötigen I. und II. FGW. lassen sich folgende Richtlinien festlegen:

Die Zahl der I. FGW. muß dem abgehenden und ankommenden Gleichzeitigkeitsverkehr aller im Betrieb stehenden Fernleitungen in der Stunde des Höchstbetriebes genügen, außerdem aber sind noch soviele I. FGW. in Vorrat zu halten, um die Vorbereitung aller im großen und teilweise auch im mittleren Fernverkehr anfallenden Fernverbindungen sicherzustellen. Für die Abwicklung des Durchgangsverkehrs dagegen, dessen Anteil am Gesamtverkehr in den einzelnen Ämtern große Unterschiede aufweist, benötigt man keine FGW. Zwischen der Zahl der Fernleitungen und jener der I. FGW. herrscht demnach ein bestimmtes Abhängigkeitsverhältnis, welches aber nur unter gewissen Annahmen ausgewertet werden kann. Ich will daher zur Bestimmung dieser Zahl für ein Normalamt mit 250 Fernleitungen folgende Annahmen zu Grunde legen:

1. Zahl der Fernleitungen pro Platz = 3,12, daraus

2. Zahl der Fernarbeitsplätze $\dfrac{250}{3,12} = 80$,

3. Anteil des Durchgangsverkehr am Gesamtverkehr = 10% und

4. Anteil der Fernleitungen, die für die Vorbereitung der Ferngespräche in Frage kommen = 50%.

Hiernach berechnet sich in einem Normalamte die Zahl der I. FGW. für die selbsttätige Fernvermittlung zu:
$$250 + 0,5 \times 250 - 0,1 \times 250 = 350 \text{ I. FGW.}$$

Die hier auf einfache Weise gefundene Zahl von Wählern läßt sich nach der für die Bestimmung der Wählerzahl in Selbstanschlußämtern allgemein gültigen Regel ohne weiteres nachprüfen.

Nach dieser Regel hängt der Verkehrswert V eines Wählers von folgender Beziehung ab:

V = T (Belegungszahl) × C (Belegungsdauer).

Im Fernverkehr darf man die Belegungsdauer C einer Fernverbindung zu $3^3/_4$ Min. mittlere Gesprächszeit + $1^2/_3$ Min. mittlere Vorbereitungszeit, also C = 5,4 Min.; die Belegungszahl T einer Fernleitung zu: 80 Gespräche + 20% Fehlverbindungen, rund 100 im Tage annehmen.

Daraus berechnet sich der TC-Wert einer Fernleitung in der Stunde des Höchstbetriebes bei einer 12% Konzentration des Verkehrs zu:
$$\frac{100 \times 5,4}{60} \times 0,12 = 9 \times 0,12 = 1,08 \text{ Stunden.}$$

Bei einer Wählerleistung von 75% benötigt man daher für jede Fernleitung im Hinblick auf die Vorbereitung der Ferngespräche

$$\frac{1,08}{0,75} = 1,4 \text{ I. FGW., oder in einem Normalamt mit 250 Fernleitungen}$$

$$1,4 \times 250 = 350 \text{ I. FGW.}$$

Sonach besteht in der Bestimmung des Bedarfes an I. FGW. trotz der auf verschiedenen Grundlagen aufgebauten Berechnungsarten volle Übereinstimmung. Man darf also die so gefundene Zahl an I. FGW. als den Verkehrsbedürfnissen entsprechend ansehen.

Zunächst hat die Bestimmung dieser Zahl nur den Zweck, für die Größenverhältnisse eines O.V. zum Anschluße dieser FGW. Anhaltspunkte zu gewinnen. Der Einbau von FGW. in einem Amte dagegen erfolgt jeweils nur in einem Umfange, wie er durch die Erweiterung des Amtes und des Verkehrsbedürfnisses bedingt ist; ihre Zahl muß jedoch immer so hoch bemessen werden, daß Stauungen in der Erledigung der anfallenden Ferngespräche vermieden werden.

Die Verbindungsleitungen im Fernvermittlungsverkehr dagegen werden von den Fernplätzen ab zwischen den einzelnen FV.-Klinken und dem O.V. beim ersten Ausbau eines Amtes in ihrer vollen Zahl vorgesehen und starr mit den Lötösenstreifen des O.V. verbunden. Nach den allgemeinen Richtlinien über den Bau von Fernämtern soll, wie eingangs erwähnt, jeder Arbeitsplatz eines Schrankes die Aufnahmefähigkeit von maximal 4 Anrufsätzen erhalten. Von diesen 4 Sätzen werden voraussichtlich im Durchschnitt nur drei belegt, da

1.) im großen Fernverkehr rund 25% der Arbeitsplätze mit nur 2 Fernleitungen,

2.) im mittleren Fernverkehr rund 50% der Arbeitsplätze mit nur 3 Fernleitungen und

3.) im kleinen Fernverkehr rund 25% der Arbeitsplätze mit 4 Fernleitungen auszurüsten sein werden.

Die Vorbereitung der folgenden Fernverbindung dürfte sich aller Wahrscheinlichkeit nach nur auf den Verkehr der großen Fernleitungen und ungefähr auf die Hälfte des Verkehrs der mittleren Leitungen erstrecken, so daß nur rund 50% aller eingeführten Fernleitungen für den Vorbereitungsverkehr in Frage kommen. Theoretisch würde sich nach diesen Voraussetzungen und Annahmen die Zahl der FV.-Klinken an jedem Arbeitsplatz zur Abwicklung des FV.-Verkehrs bestimmen zu:

1.) 2 Fernleitungen + 2 Vorbereitungsleitungen = 4 Leitungen,

2.) 3   „   + 1½   „   = 4½   „

3.) 4   „   + 0   „   = 4   „

oder im Durchschnitt $4^1/_6$ Leitungen pro Platz. Erhöht man diese gemischte Zahl auf die nächste volle Zahl von 5 Leitungen pro Platz, so glaube ich, daß man mit dieser Zahl von Fernvermittlungsleitungen die Verkehrsbedürfnisse jedes Fernamtes in Bezug auf den Gleichzeitigkeitsverkehr während der Stunde des Höchstbetriebes ohne Einschränkung befriedigen kann. Wollte man diese Zahl beispielsweise auf 6 erhöhen, wie es von anderer Seite beabsichtigt wird, so bestünde im Vorbereitungsverkehr die Gefahr, daß die Wählerkette eines SA.-Netzes über Gebühr lange und daher unnütz dem übrigen Verkehr entzogen werden würde. Eine erhebliche Mehrung des kostspieligen Wählerbedarfes wäre die unausbleibliche Folge dieser zu weitgehenden Maßnahmen.

Für ein Normalamt mit 80 Fernarbeitsplätzen ergibt sich demnach die Zahl an Fernvermittlungsklinken für den Tagesverkehr zu $80 \times 5 = 400$ Kl. Zur starren Verbindung dieser Klinken mit dem O.V. sind

1.) a) $\frac{400}{20} = 20$ *Lötösenstreifen zu 20"* und 20 Kabel mit 20" vorzusehen.

Im Sammel- und Nachtverkehr mit 20 Plätzen oder 10 Schränken, an die außer den $2 \times 4 = 8$ Tagesanrufsätzen noch $5 \times 4 = 20$ Sammelsätze gelegt sind, dürfte z. Zt. des Überganges vom Tages- zum Sammelverkehr die Zahl der vorgesehenen $2 \times 5 = 10$ Fernvermittlungsklinken für 28 Anrufsätze etwas zu knapp bemessen sein, weshalb in jeden dieser Schränke weitere 5 FVKl., für alle Schränke demnach $10 \times 5 = 50$ FVKl. eingelegt werden, von denen ich annehme, daß sie zunächst an VW. und nicht an I. FGW. endigen. Jeder Sammelschrank hat für den Fernvermittlungsverkehr 15 Verbindungsmöglichkeiten, die nunmehr für die Abwicklung des auf die Hälfte des normalen Verkehrs herabgesunkenen Übergangsverkehrs wohl ausreichen werden.

Hiefür sind am O.V. noch weitere

b) $\frac{50}{20} = 2\frac{1}{2}$ *Lötösenstreifen zu 20"* einzubauen.

Nach obiger Ausführung ergibt sich bei dem gleichen Amte der Bedarf an I. FGW. nur zu 350. Es besteht demnach zwischen der Zahl der Verbindungsklinken (400+50) und der Wählerzahl eine Differenz von 100. Ein Ausgleich dieser Differenz durch Erhöhung der I. FGW. auf die volle Zahl erscheint zunächst kostspielig, er ist deshalb durch anderweitige Maßnahmen anzustreben. Eine Lösung dieser Frage ist in dem Einbau von 10 teiligen Vorwählern gegeben. Ebenso nun, wie man in neuester Zeit im SA.-Betrieb nicht mehr sämtliche I.VW., sondern nur einen bestimmten, kleineren Prozentsatz über II. VW. führt, so wird man auch im Fernvermittlungsverkehr nur einen Teil, vor allem den in dem genannten Unterschiede liegenden Teil der Verbindungsleitungen über VW. führen, während die Mehrzahl der Verbindungsklinken starr mit den I. FGW. verbunden bleibt.

An jedem Arbeitsplatz eines Fernschrankes werden durchschnittlich 3 Fernleitungen starr angelegt. Führt man in einem Normalamte pro Platz 3 Klinken, demnach zusammen $3 \times 80 = 240$ starr an die I. FGW., so bleibt ein Rest von $450 - 240 = 210$ Leitungen, die über 210 VW. zu führen sind. Diese 210 VW. in 11 Gruppen vielfach zusammengeschaltet, erreichen dann die übrigen $350 - 240 = 110$ I. FGW. eines Normalamtes in allen Fällen, in denen die normalerweise bereitgestellten FGW. für den Verkehr nicht mehr ausreichen oder durch Störung unbenutzbar bleiben.

Der Anschluß der für den F.V.-Verkehr starr verbundenen I. FGW. erfordert am O.V.

2.) $\frac{240}{20} = 12$ *Lötösenstreifen zu 20"* und jener der I. VW. zu dem gleichen Zwecke,

3.) $\frac{450-240}{20} = 10\frac{1}{2}$ *Lötösenstreifen zu 20".*

(Wie ich noch ausführen werde, treten aus finanziellen Gründen an Stelle der VW. I. FGW. Die Zahl der Streifen ändert sich dadurch nicht.)

Außer diesen Gruppenwählern für den FV.-Verkehr sind aber noch in dem gleichen Raume, gleichfalls über den O.V. die I. FGW. für die Fernwählung und für die Zeit- und Zonenzählung im Vorortsverkehr mitvorzusehen, deren Zahl nach Abschn. A I 8) in einem Normalamte rund 60 beträgt.

Die Verbindung dieser Wähler über den O.V. zum H.V. des Fernamtes erfordert am O.V.

4.) $\dfrac{60}{20}$ = 3 *Lötösenstreifen zu 20'''*,

(die dritte Ader ist wegen der Signallampe nötig)
jene des O.V. mit den I. FGW.

5.) $\dfrac{60}{20}$ = 3 *Lötösenstreifen zu 20'''*.

In einem Normalamte mit Fernwählung und selbsttätigem FV.-Verkehr
wären demnach vom technischen Standpunkte aus: $350+60 = 410$ I. FGW.
und 210 VW. vorzusehen, die gemeinschaftlich in einem geeigneten Raume
des Fernamtes aufgestellt werden. Von den vielfach geschalteten Kontakt-
bänken der verschiedenen Dekaden eines I. FGW. führen zunächst Baum-
wollkabel zu den horizontal angebrachten Lötösenstreifen am O.V. (siehe
Abb. 7 II. Teil); von da über die vertikal aufgehängten Lötösenstreifen die
Außenkabel zu den II. FGW. der verschiedenen SA.-Aemter eines Ortsnetzes. Die Rücksichten auf eine einwandfreie Verständigung im großen
Fernverkehr zwingen dazu, die Dämpfung dieser Außenkabel, die lediglich
zu Verbindungen im Fernverkehr benützt werden, möglichst zu mindern.
Daher hat das RPM. für die Beschaffenheit dieser Kabel folgende allgemeine Regeln erlassen:

a) Für Kabelstrecken von weniger als 3,5 km Länge sind nach den
z. Zt. allgemein erreichten elektrischen Werten Krarupkabel mit 1,2 mm
starken Leitern und einfacher Umspinnung aus 0,2 oder 0,3 mm Eisen-
draht zu verwenden.

b) Längere Kabelstrecken bis 15 km Länge werden unter Verwendung
gewöhnlicher Kabel mit 1,5 mm starken Leitern hergestellt und auf den
Wellenwiderstand $Z \cong 600$ pupinisiert.

c) Kabelstrecken von mehr als 15 km Länge kommen im bayer.
Verwaltungsbereiche für den Fernvermittlungsverkehr nicht in Frage. Die
Zahl der für die Fernverkehrsabwicklung nötigen II. FGW., III. GW. und
LW. richtet sich nach der Zahl der I. FGW. und ist in einem SA.-Netze mit
einer Ortszentrale dieser Zahl gleich zu setzen. In einem Netze mit
mehreren Zentralen muß diese Zahl mit Rücksicht auf die Schwankungen,
d. h. auf die Streuung des Gleichzeitigkeitsverkehrs in den verschiedenen
Verkehrseinrichtungen immer höher sein als in einer Zentrale. Mit einer
gewissen Wahrscheinlichkeit darf die Summe Z_2 aller II. FGW. bei n-Ämtern
ungefähr angenommen werden zu: $Z_2 = Z_1 + 0,n \times Z_1$. Die Verteilung der
Wähler auf die einzelnen Ämter hängt ab von den örtlichen Verhältnissen
des Netzes, von der Zahl der in jedem Amte angeschlossenen Teilnehmer
und von der Intensität des Fernverkehrs; sie wird in jedem Ortsnetze gesondert vorgenommen werden müssen.

Zum Anschlusse der II. FGW. an die Kontaktbänke der 410 I. FGW.
+ 50 I. FGW. als Ersatz für die Vorwähler (siehe die folgende Wirtschaftsrechnung) sind an den horizontalen Buchten des O.V. je nach der
Zahl der Zentralen um $0,n \times Z$ mehr Streifen zu nehmen; demnach

6.) $\dfrac{(410+50)+(0,1\times460)}{20}$ = 26 *Lötösenstreifen zu 20'''*

und zum Anschluße der Krarupkabel für den Fernvermittlungsverkehr an
den vertikalen Buchten des OV. die gleiche Zahl, also

7.) 26 *Lötösenstreifen zu 20''' vorzusehen.*

Der Zusammenhang der FV.-Klinken eines Fernamtes mit den I. FGW. und mit den VW. unter Heranziehung eines OV. zur ungehinderten Vertauschung und Einschaltung der verschiedenen Leitungsäste, sowie der Anschluß der I. FGW. mit den II. FGW. des Ortsnetzes wurde in Abb. 7 II. Teil schematisch dargestellt.

Nach Feststellung des Wählerbedarfes kann nunmehr d i e m a n u e l l e F e r n v e r m i t t l u n g unter Einbau von vielfachgeschalteten Verbindungsklinken in sämtliche Fernschränke, einer Sprechleitungseinrichtung und von Vorschalteschränken bei allen Umschaltestellen eines Ortsnetzes, d e r F e r n v e r m i t t l u n g d u r c h S e l b s t a n s c h l u ß v o n d e n F e r n p l ä t z e n aus unter Berücksichtigung der für ein 100 000 ter Amt nötigen Wähler, an die außer den Fernvermittlungsklinken des Fernamtes auch noch die Fernleitungen der Vororts SA.-Netze mit Zeit- und Zonenzählung, sowie die ankommenden Fernleitungen mit selbsttätiger Fernwählung im Bezirksverkehr angeschlossen sind, gegenübergestellt werden.

Wie bereits im Abschnitte A I.) erwähnt, sollen in einem Normalamte rund 60 Fernleitungen vom Fernamte abgetrennt und zur Durchführung der beiden letztgenannten Maßnahmen des Selbstanschlußbetriebes herangezogen werden. Zum Eintritt in den wirtschaftlichen Vergleich müssen nun die beiden technisch gleichwertigen Systeme auf eine Basis gebracht werden. Demzufolge sind in einem Fernamte mit manueller FV.-Vermittlung außer den Arbeitsplätzen für 250 Fernleitungen auch noch die für den Betrieb der 60 abgetrennten Fernleitungen nötigen Arbeitsplätze zu beschaffen und die Kosten hiefür, sowie für Bedienung und Pflege zu Lasten des manuellen Betriebes zu buchen. In dem folgenden Kostenvergleiche über den jährlichen Aufwand beider Systeme werden nur jene Beträge vorgetragen, die einen Unterschied in der Anschaffung, der Bedienung und Unterhaltung aufweisen. Die einmaligen Lieferungskosten für die Beschaffung der Apparate werden für den Vergleich durch eine 10% Verzinsungs- und Tilgungsquote in laufende Ausgaben umgewandelt.

Die Mehrung von 60 Fernleitungen in einem Amte mit manueller FV. gegenüber einem Normalamte mit 250 Fernleitungen und 40 Fernschränken bedingt eine Vergrößerung dieses Amtes um 60:(3,12×2) rund 10 Fernschränke, deren Beschaffungs- und Bedienungskosten in den Voranschlag für manuelle FV. mit aufzunehmen sind. Sämtliche Beträge sind in dem folgenden Vergleich nach den Friedenspreisen in Goldmark schätzungsweise eingesetzt: Wirtschaftsvergleich zwischen:

A.) Einem Fernamte mit 40+10 Fernschränken und Vorschalteschränken für die manuelle Fernvermittlung.

I.) Sächliche Ausgaben:

1.) Für die Mehrung von 10 Fernschränken zu 3000 $\mathscr{M}$ = 30,000 $\mathscr{M}$

2.) „ „ „ des Klinkenfeldes

   a) in dem Normalamte mit 40 Schränken

     FD.-Leitungen 40×1,2×10×2 = 1000 Klinken und Kabel

     Transitleitungen 40×4×10   = 1600 „   „   „

   b) in den 10 neu vorzusehenden Schränken

     FD.-Leitungen 10×1,2×50×2 = 1200 „   „   „

     Transitleitungen 10×4×50   = 2000 „   „   „

   c) in dem gesamten Amte, die für die manuelle FV. notwendigen, vielfach geschalteten FV.-Leitungen für 410 Verbindungsmöglichkeiten = Zahl der I. FGW.

       50×410 = 20500 Klinken und Kabel

     zusammen: 26300 Klinken und Kabel

                    zu 1 $\mathscr{M}$ = 26,300 $\mathscr{M}$

                zu übertragen = 56,300 $\mathscr{M}$

3.) für den Sprechleitungsverkehr
   a) Sprechleitungstasten 2×50×10 = 1000 zu 2 ℳ   =   2000 „
   b) Sprechleitungen zwischen den Arbeitsplätzen der Fern-
      schränke und den Vorschaltschränken bei einer mittleren
      Entfernung von 2 km 10×2 = 20 km dreifach Adern, oder
      30 km doppeladrige Kabel zu 100 ℳ   =   3000 „
4.) Für die Vorschalteschränke. Die Zahl der Schrankplätze
   ergibt sich aus folgender Überlegung. Durchschnittliche Zahl
   der Ferngespräche pro Tag = 65, hievon ab 10% für den
   Transitverkehr ergibt für den FV.-Verkehr einen täglichen
   Anfall von rund 60 Verbindungen oder bei 250+60 = 310
   Fernleitungen 310×60 = 18 600 Verbindungen pro Tag. Bei
   einer 12% Konzentration des Fernverkehres 0,12×18600 =
   2232 Verbindungen in der Stunde des Höchstbetriebes. Stundenleistung einer Verbindungsbeamtin = 230. Daraus rechnet

sich die Zahl der Arbeitsplätze zu $\dfrac{2232}{230}$ = 10

   a) Lieferung der Schränke mit Ansatz und Kabelkästen und
      $\dfrac{410}{10}$ rund 40 Einzelschnüren pro Platz,

      ohne Schnurrelais und Klinken zu 4000 ℳ   = 40,000 „
   b) Schnurrelais für die Vorbereitung der Verbindungen pro
      Einzelschnur 4 Relais 400×4 = 1600 Relais zu 10 ℳ = 16,000 „
   c) Klinken und Kabel für rund 25 000 Teilnehmer des be-
      treffenden Ortsnetzes zu 1 ℳ   = 25,000 „
5.) Sprechgarnituren für sämtliche Umschaltebeamtinnen
   (2×10+10)×2,5 = 75 zu 100 ℳ   =   7500 „
                      zur Abrundung   200 „
                      zusammen: 150,000 ℳ

I.) Jährl. Kosten für sächliche Ausgaben 10% der obig. Summe = 15,000 ℳ

II. Jährliche Personalkosten:
   1. Bedienung der Arbeitsplätze:
      a) im Fernamte für die Mehrung von 2×10 = 20 Plätzen
         und einem Personalfaktor von 2,5; 2,5×20 = 50 Personen
      b) an den Vorschalteschränken 2,5×10   = 25   „
                      zusammen 75 Personen

   Der durchschnittliche Gehalt einer Beamtin der Gruppe V
   beträgt nach der Besoldungsordnung vom Dez. 1923:
   978 Mk. Anfangsgehalt und 1302 Mk. Endgehalt, im Mittel
   also 1100 Mk., 75×1100 Mk.   = 82,500 „
   2. Unterhaltung der Umschalteeinrichtung:
      a) Für die Mehrung der Fernarbeitsplätze für 10 Plätze
         1 Mechaniker   = 2 Mann
      b) desgl. für die Vorschalteschränke   . = 1 Mann
                      zusammen 3 Mann
   Halbscheidig Beamte der Gruppe VI und VII
   Anfangsgehalt VI . . . 1152, VII . . . 1536 ℳ
     Endgehalt VI . . . 1380, VII . . . 1860 „
          Mittelwert rund 1500 ℳ; 3×1500 =   4500 „
                      zusammen 87,000 ℳ
   Gesamtsumme A. der jährlichen Ausgaben   = 102,000 ℳ

**B. Einem Fernamte mit 40 Fernschränken, 60 Fernleitungen für die Zeit-
und Zonenzählung und Fernwählung, sowie mit selbsttätiger Fernvermittlung.**

I.) Sächliche Ausgaben: Vollständige Lieferung der Wähler-
einrichtung, einschließlich Montage und Lieferung der Gestelle und Stromlieferungsanlage:

1.) Vorwähler	210 Stück zu 50 $\mathcal{M}$		=	10,500 $\mathcal{M}$
2.) I. FGW.	410 „			
II. FGW.	550 „			
III. FGW.	550 „			
LW.	550 „			
zusammen 2060 Stück zu 250 $\mathcal{M}$			=	515,000 „

3.) Wählscheiben mit Relais und Zubehör

    80 Arbeitsplätze im Fernamte
    40   „   in den fernen Orten

Sa. 120 Stück zu 100 $\mathcal{M}$ =   12,000 „

4.) Fernvermittlungsklinken 80 × 5 (Tag) + 20 × 5 (Nacht)
    = 500 × 1 $\mathcal{M}$ =   500 „

                                              zus. 538,000 $\mathcal{M}$

I.) Jährliche Kosten 10% obiger Summe   53,800 $\mathcal{M}$

II.) Personalausgaben für Mechaniker

$$\frac{2060}{100} \text{ rund } 20 \times 1500 \; \mathcal{M} \qquad = 30,000 \text{ „}$$

            Gesamtsumme B. der jährl. Ausgaben   83,800 $\mathcal{M}$

Unterschied zu Gunsten der selbsttätigen Fernvermittlung in einem
Normalamte

         102,000—83,800 = rund *18,000 $\mathcal{M}$ pro Jahr.*

Unter B I 1. des vorstehenden Voranschlages sind unter anderem auch
die Kosten für die Beschaffung von 210 VW. mit einem Aufwande von
10,500 Mk. eingesetzt. Der Einbau von VW. wurde in der Annahme vorgesehen, daß man hiedurch im selbsttätigen Fernvermittlungsverkehr einen
finanziellen Vorteil erreicht. Mit einem Aufwand von 10,500 Mk. kann
man aber auch $\frac{10{,}500 \text{ Mk.}}{200 \text{ Mk.}}$ = 52 I. FGW. beschaffen, die zu den 350 I. FGW.
hinzugerechnet eine Gesamtzahl von rund 400 ergibt, eine Zahl, die ebenso
hoch ist, wie die für sämtliche Tagesfernschränke vorgesehenen Fernvermittlungsleitungen. Daher ist der Einbau von VW. für die selbsttätige
Fernvermittlung aus wirtschaftlichen Gründen nicht vertretbar. Technisch
liegt kein Grund vor, den Einbau von VW. in Aussicht zu nehmen. Nur
für die 50 FV.-Leitungen an den Sammelschränken würden dadurch die
I. FGW. fehlen. Hier läßt sich leicht ein Ausweg dadurch schaffen, daß
man die nur während der Nachtzeit benötigten 50 FV.-Leitungen parallel
an 50 I. FGW. für den Tagesbetrieb schaltet. Ein Gleichzeitigkeitsverkehr
findet auf den beiden verschiedenen Leitungen nicht statt, denn die I. FGW.
werden entweder nur im Tagesbetrieb oder nur im Nachtbetrieb benützt.
    Eine weitere Lösung zur Frage der Einsparung von I. FGW. besteht
darin, daß man unter Verwendung von Vorwählern nach Art der An-
rufsucherschaltung der Platzbeamtin die Auswahl eines freien I. FGW.
überträgt.
    Hiezu wären für 80 Arbeitsplätze 80 I. VW. + 12% oder rund 10 II. VW.
erforderlich. Außerdem wären für jeden Schrank rund 100 Klinken zur

Verbindung mit den Vorwählerleitungen und 100 Lampen zur Signalisierung freier Verbindungsleitungen vorzusehen. Die Betätigung der Vorwähler müßte durch eine besondere Wähltaste erfolgen, die in jeden Arbeitsplatz einzubauen ist.

Für die Durchführung dieser Maßnahmen würden unter der Annahme von Friedenspreisen in GM. folgende Kosten erwachsen:

1.) Für Lieferung und Aufstellung von Vorwählern
80 I. VW. + 10 II. VW. = 90 St. zu 50 $\mathscr{M}$ =   4500 $\mathscr{M}$

2.) Für Lieferung und Einbau der Klinken- und Lampenstreifen einschließlich der zugehörigen Kabelleitungen:
Pro Schrank: 10 Streifen zu 10 Klinken
           zus. 100 Klinken zu 1 $\mathscr{M}$ = 100 $\mathscr{M}$
           10 Streifen zu 10 Lampen zu 20 $\mathscr{M}$ = 200 „
           Pro Schrank zus. = 300 $\mathscr{M}$

Für 40 Schränke somit 40×300 $\mathscr{M}$ =   12,000 $\mathscr{M}$
                                        Sa. = 16,500 $\mathscr{M}$

(Die Kosten für den Einbau der Wähltasten sind vernachläßigt.)

Vergleicht man nun diese Kosten mit dem für die Beschaffung von 50 I. FGW. erforderlichen Betrag von 50×250 = 12,500 $\mathscr{M}$, so ergibt sich für die Einführung dieser Schaltung nicht nur keine Einsparung, sondern ein einmaliger Mehraufwand von 16,500—12,500 = 4000 $\mathscr{M}$ für ein Normalamt. Berücksichtigt man ferner, daß die Auswahl eines freien FGW. eine Mehrbelastung des Schrankpersonals zur Folge hat, die in den Hauptverkehrsstunden auf die Abwicklung des Fernverkehrs hemmend einwirkt und daß das Klinken- und Lampenfeld mit den zugehörigen Kabelleitungen eine weitere Störungsquelle darstellt, so kann die Anwendung dieser Schaltungsart nicht ernstlich in Betracht gezogen werden.

Nach diesem klaren und unanfechtbaren Beweis läßt die Einführung der selbsttätigen Fernvermittlung in den SA.-Anlagen mit Rücksicht auf den selbsttätigen Betrieb in Vorortsanlagen mit Zeit- und Zonenzähleinrichtungen, sowie auf die Fernwählung in den Bezirksfernsprechanlagen und endlich auf den möglichen Bau von Unterzentralen und Gruppenumschaltern in den SA.-Ortsnetzen, gegenüber der manuellen FV. mit Vorschalteschränken einen wirtschaftlichen Erfolg von großer Bedeutung erwarten. Die zu erzielenden Einsparungen sind dabei so groß, daß beispielsweise in der Fernleitungszone München allen Vororten im Umkreise von 25 km mit rund 1000 Sprechstellen, deren Automatisierung einen einmaligen Kostenaufwand von rund 200,000 $\mathscr{M}$ verursachen dürfte, ohne Mehrbelastung des ordentlichen Haushaltes der ununterbrochene Sprechverkehr gewährt werden kann. Wenn in den großen Stadtanlagen die millionenfache Zahl von Ortsgesprächen den Handbetrieb der Umschaltestellen aus den Angeln gehoben hat, so sind es im Bereiche der Vor- und Bezirksorte einer Großstadt die Ferngespräche, die der Einführung des selbsttätigen Betriebes die Bahn ebnen werden.

Die Pioniere für die Automatisierung aller Sprechstellen eines Landes erblicke ich

1.) in der selbsttätigen Fernvermittlung innerhalb der Ortsnetze;
2.) in der Zeit- und Zonenzählung innerhalb der Vorortsnetze und
3.) in der Fernwählung innerhalb der Bezirksnetze.

2. Die Leitungen für den Anmeldeverkehr.

Nach den Berichten der bayer. OPDen stehen der Zentralisierung aller Anmeldeplätze und deren Aufstellung außerhalb des Fernsaales keine betriebstechnischen Bedenken entgegen, weshalb ich mich in den folgenden Betrachtungen nur auf den zentralisierten Anmeldeverkehr beschränke.

Kein Zweig des Fernsprechbetriebes weist innerhalb der täglichen Verkehrszeiten in dem Anfalle von Gesprächen derart hohe Schwankungen auf, wie der Anmeldeverkehr eines Fernamtes. In manchen Ämtern erreicht die Konzentration dieses Verkehrs in der Stunde des Höchstbetriebes mehr als 20% des täglichen Verkehrs. Einem solchen Ansturm des Verkehrs kann nur durch besondere technische Vorkehrungen begegnet werden. In der selbsttätigen Auswahl einer freien Beamtin ist zunächst in einem SA.-Netze ein technisches Mittel gegeben, diesem Ziele einigermaßen nahe zu kommen. Es würde restlos erfüllt werden, wenn die Zahl der Anmeldeplätze sich dem höchsten, auftretenden Spitzenverkehr anpassen und die Auswahl einer freien Beamtin, bezw. eines freien Arbeitsplatzes sich nicht, wie bisher üblich auf die Zahl 10 beschränken, sondern alle für den Anmeldeverkehr vorgesehenen Meldeplätze umfassen würde. Aus wirtschaftlichen Gründen erscheint es jedoch nicht angängig, solch umfangreiche kostspielige technische Einrichtungen zu schaffen, die täglich nur wenige Stunden ausgenützt werden.

In der zeitweisen Aufspeicherung der überschüssigen Gesprächsanrufe und deren Verteilung auf die vorhandenen Meldeplätze hat die Technik ein weiteres Mittel an der Hand, ohne Personalmehrung die Verkehrsspitzen zu brechen. Man hat nun in einigen Ämtern dem Andrange der Anrufe dadurch zu begegnen gesucht, daß man die Aufspeicherung aller überschüssigen Anrufe an einem Spitzenplatz vollzog und dann die Rückverteilung der Anrufe an die vorhandenen Plätze einer eigenen Beamtin übertrug. Dieses Verfahren kann nicht als das Endziel des Problems angesehen werden, denn die Arbeitskraft dieser Verteilerbeamtin ist für die Entgegennahme des Anmeldeverkehrs durch ihre rein manuelle geisttötende Verteilerarbeit zum größten Teil verloren. Es liegt nun der Gedanke nahe, auch die Rückverteilung, ebenso wie die ursprüngliche Verteilung der Anrufe, selbsttätig vollziehen zu lassen. Denkt man sich nämlich an jedem Anmeldeplatz statt eines Anrufsatzes 2 voneinander getrennte Anrufsätze eingebaut und sämtliche Anruforgane eines Meldeamtes über die Kontaktreihe einer Anzahl von Vorwählern derart geführt, daß beim Bestreichen der Kontaktsätze durch ihre Arme zunächst nur die erste Anrufnummer jedes Platzes auf Freisein geprüft wird und erst beim Belegtsein aller ersten Anrufnummern die freie Auswahl der zweiten Anrufnummern und damit die fortschreitende Aufspeicherung der überschüssigen Anrufe beginnt, so erscheint ein derart ausgerüstetes Meldeamt als Amt doppelter Größe mit dem halben Personalbedarf. Für den Anmeldeverkehr eines Normalamtes sind beispielsweise 18 bis 20 Arbeitsplätze vorzusehen, zu deren Bedienung in der Stunde des Höchstbetriebes 20 Personen genügen. Mit dem Einbau zweier Anruforgane pro Platz können bei voller Besetzung gleichzeitig 40 Anmelderufe gebunden, 20 davon sofort und der Rest nach einer Wartezeit von rund 20"—40" erledigt werden. Weitere, innerhalb dieser Zeit noch einlaufende Anrufe finden die Anmeldestelle belegt, ein Zustand, der dem Aufsichtspersonale des Amtes durch eine Warnlampe selbsttätig signalisiert wird. Ein unbesetzter Meldeplatz erscheint dem einlaufenden Anrufe gegenüber belegt. Bei einem Anfalle von täglich 7500 Anmeldungen und $^3/_4$' Zeitaufwand für die schriftliche Entgegennahme einer Anmeldung kann ein nach obigen Gesichtspunkten gebautes Normal-Meldeamt mit 20 Meldebeamtinnen in der

Stunde des Höchstbetriebes eine Konzentration von $\dfrac{20 \times 60 \times \frac{4}{3}}{7500}$ = rund $^1/_5$

oder 20% des gesamten Anmeldeverkehrs, bei einer mittleren Wartezeit von 25", restlos aufnehmen. Das Glühen der Warnlampe zeigt dem Aufsichtspersonale in jedem Augenblicke die Überlastung der Anmeldestelle an und mahnt, die Besetzung der Plätze zu erhöhen. Kommt die Lampe längere Zeit nicht zum Glühen, so ist dies ein Zeichen für das Aufsichtspersonal, eine Minderung des Bedienungspersonals eintreten zu lassen. Wie man sieht, läßt sich mit Hilfe einer derart ausgebauten Einrichtung ein stoßweiser Einlauf von Anrufen bequem auffangen und in gewissen Grenzen der Personalbedarf im Anmeldedienst dem stark schwankenden Verkehr einigermaßen anpassen. Zur betriebstechnischen Durchführung dieser Maßnahme sind zwischen den einzelnen SA.-Ämtern eines Ortsnetzes und dem Meldeamte eine Anzahl von Gruppen- und Vorwählern einzubauen. Der Aufruf der Meldestelle von Seite des Teilnehmers erfolgt durch zweimaliges Ziehen der Wählscheibe von der Ziffer „O" aus. Der I. GW. des SA.-Amtes stellt sich beim erstmaligen Ziehen der Scheibe auf die 10. Dekade ein und sucht selbsttätig einen vom I. GW. getrennten, im Meldeamt aufgestellten II. GW., der sich bei der zweiten Betätigung der Wählscheibe gleichfalls auf die 10. Dekade seines Wählers einstellt und einen freien Vorwähler aussucht. Dieser Vorwähler hemmt während der Drehung seiner Arme sofort seinen Lauf, wenn er auf einen freien Anrufsatz aufgelaufen ist. Die Anruflampe glüht bis zur Entgegennahme der Anmeldung. Die Wählerfolge von 10×10 = 100 Kontakten läßt ein Leitungsbündel von 100 Anrufstellen zu, so daß die 40 nötigen Anrufsätze eines Normalamtes in arithmetischer Folge wechselbar erreicht werden können. Der Einbau von II. GW. wäre für die freie Auswahl der Plätze nicht notwendig, denn 100 Leitungsausgänge erreicht man auch schon mit I. GW. und 10 VW. Die II. GW. werden aber trotzdem vorgesehen, um zu verhindern, daß bei jedem irrtümlichen Ziehen der Ziff. „0" die Meldestelle jedesmal unnütz aufgerufen wird.

Für den Anschluß dieser Einrichtung an die Meldestelle eines Normalamtes mit 20 Meldeplätzen sind am O.V. bei einer Anzahl von 2×20 = 40 II. GW. und 40 VW. (Siehe Abb. 7 II. Teil.)

8.) zur Auflösung der ankommenden Meldeleitungen aus den verschiedenen SA.-Ämtern

$\dfrac{40}{20}$ = 2 Lötösenstreifen zu 20''',

9.) zum Anschluß der II. GW. im Meldeamt ebenfalls 2 Lötösenstreifen zu 20''',

10.) zur Weiterführung der vielfachgeschalteten Kontaktreihen an den VW. 2 Lötösenstreifen zu 20''', endlich

11.) zum Anschlusse der 2×20 Anruforgane an den Meldeplätzen ebenfalls 2 Lötösenstreifen zu 20'''' vorzusehen.

3. Leitungen für den Auskunftsverkehr des Fern- und Ortsamtes, sowie für den sonstigen dem öffentlichen Wohle dienenden Verkehr.

Über die Art und den Umfang des Auskunftsverkehrs in einem Fernamte habe ich in meiner Abhandlung über den Bau großer Fernämter auf Seite 10 und 11 bereits die näheren Erläuterungen gegeben. Hier handelt es sich lediglich um die Frage, welche technischen Mittel für die Erfüllung dieser Aufgabe am zweckmäßigsten erscheinen.

Die Abwicklung des Auskunftsverkehrs läßt sich am einfachsten durch eine entsprechende Anzahl von Mehrfachanschlüssen gewöhnlicher Art vollziehen, denn der Auskunftsverkehr scheidet sich, entgegen dem Anmeldeverkehr, der sich nur in ankommender Richtung abwickelt, ebenso wie der Verkehr einer normalen Sprechstelle in eine ankommende und in eine abgehende Richtung. Im Hinblick aber auf die im Meldeverkehr bereits vorgesehenen II. GW., die durch diesen Verkehr nur in einer, der 10. Dekade ausgenützt werden, schlage ich der besseren Ausnützung der Wähler wegen vor, außer diesem Verkehr auch noch

1.) den Auskunftsverkehr des Fernamtes über die 1. Dekade des gleichen II. GW.,

2.) den Auskunftsverkehr des Ortsamtes über die 2. Dekade des gleichen II. GW.,

3.) den Nachrichtenverkehr für fernmündliche Aufgabe von Telegrammen über die 3. Dekade des gleichen II. GW.,

4.) den öffentlichen Aufruf der freiwilligen Feuerwehr im Brandfalle über die 4. Dekade des gleichen II. GW. und

5.) desgl. der freiwilligen Sanitätskolonne im Unglücksfalle über die 5. Dekade des gleichen II. GW.

abwickeln zu lassen, so daß die 5 genannten Stellen und die Meldestelle auch in den größten SA.-Ämtern mit 5 und mehrstelligen Zahlen einfach durch zweimaliges Ziehen der Wählscheibe von „00", „01" usw. bis „05" von jedem Teilnehmer, ohne Nachschau im Teilnehmerverzeichnis rasch aufgerufen werden können.

Der Gesprächsanfall im Fernauskunftsverkehr eines Normalamtes darf nach der erwähnten Abhandlung mit rund 20% des Meldeverkehrs angenommen werden, zu dessen Bewältigung die Aufstellung von etwa 4 Auskunftsplätzen, zur Abwicklung des Ortsauskunftsverkehrs die gleiche Zahl von Plätzen, des Nachrichtenverkehrs in ankommender Richtung 1 Sammelplatz und zur Abwicklung des ankommenden Verkehrs der beiden anderen Vorzugssprechstellen je 1 Einheit in Aussicht zu nehmen sein wird.

Der unter Ziff. 1.) bis 3.) aufgeführte Verkehr wird voraussichtlich die gesamte, vorgesehene Sprechstelleneinrichtung voll in Anspruch nehmen, weshalb für jeden dieser Arbeitsplätze zur Bewältigung des Gleichzeitigkeitsverkehrs in der Stunde des Höchstbetriebes ein II. GW. vorgesehen werden muß. Es kommen demnach zu den bereits vorgesehenen 40 II. GW. für den Anmeldeverkehr weitere 10 II. GW., im ganzen also 50 II. GW. für diesen Sonderverkehr in Frage.

Der Zusammenschluß dieser Sprechstelleneinrichtungen mit den verschiedenen Umschaltestellen des SA.-Netzes erfordert für ein Normalamt am O.V. den Einbau von

12.) $\dfrac{50}{20} = 2\frac{1}{2}$ *Lötösenstreifen zu 20'''* zur Aufnahme der ankommenden Leitungen,

13.) desgl. also *2½ Lötösenstreifen zu 20'''* zum Anschluß der II. GW.

14.) *2½ Lötösenstreifen zu 20'''* desgleichen der Wählerkontakte und

15.) $\dfrac{2\times50}{20} = 5$ *Lötösenstreifen zu 20'''* für den ankommenden und abgehenden Dienstverkehr.

Sieht man außerdem noch an diesem O.V. schätzungsweise
16.) *2 Lötösenstreifen mit 20″*

zum Anschlusse der Sprechstellen für die verschiedenen Aufsichten, wie Ober-, Saal-, Schrank- und Störungsaufsicht an das Ortsnetz der Anlage vor, so wird der Bedarf an Leitungen, die über den O.V. geführt werden, gedeckt sein.

Die Abb. 7 II. Teil zeigt in bildlicher Darstellung den Zusammenhang der einzelnen Apparateneinrichtungen. In zwei dieser Abb. beigefügten Zusammenstellungen habe ich in der Zusammenstellung I die Zahl der VW., der I. und II. FGW., der I. und II. GW., der Anmelde- und Auskunftstische usw., in der Zusammenstellung II die Zahl der Lötösenstreifen für verschieden große Fernämter zum leichteren Zurechtfinden bei Ausarbeitung von Fernamtsprojekten ausgewertet, dabei aber von der Darstellung der technischen Form eines O.V. in der Annahme Abstand genommen, daß der O.V. für das Fernamt in den meisten Fällen mit dem O.V. des Ortsamtes oder vielleicht mit dem der Hauszentrale des betreffenden Gebäudes vereinigt werden kann und sich daher in der Einteilung der vertikalen und horizontalen Buchten und der nötigen Lötösenstreifen diesem O.V. anpaßt.

IV. Innen-Leitungen ohne Führung über einen Verteiler.

Außer den im Abschnitte I—III Teil II näher aufgeführten Leitungen sind zum Betriebe eines Fernamtes für die inneren Verbindungen einzelner Apparate und Apparatenteile unter sich noch eine größere Zahl von Leitungen notwendig, die unabhängig von der Verkehrsdichte, von den Verkehrsbeziehungen und von jeglicher Änderung des Fernverkehrs, sowie nach ihrer Verlegung weder einer Mehrung noch einer Vertauschung unterworfen sind, auf die selbst die Erweiterung eines Amtes keine Wirkung ausübt. Die Verlegung solcher Leitungen kann daher ein für allemal starr ohne Führung über einen Verteiler erfolgen. Zu dieser Gattung von Leitungen zählen in einem Fernamte:

a) Die Transitleitungen für die Vermittlung des Durchgangsverkehrs,

b) die Leitungen für die Gehörsschutzapparate zur Verbindung mit den Induktionsspulen an den Arbeitsplätzen,

c) die Leitungen von den gleichen Spulen zu den Kontrollplätzen,

d) die Verbindung der Schnurverstärkergestelle mit den Vierfachschnüren und dem Drehschalter für die Schwächungswiderstände der Arbeitsplätze,

e) die Verbindung der verschiedenen Aufsichtstische unter sich zur Abwicklung des gegenseitigen, dienstlichen Sprechverkehrs und endlich

f) die Verbindung der Schrankaufsichtstische mit den der jeweiligen Aufsicht zugeteilten Fernarbeitsplätzen, zu dem gleichen Zwecke.

a) Die Transitleitungen.

Die in Aussicht zu nehmende Art der Abwicklung des Durchgangsverkehrs beherrscht in ausschlaggebender Weise die gesamte Gestaltung der Fernschränke eines Amtes. Trennt man nämlich den Durchgangsverkehr von dem übrigen Fernverkehr und läßt ihn an wenigen Plätzen in einem eigenen Amte, dem Durchgangsamte, abwickeln, so sind an den anderen Plätzen weder Ferndienstleitungen noch Durchgangsleitungen notwendig. Der gesamte ankommende und abgehende Fernverkehr, soweit er sich nur auf die Abwicklung desselben mit den Teilnehmern der gleichen Ortsanlage erstreckt, könnte in diesem Falle an einfachen Tischen ohne Klinkenvielfachfeld, dann auch ohne schrankförmigen Aufbau vollzogen werden, eine Ausführungsform, die in ihrer Einfachheit für sich spricht. Die Entscheidung dieser wichtigen Frage hängt von den relativen Beziehungen der folgenden zwei Faktoren ab:

1.) von dem prozentualen Anteile des Durchgangverkehrs am gesamten Fernverkehr und

2.) von der Größe eines Fernamtes, d. h. von der Zahl der für ein Amt nötigen Schränke.

Der Durchgangsverkehr ist in den einzelnen Fernämtern sehr verschieden, er schwankt in weiten Grenzen zwischen 2% in dem größten Fernamte und 20% in mittleren großen Anlagen. Er hängt ab von der Lage eines Fernamtes zum gesamten Fernleitungsnetz und von der Größe dieses Amtes. Bei diesem erheblichen Unterschiede, der sich jedoch im Gebiete der Abt. VI des RPM. in kleineren Grenzen, etwa zwischen 10% und 20% bewegt, ist eine allgemeine Lösung der Frage nicht ohne weiteres möglich. Der Durchgangsverkehr könnte ohne irgend welchen Vorbehalt von dem übrigen Verkehr, dem ankommenden und abgehenden, dann einfach getrennt werden, wenn für jede dieser 3 Verkehrsarten mindestens je eine Fernleitung zur Verfügung stünde, d. h. also, wenn die Verkehrsbeziehungen zweier interurbanen Orte den Bau und den Betrieb von mindestens 3 oder mehr Fernleitungen rechtfertigen würden. Untersucht man nach dieser Richtung einige im Bereiche der vormaligen bayerischen Tel.-Verw. liegenden Fernämter, so kommt man zu folgendem Ergebnis:

1.) Im Fernamte München mit 90 Verkehrsbeziehungen zwischen den verschiedenen Orten und diesem Amte, weisen 27 oder rund 30% aller Fernleitungsrichtungen, mehr als 3 Leitungen auf, während

2.) im Fernamte Nürnberg mit 64 Verkehrsbeziehungen 23 Richtungen oder 36%,

3.) im Fernamte Regensburg mit 34 Verkehrsbeziehungen 6 Richtungen oder 20%,

4.) im Fernamte Würzburg ebenfalls nur 20% aller Leitungen die obenbezeichneten Bedingungen erfüllen.

Dieses Ergebnis läßt erkennen, daß in den verschiedenen bayerischen Ämtern nur ein kleiner Bruchteil der Leitungen für eine direkte Abtrennung des Durchgangsverkehrs in Frage käme. Ob nun eine solche Abtrennung auch wirtschaftliche Vorteile bietet, muß erst in einer weiteren Untersuchung geklärt werden. Bevor ich jedoch in diese Untersuchung eintrete, möchte ich noch allgemeine Bemerkungen über die Schaltung der Transitleitungen vorausschicken.

Für gewöhnlich liegt die durch sämtliche Schränke vielfach geschaltete, jedem eingebauten Anrufsatze zugeordnete Transitleitung isoliert von der Fernleitung, die eindeutig ohne Vielfachschaltung an dem Fernanruforgan endigt. Die Transitleitung hat den Zweck, im Bedarfsfalle durch Umlegen des Transitkippers die Fernleitung vielfach durch das ganze Amt bis zu deren gewünschten Fernarbeitsplatz zu verlängern. Sie bildet somit das Bindeglied für den Zusammenschluß aller in einem Fernamte eingeführten Fernleitungen.

Soll eine Durchgangsverbindung hergestellt werden, so verlangt die veranlassende Fernbeamtin auf der betreffenden Ferndienstvielfachklinke die zur Verbindung notwendige Fernleitung. Unter Übermittlung der der gewünschten Fernleitung zugeordneten Nummer des Anrufsatzes legt die Gegenbeamtin den Transitkipper und schaltet damit die gewünschte Fernleitung auf die zugehörige Transitleitung, die nun ihrerseits von der 1. Beamtin abgesteckt und unter Benützung eines Schnurpaares am Fernarbeitsplatzc mit der anderen Fernleitung in Verbindung gebracht wird. In der Durchgangsstellung liegt parallel zur Fernleitung nur ein Schlußzeichen und zwar jenes am Verbindungsschnurpaar. Das Schlußzeichen für die zweite am Transitkipper, d. h. also ohne Verbindungsschnur angelegte Fernleitung übernimmt die unter dem Kipper eingebaute Transitlampe. Das Spiel dieser im c-Ast der Transitleitung liegenden Transitlampe löst die an Spannung geführte Haltewicklung des Anrufrelais aus. (Siehe Abb. 8 II. Teil). Die Lampe glüht in der Normalstellung des Transitkippers, wenn der an der c-Ader geerdete Verbindungsstecker in die der gewünschten Fernleitung zugeordneten Transitklinke eingeführt wird. Sie erlischt im Durchgangsverkehr nach dem Umlegen in die Transitstellung. Nach Beendigung des Durchgangsgespräches glüht die Transitlampe beim Ziehen des Verbindungssteckers als Schlußzeichen für die Gegenbeamtin wieder auf. Aus dem Schaltbild 8a II. Teil geht klar hervor, daß die Transitleitungen ohne Einbau eigener Relais betrieben werden und in ihrer Zusammenschaltung nur Vielfach-Klinken und Kabel enthalten. In dieser Form zählt die Transitschaltung wohl zu den einfachsten, daher auch störungsfreiesten Maßnahmen der Schwachstromtechnik umsomehr, als für 2 Anrufsätze, einer Gabel ähnlich, nur eine Transitleitung vorgesehen ist. Es treffen demnach auf jeden Arbeitsplatz eines Fernschrankes nur 2 Transitleitungen. Diese Einschränkung im Aufwande an Transitleitungen kann mit Rücksicht

1.) auf die im Durchgangsbetrieb wahlweise mögliche Verbindung zweier Fernleitungen entweder auf der einen oder auf der anderen dieser Fernleitungen jeweils zugeordneten Transitleitung,

2.) auf den geringen prozentualen Anteil des Durchgangsverkehrs am Gesamtverkehre und endlich

3.) auf die mäßige Belegung der 4 vorgesehenen Anrufsätze mit durchschnittlich 3 Fernleitungen ohne irgendwelche betriebliche Bedenken durchgeführt werden. In Fernämtern mit weniger als 10% Durchgangsverkehr könnte man sogar bis auf 1 Transitleitung pro Platz heruntergehen.

Übergehend auf den Kernpunkt der Frage, bei welcher Größe eines Amtes und bei welchem prozentualen Anteil des Durchgangsverkehrs am Gesamtverkehr der Bau eines eigenen Durchgangsamtes die wirtschaftlichste Form für die Gestaltung von Fernämtern bildet, möchte ich für die Untersuchung der Frage nur 3 Fälle herausgreifen, die genügen dürften, den gesetzmäßigen Zusammenhang der Dinge zu erkennen, nämlich

1. Fall Durchgangsverkehr $= 20\%$, oder $p = 0{,}2$ des Gesamtverkehrs
2. „ „ $= 10\%$ „ $p = 0{,}1$ „ „
3. „ „ $= 5\%$ „ $p = 0{,}05$ „ „

Die Lösung der Frage liegt in dem Vergleiche der jährlichen Kosten eines Fernamtes mit x Fernschränken, in denen sämtliche Transitleitungen durch alle Schränke vielfach geführt werden und eines gleichgroßen Amtes mit x Ferntischen ohne Transitleitungen und x_1 Fernschränken für das Durchgangsamt, bei denen die Transitleitungen bezw. die Fernleitungen nur innerhalb dieser wenigen Schränke verlaufen. Die Zahl der Transitleitungen ändert sich in den einzelnen Fernämtern und hängt nicht allein von der Größe des Amtes, sondern auch von der Größe des Durchgangsverkehrs ab. Nach der Erfahrung darf man die Zahl der Transitleitungen schätzungsweise mit $(p \times 20 + 0{,}5 \times x)$ in die Rechnung einführen, wenn p den prozentualen Anteil des Durchgangsverkehrs am Gesamtverkehr darstellt.

Die Unbekannte x_1, d. h. die Zahl der Durchgangsschränke, steht jedenfalls zur Größe eines Amtes, die in der Zahl x ihren Ausdruck findet und zur Zahl p in einer bestimmten Beziehung. Überträgt man am Durchgangsschrank einer B-Beamtin lediglich die Aufgabe, ohne Prüfung und Überwachung die beiden für den Durchgangsverkehr nötigen Fernleitungen miteinander zu verbinden und überläßt den Vollzug der Verbindung den beiden A-Beamtinnen, so könnte man der B-Beamtin in der Stunde des Höchstbetriebes die Erledigung von 200 bis 300 Verbindungen wohl zumuten unter der Voraussetzung, daß an jedem Durchgangsschrank die nötige Zahl von Verbindungsschnüren zur Verfügung steht. Die B-Beamtin hätte sonach die Durchgangsverbindung nur vorzubereiten. Die Verbindungsschnüre müßten in dieser Vorbereitungsstellung solange verbleiben, bis das Durchgangsgespräch tatsächlich abgewickelt wird. Nimmt man in der Stunde des Höchstbetriebes die Wartezeit mit 20 bis 25 Minuten, die Dauer eines Durchgangsgespräches zwischen 5 und 10 Minuten an, so kann man mit 1 Schnurpaar in der Stunde höchstenfalls 2 bis 3 Durchgangsverbindungen herstellen. An einem Fernarbeitsplatz mit 0,7 m Breite lassen sich aber nicht mehr wie 40 bis 50 oder an einem Fernschrank 80 bis 100 Schnurpaare unterbringen. Es kann daher die Arbeitsleistung einer Durchgangsbeamtin in der Stunde des Höchstbetriebes nur bis zu 160 oder 200 Verbindungen ausgenützt werden. An Stelle des Arbeitsplatzes tritt sonach in einem Durchgangsamt der Fernschrank, so daß die Zahl der Durchgangsschränke

x_1 gleich gesetzt werden darf zu $\frac{1}{2}$ p × x.

In den Durchgangsschränken müssen sämtliche Fernleitungen eines Amtes vielfach geschaltet werden. Bei einer Zahl von 6 Fernleitungen für jeden Schrank rechnet sich die Zahl der Klinken für jeden Durchgangsschrank zu 6 x.

Bezeichnet man nun mit S die Herstellungskosten eines Fernschrankes und nimmt diese ohne die Kosten der Transitleitungen zu rund 3000 GM. an, ferner die Kosten eines Ferntisches mit T = 2500 GM., jene einer Klinke einschließlich der Kosten des zugehörigen, der Länge eines Schrankes entsprechenden Kabelstückes zu k = 1 GM., den jährlichen Gehalt einer Fernbeamtin mit P = 1100 GM., den Personalfaktor für den ununterbrochenen Dienst eines Fernamtes zu 2,5 (siehe I. Teil Seite 20) und endlich die Verzinsung und Tilgung des Anlagekapitales für die Schränke, Tische, Kabel, Klinken usw. zu 10%, so lassen sich für einen schätzungsweisen Vergleich der jährlichen Betriebskosten eines Fernamtes mit schrankförmigem Aufbau und vielfachgeschalteten Transitleitungen und jenen eines Amtes mit Ferntischen ohne Transitleitungen und einem besonderen Durchgangsamte folgende Beziehungen festlegen:

I. Jährliche Kosten eines gewöhnlichen Fernamtes:

$$J_1 = 0{,}1 \times [x \times S + (p \times 20 + 0{,}5) \times x^2 \times k] + 2 \times 2{,}5 \times P \times x$$

Verzinsung und Tilgung des Anlagekapitales + Personalkosten

II. desgl. eines Amtes mit Ferntischen und Durchgangsschränken:

$$J_2 = 0{,}1 \times [x \times T + \tfrac{1}{2}\, p \times x \times S + (\tfrac{1}{2}\, p \times x) \times 6\, x \times k] + 2 \times 2{,}5 \times (x + \tfrac{1}{2} \times \tfrac{1}{2}\, p \times x) \times P$$
$$\text{(Tische)} \quad \text{(Schränke)} \qquad \text{(Klinken)}$$

Setzt man nun die bekannten Werte in die Gleichungen ein, so reduzieren sich dieselben:

$$J_1 = 5800\, x + 2\, p\, x^2 + 0{,}05\, x^2$$
$$J_2 = 5750\, x + 1525\, p\, x + 0{,}3\, p\, x^2$$

Die beiden Ausdrücke einander gleichgesetzt ergibt:

$$x = \frac{1525\, p - 50}{1{,}7\, p + 0{,}05}$$

Im Falle 1) bei 20% Durchgangsverkehr $p = 0,2$, berechnet sich die Zahl der Schränke, bei denen die Kosten beider Systeme einander gleich sind, zu:

$$1.) \quad x = \frac{1525 \times 0,2 - 50}{1,7 \times 0,2 + 0,05} = 654 \text{ Schränke}$$

Im Falle 2) bei 10% Durchgangsverkehr $p = 0,1$

$$2.) \quad x = \frac{1525 \times 0,1 - 50}{1,7 \times 0,1 + 0,05} = 466 \text{ Schränke}$$

Im Falle 3) bei 5% Durchgangsverkehr $p = 0,05$

$$3.) \quad x = \frac{1525 \times 0,05 - 50}{1,7 \times 0,05 + 0,05} = 194 \text{ Schränke.}$$

Die aus dieser Untersuchung zu ziehende Schlußfolgerung, je geringer der Durchgangsverkehr, desto mehr ist eine Wirtschaftlichkeit im Bau von Durchgangsämtern gegeben, spricht allein schon gegen den Bau solcher Aemter, der auch mit Rücksicht auf die große Zahl von Schränken bei keinem für das Gebiet der vormaligen bayer. Telegraphenverwaltung in Frage kommenden Fernamte sich wirtschaftlich vertreten ließe. Die Untersuchung lehrt vielmehr, daß auch bei großen Fernämtern mit normalem Durchgangsverkehr der Einbau von Transitleitungen die gegebene Form für die Ausgestaltung eines Amtes bildet.

Die vorzusehende Zahl an Transitleitungen in den verschieden großen Fernämtern hängt, unter der Annahme eines 20% Durchgangsverkehrs für alle Aemter, lediglich von der Zahl der notwendigen Arbeitsplätze eines Amtes ab. Es darf somit die Zahl an Transitleitungen in einem Fernamte mit

1000 Fernleitungen	und	320 Arbeitsplätzen	zu	640
750 "		" 240	"	" 480
500 "		" 160	"	" 320
250 "		" 80	"	" 160
120 "		" 40	"	" 80
60 "		" 20	"	" 40

angenommen werden. Eine Erhöhung dieser Zahlen im Hinblick auf den Sammelverkehr ist nach den Ausführungen im Abschn. A II nicht notwendig. Die Gruppierung der Transitklinken im Vielfachfelde des Fernschrankes erfolgt in arithmetischer Reihenfolge, durch eine einfache Parallelabzweigung von der Klinkenöse zu den Lötstiften der Anrufsätze, wobei in einem besonderen Klinkenstreifen die Belegttaste und Lampe in den c Ast der Leitungen einzubauen sind.

b) Die Leitungen für die Gehörschutzapparate (siehe Abb. 8 b II. Teil).

Der vom Herrn Ministerialrat Dr. Steidle konstruierte Gehörschutzapparat mit einer Anzahl hochglanzpolierter, rotierender, gemeinsam auf einer Achse montierter Stahlscheiben, an die zwei zur Induktionsspule und zum Hörer der Sprechapparate geführte Drahtschleifen regulierbar angepreßt werden, dessen Wirkungsweise in der ETZ 1905 Seite 676 näher beschrieben ist, hat die Aufgabe, die Umschaltebeamtin vor schädlichen Gehörinsulten, hervorgerufen durch störende Stromübergänge auf Fernleitungen, zu bewahren. Solche lästige Stromübergänge können auf Fernleitungen in erster Linie durch atmosphärische Entladungen verursacht werden. Mit Einführung des unterirdischen Fernkabelnetzes fallen störende Beeinflussungen dieser Art auf die Fernleitungen fort. Man könnte daher die Ansicht vertreten, daß mit der fortschreitenden Verkabelung aller Fernleitungen die Einschaltung von Gehörschutzapparaten immer mehr entbehrlich werden würde. Dieser Ansicht darf man jedoch nicht beitreten, denn mit der Verkabelung des Netzes hält die Elektrisierung des Eisenbahnbetriebes, soweit das Gebiet der bayerischen Telegraphenverwaltung in Frage kommt, fast gleichen Schritt. Es liegt nun im Bereich der Möglichkeit, daß der elektrische Eisenbahnbetrieb, der sich zum großen Teil auf langen Strecken, parallel zu den verlegten Bezirkskabeln abwickeln wird, im Störungsfalle ebenso gefährliche Ueberspannungen induzieren wird, die ähnliche, den atmosphärischen Entladungen gleich schädliche Beeinflussungen an den Sprechapparaten der Beamtinnen herbeiführen können. Es muß also nach wie vor bei dem Betriebe eines Fernamtes mit dem Einbau solcher Apparate gerechnet werden umsomehr, als sich die seit mehr als 10 Jahren im Betrieb stehenden Apparate aufs Beste bewährt haben und Klagen über erhebliche Gehörinsulte bis jetzt nicht laut geworden sind.

Die für jeden Arbeitsplatz eines Fernamtes benötigten Stahlscheiben mit den zugehörigen Trennschaltern werden in Sätzen zu je 10 Sicherungselementen auf einer Gußeisenplatte montiert. Auf einer eigenen Grundplatte wird ein $1/_4$ pferdiger, für eine Reihe von Sätzen gemeinsamer Motor mit einem Pendelregulator aufgeschraubt, der sämtliche Schnurlaufräder der einzelnen Sicherungssätze und den Pendelregulator mit Hilfe eines zwischen je 2 Rädern gekreuzten Rundriemens antreibt. Eine durch die Zentrifugalkraft des rotierenden Pendels gesteuerte, auf einer Achse verschiebbare Buchse schließt in ihrer Arbeitslage den Kontakt eines Stromkreises über die Trennschalter jedes Sicherungsplatzes. Der Elektromagnet des Trennschalters zieht seinen Anker an und preßt alle 10 in einer Reihe liegenden, auf einer Stange gekuppelten Drahtschleifen an die rotierenden Stahlscheiben. Die Enden der Drahtschleifenpaare eines Sicherungselementes werden mit je 2 Doppeladern (siehe Abb. 8 b II. Teil) einerseits an die beiden Enden der Induktionsspule, andererseits über die Steckklinken des Sprechapparates zu dessen Hörer geführt. Im Ruhezustand der Stahlscheibe sind die Hörer der Sprechapparate über die beiden durch die Stahlscheibe metallisch verbundenen Drahtschleifen kurz geschlossen; eine Sprechverständigung ist während dieser Zeit unmöglich.

Das Aufkommen dieser allgemeinen Störung hindert der Trennschalter, der sofort mit dem Stillstande des Regulators stromlos wird, und durch die Federkraft an der Zugstange alle in einer Reihe liegenden Drahtschleifen von den Stahlscheiben abhebt. Sämtliche Gußplatten der Sicherungssätze und des Motors werden auf einem eisernen Untergestell in Tischform zusammengebaut und mit einem Glasschutzkasten abgedeckt. Das Tischgestell mit den Gehörschutzapparaten findet in der Nähe des N.V., also in der senkrechten Mittellinie zur Saalachse seine Aufstellung. Die beiden getrennt zu verlegenden Zuführungskabel von den Arbeitsplätzen zu den Spannungssicherungen und von den Kontaktschleifen derselben zu den Fernarbeitsplätzen zurück werden mit den Kabeln des N.V. gemeinsam in Bündeln auf einem Kabelrost an der Decke des unteren Stockwerkes verlegt und an der Stoßstelle der beiden mittleren Fernschränke einer Schrankreihe hochgeführt. Die Zahl der hiefür notwendigen Kabel richtet sich nach der Anzahl der vorhandenen Arbeitsplätze, die in Reihen zu etwa 40 eine Einheit bilden. Demzufolge bestimmt sich die Zahl der für die Gehörschutzapparate der verschieden großen Fernämter nötigen Kabel zu:

In einem Fernamte mit rund
1000 Fernleitungen und 8 Schrankreihen, in Bündeln zu je $\frac{40\times2}{20} = 4$ also

							8×4 Kabel zu 20"
750	„	„ 6	„	„	„	„ je	4 also
							6×4 Kabel zu 20"
500	„	„ 4	„	„	„	„ je	4 also
							4×4 Kabel zu 20"
250	„	„ 2	„	„	„	„ je	4 also
							2×4 Kabel zu 20"
120	„	„ 1	„	„	„	„ je	4 also
							4 Kabel zu 20"
60	„	„ ½	„	„	„	„ je	2 also
							2 Kabel zu 20".

Außer den Fernarbeitsplätzen werden auch noch die Arbeitsplätze an den K.U. und an den Ueberwachungsschränken, die ebenso wie die Fernarbeitsplätze mit den äußeren Fernleitungen in Berührung kommen, mit je 4 Doppeladern an die Sicherungselemente der Gehörschutzapparate gelegt. Es sind daher in jedem Fernamte mit:

1000 Fernleitungen 8×40+4×2+4×2 = 336 rund 340 Stahlscheiben auf
                        34 Grundplatten zu je
                        10 Sicherungselemente

750   „   6×40+3×2+3×2 = 252 „ 250 Stahlscheiben auf
                        25 Grundplatten zu je
                        10 Sicherungselemente

500   „   4×40+2×2+2×2 = 168 „ 170 Stahlscheiben auf
                        17 Grundplatten zu je
                        10 Sicherungselemente

250   „   2×40+2+2   = 84 „   85 Stahlscheiben auf
                       8½ Grundplatten zu je
                        10 Sicherungselemente

120   „   40+1+1   = 42 „   45 Stahlscheiben auf
                       4½ Grundplatten zu je
                        10 Sicherungselemente

60   „   20   = 20 „   20 Stahlscheiben auf
                        2 Grundplatten zu je
                        10 Sicherungselemente

für Gehörschutzapparate vorzusehen.

c) Leitungen zu den Kontroll- oder Ueberwachungsschränken.

Im Betriebe einer großen Fernleitungsstelle macht sich unter anderem auch das Bedürfnis geltend, sowohl die Fernleitungen, als auch die Fern- und Anmeldearbeitsplätze während der Hauptgeschäftszeit einer ständigen Ueberwachung zu unterziehen, um einerseits die Verkehrsabwicklung auf den Fernleitungen zu beobachten, Material für die Betriebsstatistik über die Belastung der Fernleitungen, über die Zeitdauer der Beantwortung eines Anrufes, der Aufhebung der Verbindung usw. zu sammeln und andererseits die dienstliche Tätigkeit der verschiedenen Beamtinnen an den Fern- und Anmeldeplätzen zu kontrollieren. Zur Erfüllung dieser Aufgabe sind an geeigneten Stellen des Amtes besondere Kontroll- oder Ueberwachungsschränke zu beschaffen, die sowohl mit den Fern- und Anmeldearbeitsplätzen, als auch mit den K.U. leitungstechnisch in Verbindung gebracht werden müssen. Der geeignetste Ort zur Aufstellung solcher Schränke mit je 2 Arbeitsplätzen ist in der Nähe des K.U., getrennt vom Fernsaal gegeben. Will man nun die Tätigkeit einer Fernbeamtin an einem Arbeitsplatz und gleichzeitig auch die Verkehrsabwicklung der diesem

Platze zugeordneten Fernleitung beobachten, so sind am K.U. für jede zur Untersuchung heranzuziehende Fernleitung 3 Kontrollklinken oder für maximal 4 Fernleitungen pro Platz $3 \times 4 = 12$ Kontrollklinken am Ueberwachungsplatz mit 12 Kabeldoppeladern vorzusehen. Die Erfahrung hat gelehrt, daß zu diesem Ueberwachungsdienst für ein Normalamt mit rund 250 Fernleitungen und 80 Fernarbeitsplätzen, sowie 20 Anmeldeplätzen, der Einbau eines Schrankes mit 2 Arbeitsplätzen genügen wird. Von den Klinkenstreifen dieses Schrankes führt zur gesonderten Wicklung der Induktionsspule jedes Fern- und Anmeldearbeitsplatzes eine Doppelader für den Sprechstromkreis und eine c Ader in Parallelabzweigung zur Kontrolllampe des Platzes (siehe Abb. 8c II. Teil). Ein Normalamt benötigt demnach für den Ueberwachungsdienst:

$$\frac{80 \times 3}{60} = 4 \text{ Kabel zu } 20''' \text{ vom Kontrollschrank zu den Fernplätzen,}$$

$$\frac{20 \times 3}{60} = 1 \quad ,, \quad ,, \ 20''' \quad ,, \qquad ,, \qquad ,, \ ,, \text{ Anmeldeplätzen;}$$

$$\frac{2 \times 12 \times 2}{40} = 1 \quad ,, \quad ,, \ 25'' \quad ,, \qquad ,, \qquad ,, \ ,, \text{ beiden Arbeitsplätzen des K.U.}$$

Die 4 Kabel zu den Fernplätzen werden vom Ueberwachungsschrank ohne Berührung des H.V. mit den Kabeln dieses Verteilers gemeinsam an den beiden getrennt aufgestellten Schrankreihen eines Normalamtes hochgeführt. In größeren Fernämtern mit 500, 750 und 1000 Fernleitungen bleibt die Kabelhochführung in den einzelnen Abteilungen die gleiche; es sind nur 2 bezw. 3 und im größten Amte 4 solcher Einzelhochführungen vorzusehen, während für den gleichen Zweck in einem Amte mit 120 Fernleitungen die Verlegung von 2 Kabeln mit 20''' für die Fernplätze, 1 Kabel mit 10''' für die Anmeldeplätze und 1 Kabel mit 12'' für den K.U., in einem Amte mit 60 Fernleitungen 1 Kabel mit 20''', 1 Kabel mit 5''' und 1 Kabel mit 6'' den Anforderungen nach dieser Richtung hin entsprechen werden.

d) Leitungen von den Fernarbeitsplätzen zu den Schnurverstärkergestellen.

Der Schnurverstärkerbetrieb findet nur im Durchgangsverkehr und hier wieder nur zur Vermittlung von Gesprächen zwischen den Fernleitungen 1. und 2. Klasse seine vorläufige Anwendung. Er wird in einigen Fernämtern des Reichspostgebietes an besonders gebauten Fernschränken zusammengefaßt und getrennt von den übrigen Fernplätzen, ähnlich dem Verkehr eines Durchgangsamtes abgewickelt. Gegen die Zusammenfassung in eigenen Schränken sprechen die gleichen Gründe, wie gegen die Errichtung eigener Durchgangsämter, weshalb auch bei der Gesprächsabwicklung im Schnurverstärkerbetrieb an der auf die verschiedenen Plätze verteilten Bedienung, mit vielfachgeschalteten Transitleitungen, ebenso wie im gewöhnlichen Durchgangsbetriebe festgehalten werden will. Die Abwicklung eines Durchgangsgespräches mit Schnurverstärker übernimmt jene Fernbeamtin, an deren Platz die gewünschte Fernleitung 1. Klasse endigt. Der Vorgang in der Herstellung einer solchen Verbindung wickelt sich bezüglich der Einleitung eines Gespräches wie ein normales Durchgangsgespräch ab. Die Verbindung selbst wird jedoch nicht mit einem gewöhnlichen Schnurpaar, sondern mit einem Schnurvierer hergestellt. Der Einbau eines Schnurvierers erfolgt im Zuge der übrigen Schnurpaare an jenen Plätzen, an denen die Verlängerungs- und Nachbildungsleitungen der betreffenden Fernleitungen vorgesehen sind. Diese Plätze fallen in der Regel mit den Schränken für den Sammel- und Nachtverkehr zusammen. Im Störungsfalle eines Schnurvierers steht der betreffende Arbeitsplatz während der Störungsdauer für den Verstärkerverkehr außer Betrieb.

In diesem Zustande kann jedoch jeder mit Schnurvierern ausgerüstete Nachbararbeitsplatz die Bedienung des gewünschten Durchgangsgespräches übernehmen. Zu diesem Behufe ist in jeder Verlängerungtransitleitung ein Wechselrelais eingeschaltet, das beim Stecken der Transitleitung an irgend einem Platze die gewünschte Fernleitung dem Verbindungsstecker zuschaltet und gleichzeitig den Vollzug der Umschaltung dem Originalplatz durch ein dunkles Glühen der zugehörigen Transitlampe anzeigt (siehe Abschnitt A I δ II. Teil).

Die Verstärkung der Durchgangsgespräche selbst wird durch zwei jedem Leitungsteil zugeordnete Verstärkerlampen herbeigeführt. Diese Lampen werden mit ihren Zusatzeinrichtungen auf besonderen Gestellen, in Sätzen zu je 4 oder 8 Lampen zusammengebaut und getrennt vom Fernsaale, am zweckmäßigsten ähnlich den Gehörschutzapparaten, in der Nähe des N.V. aufgestellt.

Auf die Wirkungsweise der Schnurverstärkereinrichtung will ich hier nicht weiter eingehen und verweise ich auf die verschiedenen Dienstbehelfe.

Zur bequemen Bedienung der zur Verstärkung vorgesehenen Leitungen werden die Zusatzapparate am Gestell, den Schlußrelais ähnlich, in Kabeln zusammengefaßt und bis zum Fernarbeitsplatz verlängert, woselbst sie an Steckern endigen. Dabei hat der Fernleitungsstecker (siehe Abb. 8 d II. Teil) die Aufgabe, die eine Wicklungshälfte des der Leitung 1 zugeordneten Ausgleichübertragers 1, der Stecker FSa jene des Au Ue 2, der Stecker für die künstliche Nachbildung der Fernleitung 1 KFS$_1$ die zweite Wicklungshälfte des zugehörigen Au Ue 1, der Stecker KFS$_2$ die treffende Hälfte des Au Ue 2 bis zum Arbeitsplatz heranzuführen. Nach dem Einführen des Schnurvierers in die 4 zugeordneten Transitklinken der beiden zur Verbindung nötigen, mit den Verlängerungs- und Nachbildungszusätzen abgestimmten Fernleitungen übernehmen die beiden Ausgleichsübertrager 1 und 2 die magnetische Kopplung der beiden Leitungsteile. Die sekundären Wicklungen der beiden Ausgleichsübertrager vermitteln unter Einschaltung zweier regulierbarer Schwächungswiderstände über die beiden Vor- und Nachübertrager den Verstärkervorgang in den Röhren 1 und 2. Das Einführen des dreiteiligen KFS$_1$ Steckers in die dreiadrige Nachbildungsleitung der 1. Fernleitung, deren c Ast geerdet ist, hat zur Folge, daß das in der c Leitung dieses Steckers liegende Hilfsrelais H anspricht, den Kontakt im c Ast des Steckers KFS$_2$ der 2. Fernleitungsnachbildung schließt, den Stromweg über das Zündrelais ZR freigibt und damit selbsttätig durch Schließen des Kontaktes zr den Stromfluß von der Heizbatterie, der Anoden- und Gitterbatterie aus über die Gitterröhre ermöglicht. Außer den Wicklungen der Ausgleichsübertrager sind auch noch die primären Wicklungen der beiden Vorübertrager, deren Wirkung durch regulierbare Schwächungswiderstände geändert werden kann, mit diesen Regulierwiderständen am Fernarbeitsplatz für die Beamtin greifbar zu gestalten, indem man einfach die zwei Wicklungsenden jedes Vorübertragers in Parallelabzweigung bis zu dem auf der Tischplatte des Arbeitsplatzes aufgeschraubten Drehschalter verlängert. Des weiteren führen noch von den Mittelabzweigpunkten der beiden Ausgleichsübertrager 2 Leitungen über den Leitungskipper zu den Mithör- und Sprechtasten. Zwei Schlußrelais mit Lampen für die beiden Fernleitungen und zwei Trennschalter für die Abtrennung jedes Leitungsteiles bei ungenügender Sprechverständigung oder aus anderen Gründen, ergänzen die Schaltung für den verwickelten Verbindungsapparat der Schnurverstärkereinrichtung. Zusammengefaßt sind demnach für jeden Schnurvierer eines Fernarbeitsplatzes vom Verstärkergestell bis zum Lötösenstreifen an der Schnurleiste folgende Leitungszuführungen notwendig:

118

Für die 4 Stecker des Schnurvierers je 1 Doppelleitung zusammen . . 4"
" " Einschaltung der Heizbatterie . . . . 1"
" " Verlängerung der beiden Schwächungswiderstände . . . 2"
" " Einschaltung der Mithörtaste . . . . 1"
$$\text{zusammen} \quad 8"$$

Nach Abschnitt A I γ II. Teil sollen in einem Normalamte schätzungsweise 40 Fernleitungen für den Schnurverstärkerbetrieb ausgerüstet werden, deren Verbindung im Durchgangsverkehr auf die verschiedenen Arbeitsplätze verteilt, 20 Einzeleinrichtungen erfordert. Sonach sind in einem Normalamte:

$$\frac{20 \times 8"}{20"} = 8 \text{ Kabel zu 20" auf 20 Arbeitsplätze}$$

verteilt, an diese in ähnlicher Weise und auf dem gleichen Wege wie die Kabel für den Sammelverkehr und für Gehörschutzapparate heranzuführen. Der Einbau dieser Einrichtung, deren Höchstzahl die obige Annahme kaum überschreiten dürfte, erfolgt jeweils nur nach Maßgabe des auftretenden Bedürfnisses. In den für diesen Betrieb ausersehenen Fernschränken sind jedoch von Haus aus schon die Bohrungen für die Schnurvierer, die Lötösenstreifen usw. für einen allenfallsigen späteren Ausbau vorzusehen.

Die Abstufungen in dem Bedarf an Kabeln für die Schnurverstärkergestelle gestalten sich in den verschieden großen Fernämtern wie folgt:

In einem Fernamte mit

1000 Fernleitungen benötigt man $2 \times 4 = 8$ Gestelle mit $\dfrac{2 \times 16 = 32}{\text{zu } 20"}$ Kabel

750 " " " $2 \times 3 = 6$ Gestelle mit $\dfrac{2 \times 12 = 24}{\text{zu } 20"}$ Kabel

500 " " " 4 Gestelle mit $1 \times 16 = 16$ Kabel zu 20"

250 " " " 2 Gestelle mit 8 Kabel zu 20"

120 " " " 1 Gestell mit 4 Kabel zu 20"

60 " " " ½ Gestell mit 2 Kabel zu 20".

e) Leitungen für den inneren Dienstbetrieb (DB.) eines Fernamtes.

Außer dem reinen Fern-, Anmelde- und Auskunftsverkehr wickelt sich innerhalb eines Fernamtes noch ein ziemlich lebhafter, interner Dienstverkehr (DBV.) zwischen den einzelnen Aufsichtspersonen im Fernsaale, den Ober-, Saal- und Schrankaufsichts-, den Störungs- und Überwachungsstellen ab. Zur Abwicklung dieses wechselseitigen Verkehrs müssen die für dieses Personal vorgesehenen Tische oder Schränke mit Dienstbetriebsvielfachleitungen (DBV.-Leitungen), in der gleichen Weise und mit der gleichen Schaltung, jedoch auf einem anderen Wege, wie die FDV.-Leitungen verbunden werden. (Siehe Abb. 8e, II. Teil.) Die aufgeführten Stellen liegen in einem Fernsaale ohne Zusammenhang zerstreut an verschiedenen Plätzen, in den größten Fernämtern sogar auf zwei Stockwerke verteilt. Eine gewöhnliche Führung des Linienzuges für die hiezu nötigen Vielfachkabel ist daher nur auf Umwegen, unter teilweiser Rückführung einzelner Züge, möglich. Zur Vermeidung einer derartigen, nichts weniger als sachgemäßen Kabelführung, empfiehlt es sich im Zuge der Kabel an einer oder mehreren geeigneten Stellen des Saales Knotenpunkte unter Einbau von Lötösenstreifen, in ähnlicher Weise wie bei den FDV.-Leitungen, zu bilden. In solchen Kabelknotenpunkten bleibt der Zusammenhang der vielfachgeschalteten Leitungen ebenso gewahrt, wie bei der Reihenschaltung aller Plätze, aber man kann von diesen Knotenpunkten, die lediglich als Löt- und nicht als Schaltstellen herangezogen werden, mehrere bis 4 Linien so ausstrahlen lassen, daß die Zusammenfassung aller zerstreut liegenden Stellen mit Unterbrechung des Linienzuges, sternförmig erfolgt. (Siehe seitliche Skizze der Abb. 8e$_1$ II. Teil.) Die Kabelknoten, d. h. die Lötösenstreifen werden bei mehreren Stockwerken am zweckmäßigsten teilweise im rückwärtigen Teil jedes Klinkenumschalters, zum anderen Teil an den Aufsichtstischen im unteren Seitenteil untergebracht.

In einem Normalamte sind folgende Dienstbetriebsstellen wechselseitig miteinander zu verbinden:

1.) Der Oberaufsichtstisch,

2.) der Saalaufsichtstisch,

3.) für je 10 Fernarbeitsplätze 1 Schrankaufsichtstisch, daher für 80 Plätze 8 solche Tische,

4.) 1 Aufsichtstisch für die Anmeldestelle,

5.) 1 Arbeitsplatz am K.U.,

6.) 1 Arbeitsplatz am Überwachungsschrank und

7.) 4 Plätze an den Auskunftsschränken,

zusammen also 17 Dienststellen, deren fernmündlicher Verkehr außer der Sprechstelleneinrichtung und der Anruflampe und dem Abfragekipper, an jeder dieser Stellen 2 Klinkenstreifen mit je 10 dreiteiligen Klinken und von Stelle zu Stelle ein vielfachgeschaltetes 20''' Kabel erfordert. Die einzelnen Kabelstücke der Linienzüge endigen im Kabelknoten an 20''' Lötösenstreifen. Die hiezu nötigen Kabel werden entweder bei einem Neubau in einige im Fußboden versenkte Rohre verlegt, oder aber an der Decke des unteren Stockwerkes von einer Durchbruchstelle bis zur nächsten mit Schutzeisen abgedeckt. Der Überschuß in dem 20''' Kabel von 20—17 =: 3 Doppelleitungen wird dazu benützt, um für sämtliche 8 Schrankaufsichtstische 3, für je 3 Tische gemeinschaftliche Hauptanschlußleitungen zum Verkehr des Schrankaufsichtspersonals mit dem Ortsnetze zu schaffen. Die Größe der verschiedenen Fernämter hat auf die Zahl der nötigen Kabel und Klinken für den DBV. folgenden Einfluß:

Für die Verbindung der verschiedenen Dienststellen in einem Fernamte mit 1000 Fernleitungen, 4 Kabel mit 20''' und an jedem Tisch 8 zehnteil. Klinkenstreifen

„	„	750	„	3	„	„	20''' und an jedem Tisch 6 zehnteil. Klinkenstreifen
„	„	500	„	2	„	„	20''' und an jedem Tisch 4 zehnteil. Klinkenstreifen
„	„	250	„	1	„	„	20''' und an jedem Tisch 2 zehnteil. Klinkenstreifen
„	„	120	„	1	„	„	10''' und an jedem Tisch 1 zehnteil. Klinkenstreifer
„	„	60	„	1	„	„	5''' und an jedem Tisch 1 fünfteil. Klinkenstreifen.

Außer diesen Dienstbetriebsleitungen sind unabhängig von der Größe eines Fernamtes an jedem Schrankaufsichtstisch zum wechselseitigen Dienstverkehr mit den 10 jeder Schrankaufsicht zugewiesenen Fernarbeitsplätzen, weitere 10 teilige Klinken- und Lampenstreifen mit einem 10 dreifachadrigen Kabel, das in der Schrankreihe an jedem Arbeitsplatz an einem Sprechkipper mit Anruflampe in 3 Adern aufgelöst wird, vorgesehen. (Siehe Abb. 8e$_2$ II. Teil.)

Zum Schlusse dieses umfangreichen, erschöpfenden Abschnittes, der einen tiefen Einblick in das innere Wesen eines neuzeitlich zu bauenden Fernamtes gewährt, wenigstens soweit der fernsprechtechnische, verwickelte Zusammenhang in Frage kommt, der aber auch die langwierigen Arbeiten vermuten läßt, die bei der Bauausführung eines solchen Amtes der Beteiligten harren, möchte ich es nicht unterlassen, die Wirkung zu untersuchen, die das weitgesteckte Programm kabeltechnisch auf die Einmündungsstellen der Kabel an den Schrankreihen ausübt, bezw. die Frage zu erörtern, ob die Konzentration der Kabel sich an diesen Stellen nicht über Gebühr erhöht. Zu diesem Zwecke habe ich in Abb. 9 II. Teil bildlich eine Zusammenstellung sämtlicher Kabel in einer Sammelschrankreihe für das größte, der Untersuchung unterzogene Fernamt mit 1000 Fernleitungen nach vollem Ausbau angefertigt und in den beigefügten Verzeichnissen die Zahl der in jedem Amte an den Konzentrationsstellen am Anfang, in der Mitte und am Ende jeder Schrankreihe nötigen Kabel ausgewertet. Hiernach belaufen sich diese Zahlen an den 3 Stellen auf 88,2×30 bezw. 66 Stück. Um diese Zahlen vergleichen und sich über das Größenverhältnis derselben eine Vorstellung bilden zu können, möchte ich nur erwähnen, daß im alten Fernamte zu München mit einer Aufnahmefähigkeit von 300 Fernleitungen, — also dreimal kleiner — im Kabelkanal zum ersten Fernschrank rund 180 Kabel lagern. Dieses günstige Ergebnis in der wertvollen Minderung der Kabelkonzentration, das trotz der dreifachen Größe des Amtes und den wesentlich erhöhten, betriebstechnischen Bedingungen erreicht wurde, ist zurückzuführen

1.) auf die Teilung des Hauptverteilers in 4 verschiedene, örtlich getrennte Gruppen,

2.) auf die Minderung des Vielfachfeldes für die Ferndienstleitungen, sowie auf den Einbau von Kabelknotenpunkten,

3.) desgl. der Transitleitungen und endlich

4.) auf die Trennung der zu den Schränken führenden Innenleitungen von den Außenleitungen eines Amtes und auf die Zuführung dieser Leitungen in der Mitte der Schrankreihe.

Die Kabelbündel am Anfang und Ende einer Reihe, die in den Schränken horizontal übereinandergelagert in Reihen zu 5 Stück ausmünden, werden des günstigeren Querschnittes wegen durch eine Verschränkung in Zehner-Reihen überführt und in einem Kabelrost mit 25 auf 30 cm (siehe Abb. 9 II. Teil) gelagert. Dieser Kabelrost kann in seiner Größe für die 3 größten Fernämter in den gleichen Ausmaßen, in den drei kleinsten mit 15 auf 20 cm angenommen werden. Die unteren 6 Kabellagen einer Schrankreihe, von der Mittellinie der Stoßstelle an den beiden mittleren Schränken ausgehend, wurden mit einfachen Strichen gleichfalls in Abb. 9 II. Teil dargestellt, um die Überlagerung der teils vom Anfang, teils von der Mitte der Schrankreihen ausstrahlenden und allmählich sich entgegengesetzt verjüngenden Kabellagen zu veranschaulichen.

B) Technische Vorkehrungen für die Bemessung der Zeitdauer eines Ferngespräches.

In keinem Zweige des öffentlichen und privaten Wirtschaftslebens hat der Sinnspruch „Zeit ist Geld" eine höhere Bedeutung als im Fernverkehr, denn hier tritt die Zeit als Handelsobjekt auf. Die Telegraphenverwaltung vermietet nämlich ihre Fernleitungen in Längenabstufungen an die einzelnen Fernsprechgäste der betreffenden Anlagen nach Maßgabe einer bestimmten, kurz bemessenen Benützungsdauer, deren minutliche Bewertung sehr verschieden sein kann; denn die ersten 3 Minuten eines Ferngespräches kosten, gleichgültig ob sie voll oder nicht ausgenutzt werden, bei Fernleitungen über 100 km nur den dritten Teil der Gebühr für die den ersten folgenden 3 Minuten und bei der Anmeldung eines dringenden Ferngespräches kostet die bevorzugte Abwicklung innerhalb der gleichen Zeitabschnitte die dreifache Gebühr eines gewöhnlichen Ferngespräches. Ferner hat die F.O. die Zeitdauer eines gewöhnlichen Gespräches für den Fall, daß die Leitung von anderer Seite beansprucht wird, auf 6 Minuten und jene eines dringenden Gespräches unter den gleichen Voraussetzungen auf 15 Minuten begrenzt. Die einwandfreie Bemessung dieser Zeitabschnitte liegt daher im Vordergrund des Interesses beim Bau großer Fernämter. Die Mittel zur Erreichung dieses Zieles bereit zu stellen, ist daher eine der vordringlichsten Aufgaben der Fernsprechtechnik.

Bisher hat man im Fernverkehr zu diesem Zwecke Sanduhren, einstellbare Minutenuhren, Zeitstempelapparate, Kalkulagraphen usw., in den meisten Fällen gewöhnliche Taschen- oder Wanduhren herangezogen, in vereinzelten Fällen fehlt sogar jedes Hilfsmittel zur Zeitbemessung. Wie man aus der Fülle dieser zahlreichen Mittel ersieht, hat man bis jetzt noch keine eindeutige Lösung dieser wichtigen Frage erreicht. In meiner Abhandlung über den Bau großer Fernämter habe ich bereits (siehe Seite 34 I. Teil) den Unterschied zwischen einer handschriftlichen und einer selbsttätigen Aufzeichnung der Gesprächszeiten näher beleuchtet und den wirtschaftlichen Vorteil der letzteren Aufzeichnungsart eingehend begründet. Da nun meine Ausführungen von Seite der bayer. OPDen. keinerlei Einwände ausgelöst haben, so darf angenommen werden, daß der selbsttätigen Aufzeichnung des Gesprächsbeginns, hauptsächlich aber der Gesprächsdauer der Vorzug vor der handschriftlichen Aufzeichnung mit ihren Unsicherheiten zu geben sein wird.

Aber kein bisher in den Verkehr gebrachtes System einer selbsttätigen Zeitbemessung, weder eine Kalkulagraphen-, noch eine Zeitstempelanlage, erfüllt im vollen Umfange alle im Interesse eines geregelten Betriebes gelegenen Bedingungen. Wenn auch der Kalkulagraph, ähnlich dem Zeitstempel, jedem Anmeldezettel den Beginn und die Zeitdauer, bzw. die Beendigung eines Ferngesprächs als unumstößliche Quittung für die Gebührenzurechnung aufdrückt, so hat die Fernbeamtin bei keiner dieser Anlagen weder

1.) ein sichtbares Zeichen über die augenblickliche Dauer des abzuwikkelnden Gespräches, bezw. über den Ablauf der verschiedenen Gesprächszeiteinheiten, noch

2.) ein Mittel, während der Hochflut des Fernverkehrs, die Begrenzung der zulässigen Höchstdauer eines gewöhnlichen bezw. eines dringenden Ferngespräches einwandfrei festzustellen,

3.) eine Handhabe bei ungenügender Gesprächsverständigung im Fernverkehr dem Ablauf der Gesprächszeit, mit Rücksicht auf die Gebührenbemessung, Einhalt zu gebieten.

122

Die beiden für eine selbsttätige Aufzeichnung allein in Frage kommenden Anlagen, Kalkulagraph oder Zeitstempel, werden im Fernbetrieb als allgemeine Einrichtungen für eine Mehrzahl von Fernleitungen vorgesehen, während die Erfüllung der ebengenannten, wünschenswerten Bedingungen besondere, jeder Fernleitung eigentümliche Einrichtungen voraussetzen. Die Lösung des Problems kann demnach nur durch eine zusätzliche Ergänzung der bestehenden Zeitstempel- oder Kalkulagraphenanlagen herbeigeführt werden. Die Firma Siemens & Halske hat nun eine solche, für jede Fernleitung notwendige Ergänzung geschaffen, die ich kurz Zeitsignalapparat nennen will. (Siehe Abb. 10 II. Teil.)

Dieser Apparat ist gekennzeichnet

1.) Durch ein Zeitrelais, das ähnlich einem Gesprächszähler, alle 10" ein von 10 zu 10" eingeteiltes Sekundenrad und nach Ablauf von 60" gleichzeitig ein Minutenrad mit einer Teilung bis 15', nach dem jeweiligen Anziehen seines Ankers fortschaltet.

Der Anker des Relais fördert durch einen Übersetzungshebel mit Klinke das Sekundenrad und in seiner Folge auch das Minutenrad vorwärts. An einem auf der Grundplatte des Zeitsignalapparates ausgesparten, durch ein durchsichtiges Celluloidschild abgedeckten Ausschnitte erscheinen nun, dem Zeitablauf entsprechend und für die betreffende Beamtin ablesbar, die Sekunden- und Minutenziffern. An der Peripherie des Sekundenrades ist vom Teilstrich 50" beginnend bis zum Teilstrich 0" eine längere Überhöhung eingepreßt, die in dem Zeitabschnitt von 50" bis 60" den Kontakt zweier leichten Federn 10" lang schließt. Der Kontaktschluß am Sekundenrad bleibt zunächst am Anfang des Gespräches wirkungslos, und zwar solange, bis ein vom Minutenrad ausgelöster, zweiter mit dem ersten in Reihe liegender Kontakt geschlossen wird.

2.) Durch eine Signallampe, die jeweils 10" lang vor dem Ablauf der zulässigen Benützungsdauer aufglüht als Zeichen für die Fernbeamtin, das im Gange befindliche gewöhnliche Ferngespräch bei 6' oder ein dringendes Gespräch bei 15', unter gleichzeitiger Benachrichtigung der beteiligten Fernsprechgäste zu unterbrechen für den Fall, daß die Fernleitung von anderer Seite beansprucht wird. Um nun eine solche Signalisierung herbeizuführen, muß der Rand des Minutenrades beim Teilstrich 5', also eine Minute vor Ablauf der ersten Sperrzeit, bezw. beim Teilstrich 14', eine Überhöhung aufweisen. Stellt sich demnach im Zeitablauf das Minutenrad auf den 5. Teilstrich ein, so bereitet der zweite Kontakt während der folgenden Minute den Stromweg über die Lampe erst vor, denn die Überhöhung des Sekundenrades hat gerade in diesem Augenblick ihren Kontakt bereits verlassen. Im weiteren Verlauf erreicht das Sekundenrad zum wiederholtenmale den Teilstrich 60"; der erste Kontakt schließt sich abermals. In dieser Stellung, während des Kontaktschlusses der beiden Federn, zum Zeitpunkt 5' 50" bezw. 14' 50" glüht die Warnlampe. Sie erlischt nach Ablauf der Sperrzeit sofort, weil das Minutenrad in diesem Augenblick wiederum um eine weitere Zahnteilung vorwärts befördert wird.

3.) Durch einen Zeitkipper, der dieses Zeitrelais im Bedarfsfalle bei Beginn eines Gespräches parallel zur Stromimpulsleitung einer Uhrenanlage zu schalten gestattet. Damit erhält das Zeitrelais intermittierend bis zur Beendigung des Gesprächs über die Kontakte des von der Fernbeamtin zu steuernden Kippers die erwähnten Stromstöße.

Nach Schluß des Gespräches stellt die Fernbeamtin den Zeitkipper wieder normal. Die Stromimpulse über das Zeitrelais werden unterbrochen, die beiden Zahnräder beenden ihre Umdrehungen. An dem rechteckigen Ausschnitte kann nunmehr die Zeitdauer des Gespräches in Minuten und in Abschnitten von zehn zu zehn Sekunden abgelesen und in den bereitliegenden Anmeldezettel eingetragen werden.

Im Fernbetrieb tritt ab und zu der Fall ein, daß während eines im Gang befindlichen Gespräches, aus irgendwelchen Ursachen plötzlich die gute Gesprächsverständigung aussetzt, um vielleicht nach ganz kurzer Zeit wieder normal einzusetzen. Es wäre eine Ungerechtigkeit, die für die Abwicklung des Gespräches verlorene Zeit dem Sprechgast voll in Anrechnung zu bringen. Zur Hintanhaltung der hieraus entspringenden, unbilligen Härten kann bei Verwendung eines Zeitsignalapparates die Fernbeamtin durch vorübergehende Normalstellung des Zeitkippers die Angaben des Zeitrelais dem Ablauf der Gesprächszeit anpassen.

4.) Durch eine Löschtaste, die beim Drücken die beiden Sperrklinken der Zeiträder abhebt, die Räder in die Normalstellung zurückbringt und den ganzen Apparat zu weiteren Aufzeichnungen wieder bereit stellt.

Die für einen Zeitsignalapparat notwendigen 4 Einzelteile werden in einem neuen Amte, wie ich später des Näheren noch ausführen werde, auf der Grundplatte des jeder Fernleitung zugewiesenen, auswechselbaren Anrufsatzes untergebracht. Um ein Klebenbleiben des Zeitrelaisankers zu vermeiden, wird dieser Anker am zweckmäßigsten unter der Relaiswicklung angebracht, so daß er ohne Federkraft durch sein eigenes Gewicht abfällt. In dieser Stellung benötigt das Relais zur intermittierenden Betätigung des Ankers etwa 0,06 A. Hiernach steigert sich der Strombedarf in dem größten, der Untersuchung unterzogenen Fernamte mit 1000 Fernleitungen bei rund 45% abgehendem, für die Zeitsignalapparate allein in Frage kommenden Verkehr auf $0,45 \times 1000 \times 0,06 = 27$ A., der in Zeitabschnitten von 10" jeweils auf die Dauer 1 Sekunde dem Verkehrsumfange eines Amtes entsprechend, fortwährend benötigt wird. Vom elektrischen Standpunkte aus ist es nun nicht angängig, die Einschaltung und Unterbrechung einer solch großen Strommenge gleichmäßig für das ganze Amt einem einzigen Kontakte aufzubürden, ebensowenig wie es im Hinblick auf das klappernde Geräusch der Relaisanker angängig wäre, in einem großen klappernde Geräusch der Relaisanker angängig wäre, in einem großen Fernamte während der Hochflut des Verkehrs gleichzeitig $0,45 \times 1000 = 450$ Relais synchron ansprechen zu lassen. Eine möglichst weitgehende Unterteilung der Stromimpulsleitungen und eine stufenweise Verteilung der zehnsekundlichen Impulsgabe auf eine größere Zahl von Gruppen, vielleicht in der Weise, daß die Impulsgabe in der ersten Gruppe nach Ablauf von 10", in den folgenden Gruppen jeweils um eine, oder einen Bruchteil später, innerhalb der Grenzen von 1—10" erfolgt, wird sowohl die Funkenbildung an den nunmehr zahlreichen Unterbrechungsstellen wesentlich mildern, als auch das, wenn auch mäßige aber immerhin lästige Geklapper der zahlreichen Relais, infolge der zeitlich und örtlich getrennten Verteilung auf ein erträgliches Maß herabdrücken.

Eine solche Verteilung der Leitungen und der Impulsgabe erreicht man am einfachsten durch Anwendung einer Stromverteilerscheibe mit mehreren, etwa 4 von einander isolierten Kontaktsegmenten, auf der ein geerdeter Kontaktarm drehbar angeordnet wird. (Siehe Abb. 10 II. Teil.) Durch irgend einen Mechanismus wird nun dieser Arm intermittierend und alle 5 oder 10" einmal in langsame Umdrehung versetzt. Während dieser langsamen Umdrehung von vielleicht 4" gibt der gedrehte Kontaktarm vorübergehend Erde auf jedes Kontaktsegment. Verbindet man die 4 Kontaktsegmente, jedes für sich, leitend mit 4 gleichfalls voneinander isolierten Sammelschienen im inneren Teil einer Fernschrankreihe mit 20 Fernschränken, — der Einheit einer Stromverteilung — so kann man diese Sammelschienen durch kurze Drähte an die Lötösen der Zeitrelais-wicklungen derart führen, daß jeder Draht abwechslungsweise an einem anderen der 4 benachbarten, belegten oder unbelegten Fernanrufsätze endigt. Der Sicherheit halber wird es sich empfehlen, die Sammelschienen in Schleifenform auszuführen, um in Störungsfällen bei einer Unterbrechung der Leitung die Impulsgabe noch von der zweiten Seite aus zu ermöglichen. Mit dem Drücken des Zeitkippers findet die an der 2. Wicklung des Zeit-relais angelegte 60 oder 24 Voltbatterie vorübergehend beim Bestreichen der Kontaktsegmente am Kontaktarm Erde vor. Von den 4 benachbarten Zeitrelais spricht mit dieser zeitlich verschobenen Impulsgabe jeweils immer nur 1 Relais an. Die technische Durchbildung der Drehung eines Kon-taktarmes bleibt weiteren Versuchen vorbehalten. Eine Ausführungsform werde ich später noch eingehender beschreiben.

Von den eingangs aufgestellten Bedingungen über eine einwandfreie Zeitbemessung im Fernverkehr erfüllen Zeitsignalapparate nur die eine allerdings wichtigste, nämlich die über die Bemessung der Zeitdauer eines Gespräches, nicht aber die zweite, vielleicht nicht minder wichtige, über den Zeitpunkt des Beginnes bezw. der Beendigung eines Ferngespräches. Während nun die am Ausschnitte abgelesene, im Anmeldezettel hand-schriftlich eingetragene Angabe für die Zeitdauer eines Gespräches mit dem Drücken der Auslösetaste sofort gelöscht wird, muß der Zeitbeginn, sowie die Beendigung eines Gespräches als unumstößliche Quittung für die Ge-bührenzurechnung unverwischbar dem Anmeldezettel aufgedrückt werden, weil der handschriftliche Eintrag dieses Vermerkes leicht zu Irrungen und unliebsamen Plackereien führen kann und im praktischen Betriebe auch führen wird. Das Endziel aller Bestrebungen in dieser Richtung bleibt nach wie vor der selbsttätige mechanische Abdruck des Zeitvermerkes auf dem Anmeldezettel. Sowohl der Kalkulagraph, als auch der Zeitstempel erfüllen in gleich vollkommener Weise beim Beginn eines Gespräches die vom Betriebsstandpunkt aus zu stellende Bedingung, der erstere durch den Abdruck einer einfachen Einkerbung auf einem vervielfältigten Ziffer-blatt, der letztere durch den Abdruck der drei nach dem Zeitbeginn ein-gestellten, nach Stunden, Minuten und Sekunden abgestuften Zeitziffern. Dem Kalkulagraphen muß bei der Gesprächsbeendigung der unverkenn-bare Vorteil zugebilligt werden, daß er die Zeitdauer eines Gespräches auf einem zweiten mitabgedruckten Minuten- und Sekundenzifferblatt eindeutig erkennen läßt, während der Zeitstempel lediglich den Zeitpunkt der Ge-sprächsbeendigung dem Zettel aufdrückt. Die Zeitdauer des Gespräches wäre im letzteren Falle erst rechnerisch, durch eine Differenzbildung der beiden aufgedruckten Zeiten umständlich festzustellen, wenn nicht die zu-sätzliche Ergänzung des Zeitstempelapparates durch die Einführung eines Zeitsignalapparates die Differenzbildung überflüssig machen würde, die nur in einzelnen strittigen Fällen oder zur Kontrolle durchzuführen sein wird. Ihren Leistungen nach ist daher im Fernbetrieb eine Kalkulagraphen-anlage einer Zeitstempelanlage zweifellos überlegen. Trotzdem möchte ich aber den Standpunkt vertreten, beim Bau neuer Fernämter in Zukunft nur mehr Zeitstempel mit Signalapparaten für den vorwürfigen Zweck in Verwendung zu nehmen, weil ein Kalkulagraph in seinem inneren Auf-bau komplizierter, daher auch teuerer und weniger betriebssicher gebaut wird als ein Zeitstempelapparat. Diese Gründe allein wären noch nicht ausschlaggebend, den Kalkulagraphen, der im bayerischen Verwaltungs-bereiche mehrere Jahrzehnte lang sehr gute Dienste im Fernverkehr ge-leistet hat, aus dem Sattel zu heben. Der hauptsächlichste, gegen eine ausgedehntere Anwendung des aus Amerika stammenden Kalkulagraphen sprechende Grund liegt in dem geräuschvollen Gange seines inneren elektrisch angetriebenen Räderwerkes, auf dessen eingehende Beschreibung ich hier, als zu weitgehend, verzichten muß. Der von der Firma S. & H. konstruierte, erst in jüngster Zeit auf den Markt gebrachte Zeitstempelapparat vermeidet das unliebsame Geräusch beim Fortschalten des Zifferwerkes. Nach einer Mitteilung dieser Firma erzielt man die Geräuschlosigkeit des Antriebes durch Verwendung eines Magnetsystems, das im Grundgedanken den Antriebswerken elektrischer Nebenuhren gleicht. An Stelle des sonst üblichen hin- und her pendelnden Ankers wird ein Z-förmiger Drehanker verwendet, der bei jedem Schritte eine Drehung von 90° vollzieht. Soll eine Drehung des Ankers überhaupt stattfinden, so müssen die Stromimpulse ihre Richtung von Stoß zu Stoß wechseln. Diese Maßnahme hat den großen Vorteil, daß irgendwelche Kontaktunterbrechungen oder zufällige Fremdströme usw. niemals eine falsche Einstellung des Zeitstempels veranlassen können. Das Antriebsystem besteht aus 4 polarisierten Relais mit 4 Dauermagneten. Die 4 Magnetrollen werden mit ihren Wicklungen in Reihe geschaltet, so daß trotz eines verhältnismäßig hohen Widerstandes für die Spulen die Verwendung dickdrähtigen Materials möglich wird. Bei 480 Ohm Gesamtwiderstand und 24 Volt Batteriespannung benötigt ein Zeitstempel einen Strom von 0,05 Amp. Die Übertragung der Drehbewegung des Ankers auf den Typenrädersatz ist eine zwangläufige, übermittelt durch eine Kugelradübersetzung, die im Umfange des ersten unmittelbar angetriebenen Typenrades eine Leistung von 240 Grammzentimeter aufweist. Mit dieser Leistung steht der neue Zeitstempel gegenüber den bisherigen Konstruktionen in Bezug auf Wirtschaftlichkeit und Sicherheit an erster Stelle und überragt auch in dieser Richtung den amerikanischen Kalkulagraphen. Um zu verhüten, daß durch ein zu lang dauerndes Niederdrücken der Drucktaste ein Zurückbleiben des Stempels eintritt, ist vor die erste Kugelradübertragung eine federnde Kupplung gelegt, die es dem Drehanker ermöglicht, auch bei festgehaltener Type noch eine Gesamtbewegung von 270° (entsprechend 3 Schritten) zu vollziehen, die vom Typenwerk dann nach Freigabe der Drucktaste selbsttätig nachgeholt wird. Der Rückgang des Ankers selbst wird unter allen Umständen sicher dadurch verhütet, daß eine Sperreinrichtung an der Ankerachse nach jeder Vierteldrehung einen Rückgang in die frühere Lage ausschließt. Das Einfallen des Sperrkegels, der unter dem Drucke einer schwachen Feder steht, verursacht ein geringfügiges, kaum wahrzunehmendes Geräusch. Die Uebertragung der Fortschaltebewegung von dem unmittelbar angetriebenen, also am schnellsten umlaufenden Typenrad auf diejenigen Typenräder, welche die höheren Zeitwerte zum Abdruck bringen, erfolgt mittels einer Stoßklinke, die ebenfalls geräuschlos arbeitet. Im Einzelnen überträgt sich die Bewegung des Sekundenrades nach Ablauf von 60" auf das Minuten-, von diesem auf das Stunden- und von diesem zuletzt auf das Tagestypenrad selbsttätig. Von einer selbsttätigen Fortschaltung der Monatstypen und Jahreszahlen, die für die Zeitstempelapparate an den Fernschränken überhaupt nicht notwendig ist, wird auch bei den Zeit- und Datumsstempeln an der Anmeldestelle Abstand zu nehmen sein, weil die Berücksichtigung der ungleich langen Monate und Jahre eine verhältnismäßig verwickelte Einrichtung erfordern würde. Die Monatstypen und die Jahreszahlen in 2 Ziffern werden am einfachsten von Hand fortgeschaltet. Die Typenräder zum Abdruck der Tagesstunden werden in 2×12 Stunden mit der vorgesetzten Bezeichnung „V" (Vormittag) und „N" (Nachmittag) eingeteilt.

Am Zeit- und Datumstempel der Anmeldestelle kommt sonach Jahr, Monat, Tag, Stunde und Minute, am gewöhnlichen Zeitstempel für die Fernschränke nur Stunde, Minute und Sekunde zum Abdruck.

Auf der Achse der Typenräder für die Datumstempelung wird des weiteren noch ein Nummerateur vorgesehen, der selbsttätig die Anmeldezettel außer dem Zeitvermerk und zwar fortlaufend mit einer 5 zifferigen Zahl bedruckt. Damit kann jede Betriebsstelle den täglichen Anfall von Zetteln ohne zeitraubende Nachzählung lediglich durch einfache Ablesung feststellen. An Stelle dieses Nummerateurs tritt an den gewöhnlichen Zeitstempeln eine feststehende Kenntype zur Bezeichnung der einzelnen Zeitstempel, um bei Unregelmäßigkeiten in den Zeitabdrücken die schadhaften Zeitstempel zu erkennen.

Zur Kontrolle des Zeitstempels auf seinen richtigen Stand ist in der Grundplatte eine Schauöffnung ausgespart, die ein Kontrollzifferblatt mit Stunden- und Minutenzeiger trägt. Der Antrieb der Zeiger erfolgt zwangläufig von der Typenradwelle aus mittels Zahnrädern. Die äußere Form des Zeitstempels und sein Größenverhältnis ist aus der Abb. 11 II. Teil zu ersehen. Die Betätigung des gewöhnlichen Zeitstempels an den Fernarbeitsplätzen erfolgt mechanisch durch Niederdrücken des Oberteiles, das um eine horizontale Achse drehbar gelagert ist und eine geringe Winkelbewegung zuläßt, der Datumstempel an der Anmeldestelle dagegen wird durch einen elektrischen Fußkontakt betätigt.

Zur bequemen Differenzbildung für die Bemessung der Zeitdauer eines Gespräches muß der Abdruck der Schlußzeit über dem Abdruck der Anfangszeit erfolgen. Diese Bedingung setzt eine ganz bestimmte, aber veränderliche Lage des Zettels voraus. Zwei doppelschlitzige Führungsleisten, deren Entfernung der festgelegten Zettelgröße 6 auf 13 cm entspricht, erhalten an jedem Schlitz einen bestimmten, gegenseitig versetzten Anschlag, der dem eingeschobenen Zettel beim Abdruck für den Beginn des Gespräches eine andere Lage gibt, als beim Abdruck der Schlußzeit eines Gespräches.

Das ganze Typenwerk sitzt im Oberteil des Zeitstempels, sodaß der Druck von oben erfolgt. Der Unterteil des Zeitstempels wird zur bequemen Handhabung in die Tischplatte des Fernschrankes zwischen den beiden Arbeitsplätzen eingelassen. Ein korrekter Abdruck kommt deshalb zustande, weil während der Stempelung sämtliche Typenräder durch eine Stoßstange arretiert werden. Die Typenräder sind aus Bronze, die Kenntype aus Stahl hergestellt, die einzelnen Teile sind leicht austauschbar angeordnet. Das Farbband wird bei jedem Druck selbsttätig um eine kleine Länge verschoben; ebenso erfolgt die Umschaltung des Farbbandes selbsttätig, sobald die gesamte Länge einmal abgelaufen ist. Zur Instandhaltung und Nachstellung wird der Oberteil des Zeitstempels durch eine Abschlußkappe abnehmbar gestaltet.

Der Antrieb der wenigen Datumstempel eines Fernamtes erfolgt ebenso wie die minutliche Fortschaltung der Nebenuhren unmittelbar vom Hauptuhrenkontakt aus.

Beim Antrieb der zahlreichen Zeitstempel für die Fernschränke dagegen sind dieselben elektrotechnischen und praktischen Erwägungen maßgebend wie beim Antrieb der Zeitsignalapparate. Nachdem aber bei der Fortschaltung des Zeitstempelapparates bei jedem Stromimpuls in der Stromrichtung ein Wechsel eintreten soll, so will ich versuchen, trotz dieser gegensätzlichen Bedingungen für die beiden Apparatengattungen eine gemeinsame Lösung der zeitlich veränderlichen Stromimpulsgabe zu finden. (Siehe Abb. 10 II. Teil.)

Von einer Hauptuhr, die in der Nähe des K.U. ihre Aufstellung findet, wird in Abschnitten von 10" jeweils ein mit . Funkenlöschung ausgestatteter Kontakt geschlossen, der eine Spannung von 24 V. an die Wicklung eines polarisierten Relais legt. Der Stromfluß schwächt den permanenten

Magneten des Relais so, daß die Kraft einer beigegebenen Abreißfeder überwiegt. Diese Federkraft zieht einen drehbaren Sperrhebel aus seiner Ruhelage und gibt das Sperrad der Welle eines mit einem Hängegewicht belasteten Räderwerkes mit Windflügel frei. Das Räderwerk setzt damit die je nach der Größe eines Fernamtes längere oder kürzere Welle in Umdrehung, die sich aber so langsam vollzieht, daß eine halbe Umdrehung erst nach Ablauf von etwa 4" beendet wird. Nach Ablauf dieser Zeit klinkt der Sperrhebel in einen zweiten, auf dem Sperrad sitzenden Vorsprung und gleichzeitig auch ein Sperrgestänge in den Windflügel des Räderwerkes ein. Die Welle wird in ihrer Umdrehung gehemmt und kommt zum Stillstand. Auf dieser Welle sitzen für jede Schrankreihe eines Amtes fest aufgekeilt 3 Kontaktarme, von denen der eine an Erde, der zweite an dem + Pol, der dritte an dem — Pol einer 24 Voltbatterie liegt. Diese 3 Arme bestreichen bei der Umdrehung der Welle 3 Kontaktkränze oder Scheiben, die ebenso wie die Kontaktkränze eines Vorwählers ausgebildet werden. Der halbe Umfang eines Kontaktkranzes wird entsprechend den 4 getrennten, in Schleifen verlegten Sammelschienen einer Schrankreihe in 4 Kontaktsegmente eingeteilt. An den 4 Segmenten der 1. Kontaktscheibe endigen je 2 Doppelschleifen zu den Sammelschienen der Zeitsignalapparate, an jenen der 2. Scheibe eine Schleife zu den Sammelschienen der Zeitstempelapparate, an den der 3. Scheibe eine solche zu den Sammelschienen der Zeitstempel. Die 4 Segmente der zweiten Hälfte einer Kontaktscheibe liegen parallel zu den 4 ersten. Die Segmente der 2. und 3. Scheibe dagegen werden mit den 4 ersten wechselweise so verbunden, daß die Segmente der oberen Hälfte der 2. Scheibe mit jenen der unteren Hälfte usw. korrespondieren. Dreht sich nun die Welle und mit ihr die Kontaktarme zunächst um 180°, so wird an den Segmenten der Scheibe 1 Erde an die Sammelschienen der Signalapparate, an die Segmente der Scheibe 2 der + Pol, an jene der Scheibe 3 der — Pol an die Sammelschienen der Zeitstempel gelegt. Nach Ablauf von 10" klinkt der Sperrhebel zum zweiten mal aus; die Welle dreht sich um weitere 180° und vollendet damit eine Umdrehung. In der Impulsgabe der 1. Scheibe tritt gegenüber der ersten halben Umdrehung keine Aenderung ein. Dagegen wechselt infolge der geänderten Zuführung zu den Sammelschienen der Stromfluß über die Zeitstempelapparate seine Richtung. Man erreicht also mit diesem Impulsgeberapparate, der mit Rücksicht auf die Betriebssicherheit der Zeitgabe in doppelter Ausführung vorgesehen werden soll, trotz des Stromrichtungswechsels auch bei den Zeitstempelapparaten eine zeitlich und örtlich verschobene Impulsgabe. Die zeitliche Verschiebung der Impulsgabe spielt bei den Zeitmeßapparaten für Fernämter keine Rolle, denn es handelt sich hier nicht um absolut genaue Zeitbestimmungen, sondern lediglich um die Feststellung relativer Zeitdifferenzen. Ein selbsttätig mit Motorantrieb wirkender Gewichtsaufzug hält den Impulsgeberapparat, der am zweckmäßigsten in der Nähe des N.V., der Gehörschutzapparate und der Schnurverstärkergestelle seine Aufstellung findet, dauernd betriebsbereit. Die Art der Aufstellung und der Bedarf an Impulsgebern, deren Größe, sowie der Bedarf an Zeitsignalapparaten, Zeitstempeln, Datumstempeln und Nebenuhren einschließlich der Vorratsapparate kann für die verschieden großen Fernämter aus der der Abb. 10 II. Teil beigegebenen Zusammenstellung entnommen werden.

Allenfallsige Aenderungen des Impulsgeberapparates bleiben weiteren Versuchen in dieser Angelegenheit vorbehalten.

C) Die mechanische Beförderung von Anmeldezetteln innerhalb eines Fernamtes.

In meiner Abhandlung über den Bau großer Fernämter (siehe I. Teil) habe ich bereits auf Seite 19 bis 29 eingehend die technischen und wirtschaftlichen Gesichtspunkte erläutert, die für die Einführung einer maschinellen Verteilung von Anmeldezetteln innerhalb eines großen Fernamtes sprechen, die aber auch ebenso klar den Betrieb der bisher gebräuchlichen pneumatischen Zettelpostanlagen verneinen. Auf Grund meines in dieser Abhandlung gemachten Vorschlages hat nun die Firma Rohr- und Seilpostanlagen G. m. b. H. Mix & Genest in der Zwischenzeit eine Probeanlage mit Seilpostbetrieb für die Verteilung von Zetteln und eine Förderbandanlage für die Sammlung derselben ausgeführt, die meinen Erwartungen sowohl in technischer Hinsicht als auch in Bezug auf Geräuschlosigkeit voll entsprochen hat. Anläßlich eines Besuches bei der Firma wurde mir ein rohes Modell vorgeführt, das durch eine einfache mechanische Vorrichtung auf ein bewegtes Förderband aufgelegte Zettel an bestimmte örtlich getrennte Stellen zu verteilen gestattet. Nach dieser Ausführungsart ist auch ohne weiteres die Verteilung von Anmeldezetteln in Fernämtern mit Hilfe eines Förderbandes denkbar. Da nun nach meinem ersten Vorschlage bereits ein Förderband zur Sammlung der erledigten Anmeldezettel und der Durchgangszettel verwendet werden soll, so lag aus rein wirtschaftlichen Gründen der Gedanke nahe, für die Verteilung von Zetteln, nicht wie ursprünglich beabsichtigt war, eine eigene Seilpostanlage in Aussicht zu nehmen, sondern hiefür das gleiche Band heranzuziehen. Diese Erkenntnis und die daraus entsprungene Besprechung hat in kürzester Zeit die Frage so weit geklärt, daß sich die Firma entschloß, nach diesem Gedanken eine Probeanlage, jedoch nicht mit mechanischer, sondern mit elektrischer Steuerung der Sende- und Empfangsapparate, auszuarbeiten zu lassen. Während der folgenden Vorarbeiten ist es der gleichen Firma des weiteren noch gelungen, dem gleichen Bande auch noch eine dritte Funktion aufzubürden, so daß nunmehr ein Förderband folgende 3 Aufgaben erfüllen kann:

1.) Es verbringt die von einer Zentrale in verschiedene Behälter eingelegten Zettel an die Fernschränke und legt sie dort an die zugehörigen Arbeitsplätze ab,

2.) es sammelt die an jedem Arbeitsplatz einer Schrankreihe angefallenen Durchgangszettel und verbringt diese an die Zentrale zurück und

3.) sammelt es alle erledigten Anmeldezettel einer Schrankreihe, um sie an einer anderen Stelle, der Auskunftsstelle, abzuwerfen.

Keine bisher bekannt gewordene mechanische Fördereinrichtung erfüllt die innerhalb eines Fernsaales für die Fortbewegung von Zetteln geforderten Bedingungen in dem gleichen Umfange wie eine Förderbandanlage für selbsttätige Verteilung und Sammlung von Zetteln, weshalb ich die bestimmte Ansicht vertrete, daß die Beförderung gleichgestalteter Zettel, wie sie nur im Fernbetrieb vorkommt, künftig in neuen Fernämtern durch pneumatische Zettelpostanlagen aus rein wirtschaftlichen Gründen nicht mehr ernstlich in Frage kommen wird. Es ist Sache der Fördertechnik, solche Bandanlagen in einer technisch vollendeten Form auszubauen und ihre Betriebssicherheit auf die höchst mögliche Stufe zu heben. An dem Gelingen dieser Aufgabe zu zweifeln, liegt kein Grund vor. Auch die Firma E. Zwietusch & Co. ist damit beschäftigt, eine nach den oben niedergelegten Grundsätzen zu betreibende Anlage in den Verkehr zu bringen. Inwieweit diese z. Z. noch nicht entwickelte Anlage den Anforderungen entsprechen wird, kann erst nach deren praktischer Ausführung beurteilt werden.

Eine Förderbandanlage zur selbsttätigen Verteilung und Sammlung von Anmeldezetteln für Fernämter besteht aus einem schmalen grobgewebten, endlosen Band, welches ähnlich einem Riemen an den Brechungspunkten über kugelgelagerten, leicht gewölbten Walzen, sonst aber in einem U-förmigen Blechschacht, längs der Innenwandung einer Fernschrankreihe, unter dem Tasterbrett geführt und von einem Elektromotor mittels Schneckenradvorgelege mit einer Geschwindigkeit von etwa 0,5 m pro Sekunde dauernd angetrieben wird. Die Anlage hat die Aufgabe von einer, in der Nähe der Anmeldestelle gelegenen Zentralstelle aus, die angefallenen Anmeldezettel an die verschiedenen Arbeitsplätze einer Fernschrankreihe zu verbringen und von dort die erledigten oder die Durchgangszettel an die gleiche oder an eine andere Stelle der Bahn wieder zurückzubefördern. In vielen Fällen wird es mit Rücksicht auf die örtlichen Verhältnisse nicht möglich sein, die Zentralstelle im Zuge der Fernschrankreihe geradlinig in gleicher Höhe mit dem Tasterbrett, sondern am Ende der Reihe seitlich unter einem rechten Winkel zur Bahnlinie unterhalb des Fernsaales aufzustellen. Eine solche Aufstellung erfordert aber eine räumliche Führung des Bandes in rechtwinklig zueinander gelagerten Ebenen. Die dauernde Bewegung eines rechteckig geformten Bandes läßt sich in der Ebene der Bewegungsrichtung über mehrere rechte Winkel durch parallel zur Bandebene gelagerte Führungswalzen leicht ermöglichen, ebenso wie es keine Schwierigkeiten bietet, einen auf das Band aufgelegten Zettel aufwärts zu befördern, aber nur dann, wenn sich das hochgeführte Band mit seiner Oberfläche dauernd auf einem leicht gewölbten Blechschachte oder auf einem sanft gebogenen Stabgitter satt anlegen kann. Diese Führung erzeugt eine Reibung zwischen Band- und Metallfläche. Der aufgelegte Zettel reibt sich nun sowohl am Band, als auch an der Metallfläche. Da nun aber der Reibungskoeffizient zwischen Papier und Band viel höher ist, wie zwischen Papier und einer glatten Metallfläche, so wird ein auf das Band gelegter Anmeldezettel auch bei der Hochführung des Bandes ohne weiteres mitgenommen werden. Will man jedoch das Band über zwei senkrecht zur Bewegungsrichtung gelagerte Ebenen führen, so müssen in diesem Falle auch die Führungswalzen senkrecht zu einander angeordnet werden. Eine derartige Anordnung bedingt aber eine langgezogene, schraubenförmige Verdrehung der Bandebene, die bei einer Hochführung eine ähnliche Verdrehung des Blechschachtes oder des Stabgitters zur Folge hat. Derartige Verdrehungen von Riemen werden in der Technik schon längst bei zwei sich kreuzenden Transmissionswellen mit bestem Erfolge des öfteren angewandt.

Uebergehend auf die Beschreibung einer Förderbandanlage mit selbsttätiger Verteilung und Sammlung von Zetteln will ich zunächst nur den einfachsten Fall herausgreifen und die Bandanlage für eine Schrankreihe betrachten, in der die Zentrale und die Abwurfstelle horizontal, in einer Flucht liegen, aber vorweg schon bemerken, daß jede Schrankreihe für sich eine getrennte Bandanlage, also ein größeres Fernamt soviele Einzelanlagen benötigt, als Schrankreihen vorhanden sind.

Die von den Anmeldetischen eines Amtes ebenfalls durch ein gesondertes Förderband herangebrachten Anmeldezettel werden an der in Tischform ausgeführten Einlegezentrale der Förderbandanlage abgeworfen, von der Einlegebeamtin durch einen Datumzeitstempelapparat mit dem Ankunftszeitvermerk versehen, gesichtet und dann dem Leitvermerk entsprechend in die schräggestellten, aus Blech hergestellten Einlegebehälter verteilt. (Siehe Abb. 13 II. Teil.) Die Zahl der Einlegebehälter entspricht der Zahl der Fernschränke und erreicht ungefähr bei 20 ihr Höchstmaß. Zur Erleichterung der Verteilungsarbeit werden in die im Zwischenraum der Behälter angeordneten Verschlußklappen (siehe Abb 13 links unten) auswechselbare Schildchen mit der Leitungsbezeichnung eingesteckt. Die Einlegebehälter sind an ihren Böden durch leichte Klappen für gewöhnlich verschlossen. Beim Einlegen verhindern diese Klappen das Abfallen der Zettel auf das bewegte Band. Das Oeffnen der einzelnen Klappen bewirken die jedem Behälter zugeordneten, seitlich eingebauten Solenoïde, deren Wicklungsenden einerseits über zwei in Serie liegende Einschaltekontakte zur Erde, andererseits über einen Auslösekontakt zu einer geerdeten 24 Voltbatterie entsprechender Größe führen (siehe Abb. 13 II. Teil). Werden nun die beiden in Reihe liegenden Einschaltekontakte eines Behälters durch irgend einen äußeren Vorgang gleichzeitig, wenn auch nur vorübergehend geschlossen, so spricht das Solenoïd an, zieht seinen Anker an, schließt dabei einen Haltekontakt und öffnet die Klappe. Der eingelegte Zettel fällt durch sein Eigengewicht aus dem Behälter und legt sich in der Bewegungsrichtung horizontal auf eine bestimmte Stelle des bewegten Bandes. Der Haltekontakt überträgt unter Vorschaltung eines Widerstandes die Erde auf das Solenoïd, so daß die Klappe auch nach der Unterbrechung der beiden Einschaltekontakte solange geöffnet bleibt, bis durch einen zweiten Vorgang der Unterbrechungskontakt dem Solenoïde die aufgedrückte Spannung entzieht und die Klappe durch Federkraft in ihre Ruhelage zurückschnellt. Man könnte nun während dieses Vorganges den Einlegeschlitz durch eine zweite, mit der ersten in Wechselbeziehung stehenden Klappe schließen, um das Einlegen weiterer Zettel zu sperren und damit zu verhindern, daß ein eben eingelegter Zettel in beliebiger Stellung von der in die Ruhelage zurückschnellenden Klappe eingeklemmt wird. Ich halte diese Vorsichtsmaßregel für überflüssig, weil eine tatsächlich eintretende Einklemmung wegen der geringen Kraft dem Zettel keine nennenswerte Beschädigung zuführen kann und die Wahrscheinlichkeit einer Einklemmung während eines Umlaufes sich nur auf den Bruchteil einer Sekunde beschränkt; im Gegenteil erweist sich diese Maßregel als betriebshemmend, denn während der einige Sekunden dauernden Sperrzeit wird die Einlegearbeit verzögert und damit die Leistung der Einlegebeamtin herabgedrückt. Die Einschaltekontakte befinden sich in der Bewegungsrichtung vor dem Einlegebehälter, die Ausschaltekontakte hinter demselben. Das Schließen der Einschaltekontakte erfolgt durch 2 an dem Bande aufgenietete Eisenstifte, die senkrecht zur Bandebene stehen, das Oeffnen des Ausschaltekontaktes durch einen zweiten, mindestens 1,4 m, d. i. eine Schranklänge von dem ersten Stiftpaar entfernt liegenden besonderen Eisenstift. Will man in einem Förderbandzug eine größere Anzahl von Sende- und Empfangsstellen betreiben, so müssen die Kontaktstifte in der Querrichtung des Bandes gegenseitig versetzt sein. Je nach der Zahl der vorzusehenden Sendestellen n, bemißt sich die Zahl der in x Reihen aufzunietenden Stiften, einschließlich der Auslösestifte zu x^2, wenn n der Gleichung $\frac{x \times (x-1)}{2}$ genügt.

Die Zahl x ist dann $= \frac{1}{2} + \sqrt{(\frac{1}{2})^2 + 2\,n}$.

Hiernach sind zum Ein- und Ausschalten der Solenoïde einer Anlage für die selbsttätige Verteilung und Sammlung von Anmeldezetteln mit 28 Sendestellen 8 Stiftreihen mit 64 Stiften

„ 21	„	7	„	„ 49	„
„ 15	„	6	„	„ 36	„
„ 10	„	5	„	„ 25	„
„ 6	„	4	„	„ 16	„

an dem Förderband aufzunieten. In Anlagen mit einer Anzahl von Sende-stellen, die mit den obigen Zahlen nicht übereinstimmen, vermindert sich die Zahl der Doppelstifte um die Differenz zwischen der nächst höheren und der gegebenen Zahl. Wie die in Abb. 13 II. Teil dargestellte Schaltung zeigt, ist ein Stromfluß über das Solenoïd nur möglich, wenn gleichzeitig zwei zusammengehörige Kontakte geschlossen werden, das Schließen eines Kontaktes bleibt in allen übrigen Fällen wirkungslos. Der auf diese Weise an der Zentrale eingelegte, selbsttätig abfallende Zettel wird von dem be-wegten Band mitgenommen und an jenem Fernschrank abgelegt, dessen Einschaltekontakte die gleiche Stellung wie die an der Zentrale aufweisen. Es können sonach die in einen bestimmten Behälter eingelegten Zettel nur an die entsprechende, bestimmte Empfangsstelle verbracht werden. An den Empfangsstellen in der Mitte eines Fernschrankes sind über dem Bande unterhalb des Tasterbrettes handähnliche, um eine Achse drehbare Schöpf-bleche vorgesehen, die ebenso wie die Klappen an den Einlegebehältern durch ein horizontal gelagertes Solenoïd beim Schließen der Einschalte-kontakte und beim Oeffnen der Ausschaltekontakte bewegt werden (siehe Abb. 14 II. Teil). Beim Einschalten des Solenoïdes wird das Schöpfblech von der horizontalen in eine geneigte Lage gebracht. Die fingerähnlichen Fortsätze des Schöpfbleches wölben das laufende Förderband an einer Aussparung des Führerbleches leicht nach abwärts. Der nun im bewegten Band ankommende Zettel schiebt sich über die Höhlung auf die glatte Fläche des geneigten Schöpfbleches, teils durch die Reibung zwischen Papier und Band, teils durch das dem Zettel folgende Stiftpaar. In der Verlängerung des geneigten Schöpfbleches ist am Tasterbrett ein Längs-schlitz ausgespart, der mit einer Haube abgedeckt wird, so daß die aus dem Schlitze herausgeschobenen Zettel auch dann noch mit Sicherheit an der Tischfläche abgelegt werden, wenn aus Unachtsamkeit ein Gegenstand zu-fällig auf dem Schlitze liegt. Ich will eine derart ausgebildete Stelle als eine Oberflurempfangsstelle bezeichnen, im Gegensatz zu einer Unterflur-empfangsstelle, die im Rücklauf des Bandes an der unteren Seite eines Schrankes angebracht wird und die den Abfall eines Anmeldezettels durch sein eigenes Gewicht in dem Augenblick bewirkt, in dem das Schöpfblech durch das Solenoïd veranlaßt, sich nach abwärts senkt. Ein Abfallrohr befördert den abgeworfenen Zettel an eine bestimmte Stelle im unteren Stockwerke eines Fernamtes. Außer der Verteilung von Anmeldezetteln zwischen der Zentrale und den Empfangsstellen, die nach der im Betriebe vorgeführten Probeanlage sich einwandfrei vollzieht, kann man nach einem Vorschlage der Firma Rohr- und Seilpostanlagen G. m. b. H. Mix & Genest, dem gleichen Bande, von der Empfangsstelle ab auch den Rück-transport und damit die Sammlung aller erledigten Zettel aufbürden, wenn man zu diesem Zwecke jenen Teil des bewegten Bandes heranzieht, der während des Vorlaufes für eine bestimmte Empfangsstelle die Anmelde-zettel trägt, aber erst von dem Augenblicke ab, in dem dieser Teil des Bandes seine erste Aufgabe, die Verteilung der Zettel, vollzogen hat. Dieser Augenblick tritt in jedem Umlauf des Bandes ein, sobald der Zettel an der Empfangsstelle abgelegt ist. Bis zu diesem Augenblick muß der zurückzusendende, erledigte Zettel in einer Wartestellung verharren und darf erst dann auf das Band gelegt werden. Man kann nämlich im Zuge des Bandes, dem Schöpfblech gegenüber, ein zweites Blech, das Ablege-blech, anbringen, das ebenso wie das Schöpfblech von dem gleichen Solen-oïd bewegt wird. Im Normalzustande befinden sich die beiden Bleche in einer zum Bande parallelen, horizontalen Lage. Wird nun durch den Ab-sendeschlitz ein erledigter Zettel in das Ablegeblech eingeschoben und hierauf das Solenoïd in der beschriebenen Weise betätigt, so neigen sich gleichzeitig die beiden drehbar gelagerten Bleche. Der auf dem Ablegeblech eingelegte Zettel rutscht auf der schiefen Ebene ab und wird nach der Berührung von dem Bande mitgenommen. Ein weiteres Aufnehmen dieses nunmehr gleichfalls auf dem Bande liegenden erledigten Zettels an einer folgenden weiter rückwärts liegenden Empfangsstelle der betreffenden Schrankreihe ist ausgeschlossen, weil das für diesen bestimmten Teil des Bandes zugehörige Stiftpaar seine Einschaltekontakte bereits durchlaufen hat. An der Umkehrstelle des Bandes kann man entweder die erledigten Zettel in eine Mulde abfallen lassen, oder man führt sie im Rücklauf des Bandes an irgend eine andere Stelle der Schrankreihe zurück, um sie dort in der Nähe der Auskunftsstelle gesondert zu sammeln. Das rücklaufende Band wird dabei zur Vermeidung eines seitlichen Ausweichens der Zettel von der Umkehrstelle ab am zweckmäßigsten in einen Führungsschacht gehüllt. Dieser Führungsschacht, sowie alle Führungswalzen und die schraubenförmig gewundenen Blechschächte, in die die vorstehenden Stiften des Bandes hineinragen, müssen der ungehinderten Bandbewegung wegen mit Rillen, den Stiftreihen entsprechend, versehen werden.

Wie aus der vorstehenden Beschreibung ersehen werden kann, hat man zur Beförderung der Anmeldezettel bis zu den Empfangsstellen der Fernschränke und von da ab bis zur Auskunftsstelle gleichfalls nur die äußere Fläche des Bandes benützt. Ein Förderband hat aber außerdem noch eine innere Fläche, die gleichfalls für die Beförderung von Zetteln herangezogen werden kann. Damit besteht die Aussicht, im Betriebe einer Förderbandanlage, gleichzeitig eine dritte Möglichkeit für die Zettelbeförderung zu schaffen. Im Betriebe eines Fernamtes gibt es nämlich außer den Anmeldezetteln, deren Ursprung in der Anmeldestelle liegt und die den Fernschränken zufließen, noch eine andere Gattung von Zetteln — die Durchgangs-, Lauf- und Störungszettel —, deren Bewegung in umgekehrter Richtung verläuft, die somit an die Zentrale zurückfließen. Diese Rückbeförderung dem gleichen Bande aufzudrängen, ist eine einfache Aufgabe, die ohne besonderen Kostenaufwand gelöst werden kann. In der Mitte des Tasterbrettes einer Fernschrankreihe befindet sich, wie schon erwähnt, neben dem Empfangsschlitze mit Haube der Absenderschlitz für die erledigten Zettel. Denkt man sich nun quer zu diesen beiden Schlitzen einen dritten Schlitz in dem Tasterbrett ausgespart und die Verlängerung des Schlitzes als einen Schacht so ausgebildet, daß die Ausmündungsstelle des schraubenförmig gewundenen Schachtes in die Mittellinie des inneren Bandes fällt, so wird jeder in den Querschlitz eingelegte Durchgangszettel bis zur Zentrale mitgenommen und dort entweder unter oder ober der Tischfläche abgeworfen werden, je nachdem der rücklaufende Teil des Bandes horizontal oder von oben in die Zentrale einmündet. Infolge der dauernden Bewegung des Bandes erfolgt die Beförderung eines Durchgangszettels, die ohne Zeitvergeudung zu betätigen ist, ohne Stillager auf dem kürzesten Wege. Eine zeitraubende Ausscheidung der zahlreichen erledigten Anmeldezettel von den Durchgangszetteln erübrigt sich durch diese räumliche Scheidung. In einem 1000 ter Fernamte mit rund 9000 Durchgangs- und Laufzetteln hat diese Beförderungsart eine, wenn auch geringe Einsparung von täglich $\frac{9000}{100} \times 4'$ (siehe Abhandlung I. Teil Seite 12) rund 6 Arbeitsstunden zur Folge, der keinerlei Ausgaben gegenüberstehen.

Der Antrieb des Förderbandes erfolgt durch einen Elektromotor mittels Schneckenvorgelege. Die Antriebs- und Spannvorrichtung für das Band finden an der Zentrale (s. Abb. 14 II. Teil) ihre Aufstellung. Der Kraftbedarf für die Bewegung des Bandes ist verhältnismäßig sehr gering. Bei Bändern von mittlerer Länge bis etwa 50 m beträgt er 0,2 — 0,3 KW., bei längeren

Bändern entsprechend mehr. In einer Bandanlage mit 20 Empfangsstellen, 12 stündiger Betriebsdauer und 0,5 m Bandgeschwindigkeit pro Sekunde rechnet sich der Haltestrom für die Solenoïde zu 1,2 Amp.-Std. pro Tag. Die Abstufung des Kraft- und Haltestrombedarfes in den verschieden großen Fernämtern beläuft sich, ohne den Betrieb der Bänder für die Meldestelle, schätzungsweise wie folgt:

In einem Fernamte mit: Kraftstrom   Haltestrom
1000 Fernltgn. 8 Schrankreihen

$8 \times 0,3 \times 12$ Std. $= 28,8$ KW.-Std. und 4,8 Amp.-Std.

750	„	6	„			21,6	„	„	3,6	„
500	„	4	„			14,4	„	„	2,4	„
250	„	2	„			7,2	„	„	1,2	„
120	„	1	„	schätzungsw.		6,6	„	„	0,6	„
60	„	½	„	„		5,8	„	„	0,3	„

Die Ausführung der Zentraleinrichtung erfolgt am zweckmäßigsten in Tischform mit einer Länge von 1,8 m und einer Breite von 0,92 m und 0,78 m Höhe für zwei und 0,71 m Breite und 0,88 m Höhe für ein Förderband. (Siehe Abb. 14 II. Teil.) Die zweibändigen Einrichtungen werden in den Fernämtern mit 500, 750 und 1000 Fernleitungen, die einbändigen in allen anderen Fernämtern angewendet. Zur gleichmäßigen Verteilung von Anmeldezetteln an eine größere Anzahl von Fernschränken mit Gruppeneinlegebehälter (siehe I. Teil Abhandlung über den Bau großer Fernämter Seite 32) werden im Zuge jedes Einlegeschlitzes zwei Bohrungen vorgesehen, die nach Bedarf gruppenweise an zwei oder mehreren nebeneinander liegenden Schlitzen mit Signallampen und Fortschaltetasten, einschließlich einer mechanischen Sperrung auszurüsten sind. Mit dieser Einrichtung kann man zur gleichmäßigen Verteilung der Zettel nach einer Verkehrsrichtung das wandernde, in der genannten Abhandlung beschriebene Spiel der Lampen auslösen. Die zweite jedem Schlitze noch zugeordnete Signallampe ist wegen der Umleitung des Zettelmaterials bei der Inbetriebnahme der Sammelschränke (siehe Abschnitt A II II. Teil) notwendig, ebenso die Verschlußklappen an den Einlegeschlitzen, die beim Schließen oder Öffnen das Spiel dieser Lampen beeinflußen. Ein großer Teil der Zentraleinrichtung, wie die Solenoïde, die Einlegebehälter, die Signallampen und Fortschaltetasten, wird zur bequemeren Unterhaltung und wegen der leichteren Zugänglichkeit auf einer Grundplatte aufklappbar angeordnet. Der jedem Platz einer Zentraleinrichtung zugeteilte, mit Fußkontakt betriebene Zeit- und Datumstempel dagegen wird auswechselbar in die feste Tischfläche versenkt eingelassen.

Zahlenmäßige Unterlagen über die Kosten einer Förderbandanlage mit selbsttätiger Verteilung und Sammlung von Zetteln liegen z. Zt. noch nicht vor. Es darf aber jetzt schon bestimmt angenommen werden, daß die Kosten für eine derartige Anlage niedriger sein werden, wie jene einer kombinierten Förderband- und Seilpostanlage, und vielleicht nur den vierten Teil von den Kosten einer pneumatischen Zettelpostanlage betragen werden, umsomehr da beim Betrieb einer Förderbandanlage, ebenso wie bei dem einer Seilpostanlage gegenüber jenem einer pneumatischen Zettelpostanlage ein erheblich billigeres Papier für die Anmeldezettel verwendet werden kann. Die beschriebene Anlage stellt wohl die wirtschaftlich günstigste Form einer mechanischen Verteilung und Sammlung von Zetteln in Fernämtern dar, denn sie erfordert:
1.) die geringsten Anlagekosten,
2.) mäßige Betriebs- und Unterhaltungskosten, ferner gewährt sie
3.) eine kostenlose Ausscheidung der Durchgangszettel und endlich ermöglicht sie

4.) bei kleineren Fernämtern infolge der kompendiösen Ausmaße der Einlegeschlitze mit einer Fläche von 0,5 auf 0,08 m = 0,04 qm eine personalsparende Vereinigung der Einlegezentrale mit der Anmeldestelle. Während man nämlich bei dem Betriebe einer pneumatischen Zettelpostanlage oder einer Seilpostanlage, deren Einlegeapparat aus technischen Gründen von der Anmeldestelle örtlich getrennt werden muß, zum Einlegen der Zettel in allen Fällen mindestens 1 Arbeitskraft benötigt, läßt sich diese Arbeit im Förderbandbetriebe bis zu einer bestimmten Grenze den Anmeldebeamtinnen aufbürden.

Nach meiner Abhandlung über den Bau großer Fernämter (I. Teil) kann man einer Arbeitskraft in der Stunde des Höchstbetriebes die manuelle Verteilung und Sammlung von $\frac{60}{23} \times 92 = 240$ Anmeldezetteln zumuten. Zur Entgegennahme von 240 Anmeldungen in der Stunde des Höchstbetriebes müssen in einem Fernamte, ohne handschriftlichen Eintrag der Ankunftszeit $\frac{240}{60} = 4$ Anmeldeplätze (siehe Abhandlung Seite 10, I. Teil) aufgestellt werden, die ohne Bedenken an den beiden Seiten einer Einlegezentrale vorgesehen werden können.

An einem Fernschrank mit $2 \times 3^{1}/_{3}$ Fernleitungen und $0,45 \times 65 = 30$ abgehenden Gesprächen pro Leitung und Tag werden in der Stunde des Höchstbetriebes bei einer Konzentration von $12\% = 0,12 \times 2 \times 3^{1}/_{3} \times 30 = 24$ Anmeldezettel verarbeitet. Für die Verarbeitung von 240 Zetteln sind daher höchstenfalls $\frac{240}{24} = 10$ Fernschränke aufzustellen. Baut man nun in einem Amte dieser Größe eine Förderbandanlage mit selbsttätiger Verteilung und Sammlung von Anmeldezetteln, so spart man für die manuelle Verteilung von Zetteln 1 Arbeitskraft = 2,5 Beamtinnen mit einem jährlichen Einkommen von 2750 GM. ein. Dieser Einsparung steht ein Mehraufwand für die Verzinsung und Tilgung des Anlagekapitales, sowie für die Pflege und den Betrieb der Anlage gegenüber, den man nach oberflächlicher Schätzung höchstens mit der Hälfte des obengenannten Betrages annehmen darf. Man erzielt also bei dem Bau einer solchen Anlage eine Einsparung, die den jährlichen Gehalt einer Beamtin überschreitet. Die Wirtschaftsgrenze zwischen der manuellen und mechanischen Verteilung liegt sonach hier unter der Grenze, die ich in meiner Abhandlung I. Teil auf Seite 20 entwickelt habe. Mit einer gewissen Wahrscheinlichkeit darf man sie bei 5 Schränken oder bei 10 Fernarbeitsplätzen annehmen.

Die Beurteilung über die Güte einer mechanischen Fördereinrichtung hängt von der Größe der mittleren Laufzeit des zu befördernden Gegenstandes ab. Über diese Frage habe ich in meiner Abhandlung über den Bau großer Telegraphenämter eingehende Studien gepflogen, die einen Schluß auch auf die voraussichtlich auftretenden Laufzeiten bei der Beförderung von Anmeldezetteln in einem Fernamte mit Förderbandanlage zulassen. Nach diesem Studium setzt sich die Laufzeit eines Anmeldezettels in folgender Weise zusammen:

1.) Aus der Beförderungszeit des Zettels von der Anmeldestelle bis zur Verteilungsstelle,

2.) aus der Stillagerzeit am Einlegetisch, abhängig von der Stauung der Zettel und

3.) aus der Beförderungszeit des Zettels von der Verteilungsstelle bis zur Empfangsstelle am Fernschrank.

Bei dieser Beförderungsart, die kein Fächergestell für die Verteilung von Zetteln benötigt und die die anfallenden Zettel bereits von der Anmeldestelle ab mit einem Förderband wegzieht, tritt weder am Fächergestell, noch an der Anmeldestelle eine Verzögerung durch irgendeine Stillagerzeit ein. Die Beförderungszeiten der Zettel hängen ab:

a) von der Bandgeschwindigkeit, die man etwa mit 0,5 m pro Sek. in Ansatz bringen darf und

b) von der Länge der Bänder, deren Größe sich nach den örtlichen Verhältnissen richtet.

In einem Normalamte darf man die mittlere Entfernung der Anmeldestelle von der Verteilungsstelle zu rund 10 m, die Länge des Förderbandes für die selbsttätige Verteilung und Sammlung etwa zu 60 m annehmen. Die Zahl der Anmeldezettel, die in einem solchen Amte mit 250 Fernleitungen und 12% Konzentration in der Stunde des Höchstbetriebes anfallen, berechnet sich zu: $0,12 \times 250 \times 30 = 900$. Hiezu noch 10% von 65×250 Verbindungen im Tage Durchgangszettel mit rund 200 in der Stunde, ergibt einen stündlichen Zettelanfall von etwa 1100 Stück, die in 2 Förderbandzügen an die beiden Fernschrankreihen zu verteilen sind, sodaß auf jeden Zug in der Stunde ein Anfall von 550 Zetteln trifft. Bei einer Bandgeschwindigkeit von 0,5 m pro Sek. und 60 m Bandlänge vollendet das Förderband in $\frac{60}{0,5} = 120" = 2'$ einen Umlauf, oder in 1 Std. $\frac{60'}{2'} = 30$ Umläufe. Während eines Umlaufes sammeln sich an der Zentrale $\frac{550}{30} =$ rund 20 Zettel an, die teilweise entweder am Tische oder in den Behältern liegen bleiben. Die Stempelung der Zettel mit dem Zeit- und Datumstempel, sowie das Einlegen in die Behälter der Zentrale erfordert nach den vorgenommenen Beobachtungen für einen Zettel einen Zeitaufwand von $1,2" + 2,2" = 3,4"$, daher für 20 Zettel einen solchen von $20 \times 3,4 = 68"$. Man darf also mit einer gewissen Wahrscheinlichkeit die mittlere Laufzeit eines Anmeldezettels von der Ursprungs- bis zur Empfangsstelle, bei Anwendung einer Förderbandanlage in einem mittelgrossen Fernamte ungefähr zu:

1.) Beförderungszeit zur Verteilungsstelle $10 \times 2" = 20"$
2.) Stillagerzeit an der   ,, $= 68"$
3.) Beförderungszeit von   ,,

zur Empfangsstelle $\frac{60}{2 \times 2} \times 2"$ $= 30"$
_____
zusammen: 118" oder

rund 2 Minuten mittlere Laufzeit annehmen, die im günstigsten Falle auf $1^1/_3'$ herabsinkt oder im ungünstigsten Falle auf $2^2/_3'$ steigt. Da die durchschnittliche Dauer eines Gespräches im Fernverkehr $3^3/_4'$ beträgt, so genügt die mit einer Förderbandanlage zu erzielende Laufzeit eines Zettels selbst dann noch, wenn man die Fördergeschwindigkeit des Bandes auf 0,25 m pro Sek. herabdrücken würde. Man könnte hauptsächlich in größeren Fernämtern die Laufzeit der Zettel noch um rund $\frac{1}{2}'$ ohne Erhöhung der Bandgeschwindigkeit vermindern, wenn man die sämtlichen Kontaktstifte des Bandes in der gleichen Reihenfolge zweimal auf das Band aufnietet. Dadurch würde die Entleerung der Behälter während eines Umlaufes zweimal erfolgen, eine Maßnahme, die ich mit Rücksicht auf die durchschnittliche Gesprächsdauer von $3^3/_4'$ nicht für notwendig erachte.

Bei einem stündlichen Anfall von 550 Zetteln, die an der Zentrale von einer Beamtin verarbeitet werden müssen, ergibt sich eine ununterbrochene Arbeitsleistung von $\frac{550 \times 3,4"}{3600} =$ rund 0,5 Std., die man unbedenklich jeder Beamtin zumuten darf, auch dann, wenn ausnahmsweise der

Anfall von Zetteln sich plötzlich verdoppeln sollte. Diese Überlegung zeigt, daß man der Einlegebeamtin ohne Bedenken auch die Zeitstempelung der Anmeldezettel übertragen darf.

Die Anordnung der Verteilungsstelle im Zusammenhang mit den Fernschränken, die Trennung oder Vereinigung der Anmeldestelle von oder mit der Verteilungsstelle, sowie die Führung und Aufhängung der Förderbänder innerhalb eines Fernsaales hängt von den örtlichen Verhältnissen in den einzelnen Fernämtern ab und ist von Fall zu Fall gesondert zu bestimmen.

Allgemein kann nur angenommen werden, daß in einem Fernamte mit

1000	Fernleitungen	8	Förderbandzüge	mit	4	Doppeleinlegezentralen
750	„	6	„	„	3	„
500	„	4	„	„	2	„
250	„	2	„	„	1	„
120	„	1	„	„	1	gewöhnl. Einlegezentrale
60	„	1	„	„	1	„ halber Größe

vorzusehen sind.

In den 3 letzt aufgeführten Fällen wird die Anmeldestelle am zweckmäßigsten bodengleich mit dem Fernsaale, in den 3 anderen Fällen in dem unter dem Fernsaal gelegenen Stockwerk und mit der Verteilungsstelle vereinigt, angeordnet.

Wegen der Einzelausführung der verschiedenen für die in Aussicht genommenen, neu zu bauenden Fernämter in München, Nürnberg, Regensburg und Würzburg notwendigen Förderbandanlagen, verweise ich auf die Abb. 15, 16, 17 und 18 II. Teil. Eine weitere Beschreibung dieser Einzelanlagen dürfte sich nach den eingehenden obigen Ausführungen wohl erübrigen.

D) Die Gestaltung der apparatentechnischen Einrichtungen und Geräte eines Fernamtes.

Wenn in den vorhergehenden 3 Abschnitten vor allem die Grundlagen für die Entwicklung eines neuzeitlichen Fernamtes in seinem ganzen Zusammenhange behandelt und ein besonderes Augenmerk auf die technische und wirtschaftliche Seite der aufgerollten Fragen gelegt wurde, so soll der folgende Abschnitt unter Anlehnung an die entwickelten Richtlinien sich mehr mit der Formgebung und Gestaltung der einzelnen notwendigen Apparateneinrichtungen eines Fernamtes befassen.

Hiebei kann es sich weniger darum handeln, die bekannten apparatentechnischen Grundelemente wie Relais, Klinken, Stecker, Taster, Sprechgarnituren usw. zu entwickeln, sondern lediglich darum, die Hauptteile eines Fernamtes unter Berücksichtigung des vorgesteckten, erweiterten Zieles in ihren äußeren Formen und in deren innerem Zusammenbau, abgestuft nach den verschieden großen Fernämtern, festzulegen.

Zunächst will ich die Apparateneinrichtungen an der Ursprungsstelle eines Fernamtes, dann erst die eigentlichen Einrichtungen eines Fernsaales und zum Schluße die Apparate für Auskunfts- und Anmeldestelle usw. behandeln.

I. Der Hauptverteiler, Nachtverteiler und Ortsverteiler eines Fernamtes.

Die Formgebung, die Größe und die Aufstellung dieser 3 Ausgangsstellen eines Amtes habe ich bereits im Abschnitte A I, II, III eingehend behandelt und begnüge mich hier auf den Hinweis zu den Abb. 3, 4, 6 und 7 II. Teil.

II. Das Spulengestell.

Im Abschnitt A I b β II. Teil wurde bereits der Zweck und der Aufstellungsort eines Gestelles zur Aufnahme von Übertragerspulen für Fernleitungen näher erläutert, sowie dessen Gestaltung flüchtig angedeutet, ebenso im gleichen Abschnitte unter dem Buchstaben δ die notwendigen Einrichtungen für den Schnurverstärkerbetrieb und deren Unterbringung in einem Gestell berührt. Trotz des verschiedenen Zweckes der beiden Einrichtungen möchte ich nun anregen, sowohl die Übertragerspulen mit den Apparatenteilen für zusätzliche Kunstschaltungen von Fernleitungen, als auch die Apparatenteile für die Nachbildung und Verlängerung von Fernleitungen mit den zugehörigen Wechselrelais in einem gleichgestalteten Gestell einheitlich zu vereinigen. Die Aufspeicherung und Gruppierung dieser für alle möglichen Kunstschaltungen von Fernleitungen notwendigen Apparatenteile erreicht man am einfachsten, indem man die zusammengehörigen Teile einer Schaltungseinheit auf ein entsprechend großes Grundbrett aufschraubt und diese Bretter in einem Eisengestell mit einer großen Anzahl vertikaler, durch horizontale Einschubleisten geteilte Buchten hinterstellt. Bei der Gruppierung dieser Apparatenteile auf dem Grundbrette hat sich die Breite eines Brettes zu 19 cm, die Länge zu 35 cm ergeben. Die Art der Gruppierung für die vier wichtigsten Fälle von Kunstschaltungen kann aus der Abb. 19 II. Teil ersehen werden. Reicht in vereinzelten Fällen ein Grundbrett zur Aufnahme aller Einzelteile einer verzweigten Schaltung nicht aus, so sind die Einzelteile zu trennen und jeder Teil für sich auf ein dem andern überlagertes Brett zu setzen und die Klemmen der beiden Bretter schaltungstechnisch miteinander zu verbinden. Die Klemmreihen, an denen einerseits die Wicklungsenden der Übertragerspulen, der Kondensatoren, der Drosselspulen, Relais usw. angelegt werden und andererseits die vom H.V. kommenden Kabel endigen, werden an der vorderen oder hinteren Stirnseite dieser Grundbretter angebracht. Die bis an die Grundbretter heranzuführenden, an den Klemmen abschaltbaren Kabel finden in dem durch die U-Eisen gebildeten Zwischenraume der vertikalen Buchten ihre Aufnahme.

Über die Größe der Spulengestelle, die an der Wandfläche mit Mauerschrauben entweder parallel oder senkrecht zum H.V. befestigt werden, führt folgende Erwägung zum Ziele. In einem Normalamte mit 250 Fernleitungen darf die Zahl der Spulen — ohne Berücksichtigung der Leitungen für die Eisenbahnverwaltungen, die entgegen dem im Abschnitt A I a II. Teil, entwickelten Grundsatze in den bereits verlegten Bezirkskabeln nicht in das Fernamt eingeschleift werden — bei rund 250÷60 = 310 Stammleitungen zu ¹/₃ von 310 = 103 Stück angenommen werden; hiezu noch 7% Spulensätze als Vorrat für Doppelkombinationen und für andere Fälle ergibt eine Gesamtzahl von rund 110 Spuleneinheiten. Die Zahl der Schaltungszusätze für den Schnurverstärkerbetrieb beläuft sich nach Abschnitt A I b δ) II. Teil auf 40 Stück. Da nun nach Abb. 19 II. Teil auf einem Grundbrette die Zusätze für 4 Fernleitungen angebracht werden können, so sind demnach für das Spulengestell eines Normalamtes 110+10 = 120 Einschubfächer zu bilden, die am zweckmäßigsten in 12 Buchten mit je 10 Fächern zu einer Einheit zusammengefaßt werden. Bei einer solchen Einteilung der Fächerabteilungen ergibt sich nach dieser Abb. für die Aufspeicherung der Spulen eine Gestellhöhe von 2 m 45 cm, wenn die untersten Fächer einer Reihe 60 cm über dem Fußboden angeordnet werden, sowie eine Tiefe des Gestelles von 40 cm und eine Breite von 2,85 m. Die sachgemäße Überführung der sämtlichen Kabel vom H.V. zum Gestell und zum Klinkenumschalter erfordert an der Ursprungsstelle eines Fernamtes zwischen den 3 im engsten Zusammenhange stehenden Apparaten-

138

einrichtungen die Aufstellung eines Holzpodiums mit etwa 15 cm Bauhöhe, auf dem eine lasierte Holzverkleidung des Gestelles mit abnehmbaren Doppel-Einschubtüren zum Staubschutz und als Abschluß aufgesetzt wird.

Für verschieden große Fernämter kann man sowohl die Bauhöhe als auch die Tiefe eines Gestelles vollkommen gleich gestalten. Nur in der Breite der Gestelle ohne Verkleidung ergeben sich in den einzelnen Fernämtern, je nach der Zahl der notwendigen Buchten, die von der Zahl der Spulensätze und davon abhängt, ob die Zusätze für den Schnurverstärkerbetrieb vorgesehen werden sollen oder nicht, folgende Abstufungen:

In einem Fernamte

a) mit Schnurverstärkereinrichtungen: b) ohne Schnurverstärker:

1000 Fernltgn.	2 Gestelle zu je 14 Buchten,	3,3	m Breite	2 Gestelle	12 Buchten	2,8 m Breite
750	„	2	„	„ „	14	„	3,3 m	„	1	„	12	„	2,8 m	,
500	„	2	„	„ „	12	„	2,85 m	„	—	—	—	—
250	„	1	„	„ „	12	„	2,85 m	„	—	—	—	—
120	„	1	„	„ „	7	„	1,65 m	„	—	—	—	—
60	„	1	„	„ „	4	„	0,96 m	„	—	—	—	—

Der gesamte Zusammenbau und die technischen Einzelheiten, sowie die Zahl der in den Buchten hochzuführenden Kabel dieser einfachen Einrichtung sind aus der Abb. 19 II. Teil zu ersehen.

III. *Der Klinkenumschalter.*

Im Aufbau einer Fernleitungsstelle darf man den Klinkenumschalter (K.U.) als eines der wichtigsten Glieder bezeichnen, denn über seine Klinken fluten in ununterbrochener Folge die Verkehrswellen des gesamten Amtes.

Vor allem dient er dazu, Stauungen in der Verkehrsflut soweit wie möglich auszugleichen und die Belastung der Arbeitsplätze in der Abwicklung des Verkehrs zu regeln, sowie aufgetretene Störungen in den Verkehrswegen festzustellen oder einzugrenzen und endlich Vorkehrungen zu deren Behebung zu treffen. Er muß infolgedessen alle Hilfsmittel erhalten, welche die Vornahme folgender Verfahren und Handhabungen ermöglichen.

1.) Isolations-, Widerstands- und Dämpfungsmessungen aller Außen- und Innenleitungen eines Amtes einschließlich der ausgeführten Kunstschaltungen, die Prüfung auf Übersprechen,
2.) die Trennung, Isolierung, Erdung und Kurzschließung einzelner Leitungsteile, die Aufteilung von Leitunggsschleifen in ihre Zweige, die Zusammenschaltung von Zweigen zu Schleifen, von Schleifen zu Vierer- und Doppelviererleitungen,
3.) die vorübergehende Umlegung von Fernleitungen auf andere Arbeitsplätze, im Störungsfalle die vollständige Außerbetriebsetzung eines Fernarbeitsplatzes,
4.) die Untersuchung und zeitweilige Umschaltung von Simultan- und Doppelsimultanleitungen, die vorübergehende Beschaltung von Fernleitungen für den Simultan- oder Doppelsimultanbetrieb und endlich
5.) die vorübergehende Durchschaltung von Fern- und Simultanleitungen usw. nach anderen Ämtern, zum Telegraphenamt oder zu Eisenbahndienststellen.

Zur Erfüllung dieser Aufgaben muß ein K.U. deshalb eine Reihe von Hilfselementen, wie Klinken, Kabel, Schnüre, Tasten, Meßinstrumente usw. erhalten, die am einfachsten in einem schrankähnlichen Gebilde untergebracht werden, dessen Größe je nach dem Umfange eines Fernamtes verschieden zu gestalten sein wird. Wie ich bereits im Eingang des Abschnittes A I II. Teil ausgeführt habe, dürfte eine Untersuchungs-, Meß-

und Störungsstelle eines Fernamtes die Grenze ihrer Leistungsfähigkeit als Einheit bei 250—300 Fernleitungen erreichen, weshalb auch ein K.U. in seiner Aufnahmefähigkeit keinesfalls über diese Größe wesentlich hinausragen darf. In einem Fernamte mit einer erheblich größeren Anzahl von Fernleitungen sind, der Größe entsprechend, deshalb mehrere derartige Umschalter vorzusehen. Ich schlage daher vor, für den Bau neuer Fernämter nur 3 verschiedene Größen von K.U. anzunehmen, nämlich K.U. für 250, 120 und 60 Fernleitungen, wobei ein K.U. für 250 Fernleitungen mit 2 Arbeitsplätzen, die übrigen nur mit je 1 Arbeitsplatz auszurüsten wären. Je nachdem nun mehrere K.U. für 250 Fernleitungen in einem Fernamte mit 1000, 750 oder 500 Fernleitungen in Verwendung genommen werden wollen, weichen auch die K.U. für 250 Fernleitungen unter sich in der Zahl der FDV.-Leitungen etwas von einander ab, nicht aber in ihrem äußeren Umfange, der immer so groß gewählt werden soll, daß im Bedarfsfalle nicht allein diese kleine Mehrung an Klinken, sondern auch noch die Untersuchungsklinken für die Eisenbahnbetriebs- oder für andere Stellen in dem Klinkenfelde ihre Aufnahme finden können.

a) Die Größe eines Schrankes für ein bestimmtes Fernamt hängt von der Größe des Klinkenfeldes ab, das für die Aufnahme der verschiedenen Klinken notwendig erscheint. Die Zahl dieser Klinken entwickelt sich nach folgenden Gesichtspunkten:

1.) Die *Untersuchungsklinken* für die in einem Amte eingeführten *Fernleitungen.*

Nach Abb. 2 II. Teil setzt sich ein Klinkensatz für die Untersuchung, für die Ein- und Umschaltung aller metallischen Fernleitungen, der künstlich gebildeten Viererleitungen, der Durchgangsleitungen für den Fern-, Telegraphen- und Eisenbahnbetrieb aus 5 zweiteiligen Einzelklinken zusammen, von denen die eine als einfache Parallelklinke (Mithörklinke), die vier anderen als Umschalte- oder Trennklinken ausgeführt werden. 2 Klinkensätze werden jeweils in einem Klinkenstreifen zu 10 Klinken zusammengebaut. Unter Hinweis auf die im Abschnitt A I b α II. Teil niedergelegten Ausführungen ergibt sich die Zahl der Klinkenstreifen für die *Untersuchung* der Fernleitungen einschließlich der Leitungen für die Eisenbahnverwaltung in einem Normalamte zu:

I., *450 : 2 = 225 rund 220 Klinkenstreifen,* die sich ohne Berücksichtigung der Eisenbahnleitungen auf (350 : 2) rund 180 Klinkenstreifen ermäßigen. Sämtliche Klinkenstreifen eines K.U. erhalten einen Bezeichnungsstreifen mit einem abnehmbaren Papierstreifen, der zum Schutze vor Beschädigungen mit Cellon oder dergleichen abgedeckt wird. In diesen Bezeichnungsstreifen werden über dem zugehörigen Klinkensatze eingetragen: Die Nummer der Leitung, des Vierers, Doppelvierers, der Simultan- oder Doppelsimultanleitung, die Drahtstärke der Leitung, ob oberirdisch oder unterirdisch, pupinisiert usw. Zur sofortigen Umlegung von Fernleitungen im Störungsfalle sind mehrere freie Untersuchungsklinkensätze mit den Anrufsätzen eines freien Fernarbeitsplatzes dauernd zu verbinden. Die Belegung der Untersuchungsklinken hängt von den an den K.U. heranzuführenden Außenleitungen ab. In einem Fernamte mit mehreren K.U. erfordert die Einheitlichkeit der Untersuchung und Störungsbehebung eine Zusammenfassung aller in einem Linienzuge oder in einem Kabel vereinigten Fernleitungen an dem gleichen K.U. Hier wiederum erleichtert die Einteilung des Klinkenfeldes nach dem Leitungsbilde des Linienstranges oder nach der Adernfolge eines Fern- oder Bezirkskabels den Überblick bei der Beurteilung von Störungen im Falle einer Übersprecherscheinung, einer Berührung zweier oder mehrerer Leitungen und drgl. Daher sind die in einem Linienstrange nebeneinander geführten Leitungen auch im Klinkenfelde nebeneinander anzuordnen, eine Maßnahme, die am H.V. durch eine richtige Beschaltung der Lötösenstreifen ohne Mühe erzielt werden kann.

2.) Die Klinken für den *Ferndienstleitungsbetrieb.*

Zum fernmündlichen Verkehr des Meß- und Störungsbeamten am K.U. mit den Fernbeamtinnen an den Arbeitsplätzen, sowie zur Umlegung von Fernleitungen an andere Arbeitsplätze werden auch die Ferndienstleitungen, getrennt nach den Vielfach- und Abfrageleitungen, gleichfalls im Vielfachfeld des K.U. untergebracht. (Siehe Abschn. A I b ζ II. Teil.) Nach Abb. 2 II. Teil sind für jede F.D.-Leitung zwei dreiteilige Klinken, die eine davon als Doppelunterbrechungsklinke, vorzusehen, die ebenfalls in Streifen zu 10 Klinken zusammengebaut und mit Bezeichnungsstreifen versehen werden. Die Klinkensätze der FDV.-Leitungen sind dabei in alphabetischer Reihenfolge der Fernleitungsrichtungen, mit Rücksicht aber auf die fortdauernde Erweiterung des Fernleitungsnetzes so zu bezeichnen, daß nach jeder Buchstabenfolge für nachträglich zugehende Fernleitungen eine entsprechende Anzahl Klinkensätze freigehalten wird. Die Klinkensätze für die FDA.-Leitungen dagegen werden, der Nummerierung der Fernarbeitsplätze entsprechend, in arithmetischer Folge lückenlos bezeichnet.

Nach Abschnitt A I b ζ II. Teil bestimmt sich die Zahl der FDV.-Leitungen nach der Zahl der Verkehrsrichtungen, die in jedem Fernamte verschieden sein wird. Für ein Normalamt mit 250 Fernleitungen habe ich diese Zahl nach den statistischen Erhebungen zu rund 100 angenommen. Die Zahl der FDV.-Leitungen ist nun nicht allein von der Zahl der an einem K.U. eingeführten Leitungen, sondern auch noch von der Größe des Fernamtes abhängig. Beispielsweise werden in einem Fernamte mit 1000 Fernleitungen 400 FDV.-Leitungen vorzusehen sein. Nachdem nun die Größe des Klinkenfeldes eines K.U. von der Höchstzahl an Klinken beherrscht wird, so will ich hier für die Entwicklung eines K.U. auch diese Höchstzahl der Betrachtung zu Grunde legen. Die Zahl der Klinkenstreifen für die *FDV.-Leitungen* bestimmt sich demnach zu:

IIa.) $\dfrac{2 \times 400}{10}$ = *80 Klinkenstreifen zu 10 Klinken.*

Die Zahl der Klinken für die *FDA.-Leitungen* dagegen hängt nun nicht von der Größe des Fernamtes, sondern lediglich von der Größe des zur Aufstellung in Aussicht genommenen K.U. ab. Sie ergibt sich bei einem Umschalter für 250 Fernleitungen, die durchschnittlich in 80 Fernarbeitsplätzen zusammengefaßt werden zu:

IIb.) $\dfrac{2 \times 80}{10}$ = *16 Klinkenstreifen mit je 10 Klinken.*

Von diesen 80 FDA.-Leitungen endigen zum fernmündlichen Verkehr sämtlicher Fernbeamtinnen mit dem Meß- oder Störungsbeamten des K.U. zwei Leitungen, für jeden Arbeitsplatz des Umschalters eine an den zugehörigen Sprechkippern und Lampen im Spiegel des K.U.

3.) Dienstbetriebsleitungsklinken: (DB.-Leitungen).

Nach Abschnitt A IV e) II. Teil werden zum wechselseitigen Dienstverkehr des Aufsichts- und Störungspersonals die sämtlichen DBV.-Leitungen auch über jeden K.U. geführt, von denen ebenso wie die FDV.-Leitungen zwei hievon in der gleichen Weise an den beiden Arbeitsplätzen des K.U. endigen.

Auch die Zahl dieser Leitungen ist ebenso wie die der FDV.-Leitungen allein von der Größe des Fernamtes abhängig und wurde nach dem eben erwähnten Abschnitt für ein Amt mit 1000 Fernleitungen zu 80 festgesetzt. Für die Benützung dieser Leitungen genügt am K.U. eine dreiteilige Klinke pro Leitung; somit sind zu diesem Zwecke an dem K.U. weitere

III.) $\frac{80}{10} = 8$ *Klinkenstreifen zu je 10 dreiteiligen Klinken vorzusehen.*

4.) Zur Untersuchung, Messung und zeitweiligen Umlegung aller aus den Kunstschaltungen von Fernleitungen gebildeten Simultan- und Doppelsimultanleitungen sind nach Abschnitt A I b γ, II. Teil für jede solche Leitung zwei zweiteilige Doppelunterbrechungsklinken vorzusehen, für einen Normal-K.U.

IV.) $\frac{2 \times 100}{10} = 20$ *Klinkenstreifen zu 10 Klinken* und zwar

die eine Hälfte davon für den Simultan-, die andere für den Doppelsimultanbetrieb.

5.) Nach Abschnitt A IVc II. Teil müssen zur Beobachtung der Verkehrsabwicklung auf den Fernleitungen usw. am K.U. für 2 Arbeitsplätze $2 \times 3 \times 4 = 24$ Parallelklinken eingebaut und diese fest mit den Überwachungsplätzen (Ue.Pl.) des Kontroll- oder Überwachungsschrankes schaltungstechnisch verbunden werden. Beim Einbau

V.) von *3 Klinkenstreifen zu 10 Parallelklinken*

bleiben 6 Klinken unbesetzt.

6.) Die den Ue.Pl. zugeteilten Fernarbeitsplätze werden mit ihren Überwachungs- und Signalleitungen fest an den Schrank angeschlossen. Um nun in den größeren Fernämtern mit mehr als einem K.U. auch während des ruhigen Geschäftsbetriebes die Fernleitungen der anderen K.U. an einem einzigen Ue.-Pl. beobachten zu können, werden zwischen den einzelnen K.U. besondere Verbindungsleitungen mit Klinken in genügender Zahl vorzusehen sein, die allenfalls auch noch die Möglichkeit zulassen, vorübergehend die eine oder andere Fernleitung von einem benachbarten H.V. auf einen bestimmten Fernarbeitsplatz des eigenen K.U. umzulegen. Diese Maßnahme erübrigt sich jedoch in einem Fernamte mit einem K.U. Für das größte der Untersuchung unterworfene Fernamt dürften für jeden der 3 benachbarten K.U. je 1 Klinkenstreifen, zusammen also

VI.) *3 Klinkenstreifen mit je 10 zweiteiligen* Parallelklinken zu diesem Zwecke genügen.

7.) Zur Vornahme von Behelfsschaltungen und von Messungen müssen außerdem an jedem Arbeitsplatz eines K.U. folgende Meß- und Schaltklinken vorgesehen werden: a) Nach Abb. 20 II. Teil Bild: *Meßklinken*

zum Kurzschließen zweier Schleifenleitungen	2 Klinken
” ” einer ”	1 ”
zur Erdung ” ”	1 ”
und endlich zum Wechseln der verschiedenen Schleifenäste	5 ”
zusammen:	9 Klinken

VII.a) oder *1 Klinkenstreifen mit 10 zweiteiligen Parallelklinken,*

b) Schaltklinken zur künstlichen Nachbildung

einer Viererleitung	5 Klinken
einer Simultanleitung	3 ”
zusammen:	8 Klinken

VII.b) oder *1 Klinkenstreifen mit 10 zweiteiligen Parallelklinken,*

c) desgleichen von Doppelsimultan- und Viererleitungen: 9 Klinken,

VIIc) daher *1 Klinkenstreifen mit 10 zweiteiligen Parallelklinken.*

142

8.) Zur Aufnahme von Anrufen aus den durchgeschalteten Anruf-leitungen der anderen K.U. zur Prüfung des ankommenden Anrufes aus beobachteten Fernleitungen, Summeranschlußklinken zum Prüfen von Übersprecherscheinungen auf Fernleitungen, Rufstromanschlußklinken für Dauerruf gestörter Fernleitungen und einige Vorratsklinken für sonstige Zwecke.

Schätzungsweise dürften zu diesem Zwecke für jeden Arbeitsplatz 2, also für einen normalen K.U.

VIII.) *4 Klinkenstreifen genügen,* von denen 2 Streifen mit je 3 Lampen auszurüsten sind.

Nach diesen Vorerhebungen bietet die Zusammenstellung der für die Klinkenumschalter verschiedener Größe notwendigen Klinkenstreifen keine Schwierigkeit mehr:

Zahl der Klinkenstreifen für einen K.U. mit

In einem Fernamte mit Klinken für:	250 Fernleitungen				120	60	Leitungen
	1000	750	500	250	120	60	Leitungen
I.) Fernleitungen: einschl.	220	220	220	220	110	60	
(Eisenbahnleitgn.) ohne	180	180	180	180	90	50	
IIa) Ferndienstvielfach-leitungen:	80	60	40	20	10	5	
IIb) Ferndienstabfrage-leitungen:	16	16	16	16	8	4	
III.) Dienstbetriebsleitungen:	8	6	4	2	1	¹/₂	
IV.) a) Einfach-Simultan-leitungen:	10	10	10	10	5	2,5	
b) Doppel-Simultan-leitungen:	10	10	10	10	5	2,5	
V.) Überwachungsleitungen:	3	3	3	3	2	1	
VI.) Verbindungsleitungen:	3	2	1	—	--	—	
VIIa) Messzwecke:	2	2	2	2	1	1	
VIIb) Schaltzwecke:	4	4	4	4	2	2	
VIII.) Anrufzwecke u. dgl.	4	4	4	4	2	2	
zusammen:	360	337	314	291	146	80¹/₂	einschl. Eisenbahnleitungen
	320	297	274	251	126	70¹/₂	ohne " "

Auf Grund dieser Zahlen läßt sich nunmehr das Klinkenfeld eines K.U. festlegen. (Siehe Abb. 22 und 23 II. Teil.) Für einen Umschalter mit 2 Arbeitsplätzen wird man das Klinkenfeld am zweckmäßigsten in 10 Paneele, je 1 Arbeitsplatz in 5 Paneele unterteilen, so daß ein K.U.

für 250 Fernleitungen 36 übereinandergelagerte
„ 120 „ rd. 30 „
„ 60 „ 17 „
Klinkenstreifenreihen erhält.

Außer diesen normalen Klinkenstreifen sind noch für jeden Arbeits-platz zur Abnahme der nötigen Meßspannungen mit 2, 6, 20, 24, 60, 110 und 220 Volt Batterieklinken vorzusehen, deren Bohrungen für die Span-nungen von 2 bis 60 Volt größer zu halten sind, wie jene für die Spannungen von 110 und 220 V.

b) Die Beobachtung, Untersuchung, Messung und Umlegung von Fern-leitungen an einem K.U. erfordert zu ihrer Durchführung außer den Klinken im Vielfachfelde und den Meßinstrumenten, eine größere Anzahl Stecker mit ein- oder mehradrigen Schnüren, die teils fest mit dem Umschalter vereinigt am Tasterbrett in einer Schnurrast aufsitzen, teils lose diesem beigegeben werden. Das Tasterbrett eines K.U. wird am zweckmäßigsten etwa in Tischhöhe, also rund 80 cm vom Fußboden entfernt angeordnet, sodaß der Umschalter vom Störungsbeamten entweder stehend, oder in sitzender Stellung bedient werden kann. Zur bequemen Bedienung des Umschalters müssen die am Tasterbrett fest angelegten Schnüre in einer Länge eingebaut werden, die das Bestreichen des gesamten Vielfachfeldes mit jeder Schnur gestattet. Die Länge einer Schnur darf daher von der Stöpselrast bis zum Stecker an einem K.U. mit 2 Arbeitsplätzen nicht kürzer als $2^{1}/_{4}$ m, mit 1 Arbeitsplatz nicht unter $1^{1}/_{2}$ m gehalten werden. Bei einer Tischhöhe von 80 cm kann man eine an einer Schnurleiste befestigte, in ihrer Mitte mit einem Rollengewichte beschwerte Schnur bis zu einer Länge von ungefähr $1^{1}/_{2}$ m herausziehbar anordnen. Soll nun eine Schnur auf $2^{1}/_{4}$ m Länge herausziehbar eingebaut werden, so muß die überschüssige Schnur in einer doppelten Schleife über 2 Rollen, ähnlich einem Flaschenzuge im Umschalter aufgehängt werden.

α.) Am Tasterbrett eines K.U. sind für jeden Arbeitsplatz die folgenden Schnüre mit Steckern herausziehbar und fest mit der Schnurleiste verbunden vorzusehen. (Siehe Abb. 21 II. Teil, Bild 1—10).

1.) Für die Schleifen- und Erdschleifenmessungen, für die Fehlerortsbestimmungen usw. zum Anschlusse einer Universalmeßbrücke von Siemens & Halske oder von Hartmann und Braun ist der Einbau von 6 Einzelschnüren geboten. Von diesen 6 im Bilde 1 der Abb. 21 II. Teil dargestellten Schnüren werden 5 mit einer und 1 mit zwei Adern ausgeführt. Die letzte von diesen 5 Schnüren dient dazu, mit Hilfe der im K.U. eingebauten Batterieklinken die für eine bestimmte Messung nötige Spannung dem Meßinstrument zuzuschalten. Mit den übrigen einadrigen Schnüren lassen sich alle Messungen über Leitungsberührungen der verschiedenen Äste einer Leitung, mit der doppeladrigen Schnur Schleifenwiderstände, Fehlerortsbestimmungen usw. vorbereiten. Der dem Instrumente beigegebene Kipper ermöglicht während der Ausführung einer Messung den raschen Wechsel der Leitungsäste, der ebenfalls am Instrument angebrachte Umschalter eine Erdung desselben. Das Universalmeßinstrument ist an jedem K.U. also auch an den mit 2 Arbeitsplätzen, nur einmal vorhanden. Die Messungen sollen aber an jedem Arbeitsplatz nach Bedarf vorgenommen werden können. Zu diesem Behufe wiederholen sich daher die an dem einen Arbeitsplatz vorgesehenen Schnüre in der gleichen Zahl und in der gleichen Anordnung auch am zweiten Arbeitsplatz, sie werden hier einfach parallel zu den ersten Schnüren geschaltet. Alle mit diesem Instrumente möglichen Messungen näher zu beschreiben, würde den Rahmen vorstehender Abhandlung weit überschreiten. Ich muß mich lediglich darauf beschränken, die Zahl und Art, sowie den Zusammenhang der Meßinstrumente mit dem K.U. festzulegen. In einer gesonderten Betriebsvorschrift werden die Meßmethoden, die Vornahme der Messungen usw. eingehend niederzulegen sein, zunächst darf ich auf die bereits erlassenen Dienstvorschriften Bezug nehmen. An Stelle eines Universalinstrumentes kann man auch andere zur Bestimmung von Fehlerorten ausgearbeitete Meßinstrumente in Verwendung nehmen.

2.) Zum Messen des Isolationswiderstandes der beiden Äste einer Fernleitung sind am K.U. für jeden Arbeitsplatz 13 Einzelstecker im Zusammenhang mit zwei direkt zeigenden Ohmmetern, nach der im Bild 2 dargestellten Art einzubauen. Mit Hilfe dieser Stecker lassen sich folgende Messungen ausführen:

Der Isolationswiderstand eines einzelnen Astes von Fernleitungen mit den Steckern 1 und 2. Mit dem Stecker 6 dieselbe Messung einer Schleife und unter Benützung des beigegebenen Wechselkippers wahlweise Dauerbeobachtungen des Isolationszustandes des a oder b-Astes einer Schleife. Mit den beiden Steckern 4 und 5 der Widerstand zweier Äste gegen Erde, mit dem Stecker 3 desgl. einer Schleifenleitung gegen Erde.

Unter gleichzeitiger Verwendung der Stecker 1 und 2, sowie 3 und 4, kann man auch die gegenseitige Isolation zweier benachbarten Leitungen messen. Die Stecker 7 bis 11 sind für das zweite Ohmmeter ebenso geschaltet, wie die Stecker 1—5. Mit den Batteriesteckern 12 und 13 lassen sich die beiden Ohmmeter entweder an die Spannung von 110 oder von 220 Volt legen, je nachdem man diesen Stecker in die zugehörige Klinke des Batteriestreifens bringt, zwei weitere Umschalter gestatten die zu messende Leitung vor der Messung an Erde zu legen.

3.) Zwei Schnüre und Stecker mit Wechselkipper und Erdkipper im Zusammenhang mit einem direkt zeigenden Ohmmeter zum Messen des Leitungswiderstandes von Fernleitungen. (Siehe Bild 3.)

4.) Eine Schnur mit Stecker und Polwechselkipper im Zusammenhang mit einem Gleichstrommilliampèremeter. (Siehe Bild 4.)

5.) Desgl. mit einem Wechselstrommilliampèremeter, aber an Stelle des Polwechselkippers eine Taste zum Einschalten des zweiten Meßbereiches. (Siehe Bild 5.)

6.) Zwei Schnüre und Stecker mit Stöpsel- und Batterieumschalter zum Anschluß eines registrierenden Ampèremeters für Dauereinschaltung bei zeitweiligen Leitungs-Unterbrechungen während des Betriebes. (Siehe Bild 6.)

7.) Eine Schnur mit Stecker zum Anschluß eines Klopferapparates mit einem Umschalter zum Wechseln des a oder b-Astes. (Siehe Bild 7.)

8.) Ein Abfrage- und Verbindungsschnurpaar mit Ruf-Mithör- und Sprechkipper, Wählscheibe, Schlußlampe, Schlußrelais usw. unter Anschluß an den Gehörschutzapparat zum dienstlichen Sprechverkehr mit dem Ortsnetz, mit den Fernarbeitsplätzen, mit den Schrankaufsichtsplätzen, mit den fernen Umschaltestellen usw. (Siehe Bild 8.)

Die an die Stecker 3, 4, 5, 6 und 7 angeschlossenen Instrumente und Apparate sind an dem K.U. also auch an jenen mit 2 Arbeitsplätzen nur einmal vorhanden. Um sie nun wahlweise entweder an dem einen oder an dem zweiten Arbeitsplatz gleichheitlich verwenden zu können, wiederholen sich sämtliche hier aufgeführten Schnüre und Stecker in der gleichen Art und Anordnung am zweiten Platz. Die zusammengehörigen Stecker werden dabei einfach parallel geschaltet. In den K.U. mit einem Arbeitsplatz entfällt diese Parallelschaltung.

β.) An einem seitlich vom K.U. angebrachten Wandbrett (siehe Abb. 21 II. Teil) werden eine Anzahl loser Schnüre zur Vornahme vorübergehender, rasch vorzunehmender Verlegungen von Fernleitungen, von Ferndienstleitungen usw. ordnungsgemäß aufbewahrt und zwar für jeden Arbeitsplatz eines K.U.: (Siehe Abb. 21 II. Teil, Bild B 1—7.)

1.) Zwei einadrige Schnüre zum Verlegen von Simultanleitungen, davon eine mit dem Wechsel der Äste,

2.) 10 Stück zweiadrige Schnüre zur Verlegung von Fernleitungen, Durchgangsleitungen usw.,

3.) 4 Stück dreiadrige Schnüre mit 2 Steckern zur Verlegung von Ferndienstleitungen auf einen anderen Arbeitsplatz, für den Fall, daß an dem betreffenden Arbeitsplatz im Vielfachfeld der Ferndienstleitungen nur eine Fernleitungsrichtung vertreten ist,

4.) 3 Stück dreiadrige Schnüre mit 3 Steckern desgl. für zwei Fernleitungsrichtungen,

5.) 1 Stück dreiadrige Schnur mit 4 Steckern desgl. für 3 Fernleitungsrichtungen,

6.) 1 Stück dreiadrige Schnur mit 5 Steckern desgl. für 4 Fernleitungsrichtungen, endlich

7.) 1 Stück zweiadrige Schnur mit einem Doppelstecker und einem einfachen Stecker zur Prüfung einer durchgeschalteten Telegraphenleitung mit dem Klopferapparat.

Für einen K.U. mit 2 Arbeitsplätzen werden die sämtlichen Schnüre in einer Länge von 2 m, für alle übrigen Umschalter in einer solchen von 1,5 m ausgeführt. Der Zusammenschluß von Schnüren mit mehr als 2 Steckern erfolgt unter einer Knotenbildung in Längen von 1 bezw. 0,75 m.

Außer den bereits aufgeführten Meßinstrumenten und Apparaten werden dem K.U. noch beigegeben:

2 Zeitsignalapparate zur Signalgebung nach 3, 6, 12 und 15 Minuten mit besonderem Läutwerke, um im Störungsfalle die mit dem Störungssucher vereinbarten Zeitabschnitte sicher begrenzen zu können, eine Soffittenbeleuchtung, 2 Klinken zum Einführen der Mikrotelephone, Anruflampe, Relais und Klinke als Endpunkt für den Hauptanschluß des K.U. und Lötösenstreifen im Innern des Umschalters zur Knotenbildung der Dienstbetriebsleitungen.

Gemeinsam für sämtliche Untersuchungsstellen eines Amtes sind noch vorzusehen:

Eine tragbare Einrichtung für Dämpfungsmessungen an Fernleitungen, ein Universalmeßinstrument als Vorrat; eine Kabelmeßeinrichtung, eine ungeerdete Meßbatterie zur Abnahme der Spannungen von 2, 6, 20, 24, 60, 110 und 220 Volt.

In Ämtern, deren Untersuchungsstelle unter dem Fernsaale liegt, kann die Störungsstelle mit einer Unterflur-Empfangsstelle an die allgemeine Förderbandanlage des Amtes angeschlossen werden.

Nach Abschluß dieser Vorerhebungen bietet die Gestaltung der 3 verschieden großen K.U., die ich in den Abb. 22 und 23 II. Teil zur Darstellung gebracht habe, keine Schwierigkeiten mehr.

Im vertikalen Aufbau der üblichen Schrankform sind sämtliche Klinken seitlich und oberhalb derselben die Meßinstrumente und sonstigen Zusatzapparate untergebracht. Der horizontale Teil des Umschalters, als Tasterbrett ausgebildet, dient als Schreibfläche und Auflage für die Instrumente, Schnüre, Kipper und Klopfertaste, die zwei verschließbaren Schubläden zur Aufbewahrung loser Meßgeräte und sonstiger Utensilien.

Der Umschalter wird zum Abhalten des Staubes vollkommen verkleidet, jedoch die Zugänglichkeit zu den einzelnen Teilen durch abnehmbare Rückwände und durch die abnehmbaren Einschubtüren im vorderen Teile des Umschalters vollkommen gewahrt. Als Material für die Verkleidung des Umschalters wird die gleiche Art und Ausführung gewählt wie bei den Fernschränken. Das Tasterbrett erhält einen Fiberbelag. Die rückwärtige Verkleidung des K.U. sitzt auf dem Podium auf, das zur Führung der Kabel innerhalb der Ursprungsstelle eines Fernamtes vorgesehen wird.

IV. *Der Störungstisch.*

Zur Erledigung der an einer größeren Untersuchungsstelle anfallenden Schreibarbeiten, zur Ergänzung der Verzeichnisse, der Schaltpläne, der Netzkarten, der Meßtafeln usw., zur Verwahrung von tragbaren Meßinstrumenten und von sonstigen Apparaten wird ein Schreibtisch mit Fächeraufbau und mit genügend großer Tischfläche zur Ausführung der anfallenden zeichnerischen Arbeiten vorzusehen sein, der in seiner äußeren Gestalt und Ausführung den übrigen apparatentechnischen Einrichtungen eines Fernamtes anzupassen sein wird. Besondere apparatentechnische Einrichtungen enthält dieser Tisch nicht, im Bedarfsfalle lediglich einen Fernanschluß. Eine Ausführungsform dieses Tisches habe ich in Abb. 37 II. Teil als Ober- und Saalaufsichtstisch dargestellt. In Fernämtern bis zu 60 Fernleitungen kann der Störungstisch mit dem Aufsichtstisch vereinigt werden.

V. *Der Überwachungs- oder Kontrollschrank.*

Die Zweckbestimmung eines Überwachungs- oder Kontrollschrankes, sowie die Notwendigkeit seiner Anwendung im Betriebe eines Fernamtes habe ich bereits im Abschnitt A IV c II. Teil näher behandelt und beziehe mich hier lediglich auf die dort gegebenen Erläuterungen. Die Größe und Zahl der Überwachungsschränke (Ue. Schr.) richtet sich nach der Größe eines Fernamtes. Aber ebenso wie kein K.U. größer als für 250 Fernleitungen gebaut werden soll, möchte ich auch bei der Gestaltung von Ue.-Schr. anregen, deren Größe mit dem Bau von 250 Fernleitungen zu begrenzen und nach der Erfahrung einen solchen Schrank mit 2 Arbeitsplätzen auszurüsten. Gelegentlich wird ab und zu die Ansicht vertreten, es soll die Überwachung des Fernbetriebes in weit höherem Maße wie bisher, ausgedehnt werden. Abgesehen von den einmaligen, immerhin noch erträglichen Lieferungskosten für die Apparatenbeschaffung würde die dauernde Personalbesetzung der Ue.Pl. erhebliche Mehrausgaben verursachen, denen keine greifbaren Mehreinnahmen gegenüberstehen. Die Einführung des Überwachungsdienstes hat auf die ordnungsgemäße Abwicklung des Fernverkehrs keine produktive, sondern nur eine vorbeugende Wirkung. Ich schlage daher vor, sich in Fernämtern

bis zu 1000 Fernleitungen mit 4 Ue.Schr. zu je 2 Arbeitsplätzen,
„ „   750   „   „ 3 „ „ „ „ 2   „
„ „   500   „   „ 2 „ „ „ „ 2   „
„ „   250   „   „ 1 „ „ „ „ 2   „
„ „   120   „   „ 1 „ „ „ „ 1 Arbeitsplatz
„ „   60   „   „ 1 „ „ „ „ 1   „

zu begnügen. In dem kleinsten Fernamte bis zu 60 Fernleitungen könnte man die Überwachung der Fernleitungen ohne die Aufstellung eines eigenen Schrankes allenfalls am K.U. vornehmen, wenn man nicht vorweg auf diese Hilfseinrichtung verzichten und die Überwachung des Bedienungspersonales den Aufsichtsbeamten überlassen will.

Im Wesentlichen besteht ein Ue.Schr. schaltungstechnisch aus 2 Teilen, nämlich aus dem Teil, der den Anschluß bezw. die Verbindung mit dem zu überwachenden Apparate oder mit der Leitung herbeiführt und jenem Teil, der die Überwachung ermöglicht. Der erste Teil des Umschalters setzt sich aus Klinken und Kabeln, der letztere aus Verbindungsschnüren mit Steckern und dem Horchapparat zusammen. In einem Normalamte sind in dem Ue.Schr. mit 2 Arbeitsplätzen folgende Klinkenstreifen vorzusehen. (Siehe Abb. 24 II. Teil Bild 1—4).

1.) Zum fernmündlichen, wechselseitigen Verkehr des gesamten Aufsichtspersonales mit dem Überwachungspersonale werden Klinkenstreifen zur Aufnahme aller Dienstbetriebsleitungen in größerer Zahl benötigt. Der Einbau dieser Klinken ist für den eigentlichen Überwachungsdienst nicht erforderlich; er ist aber für die Auftragserteilung und für Rückfragen im dienstlichen Interesse unbedingt geboten.

Nach Abschnitt A IV e II. Teil ändert sich die Zahl der DB.-Leitungen mit der Größe eines Amtes und zwar werden von jedem Ue.Schr. für ein Fernamt mit

1000 Fernleitungen 4 × 20 = 80 Klinken, in 8 Streifen zu je 10 Klinken
 750   „   3 × 20 = 60   „   „ 6   „   „   „ 10   „
 500   „   2 × 20 = 40   „   „ 4   „   „   „ 10   „
 250   „   20   „   „ 2   „   „   „ 10   „
 120   „   10   „   „ 1   „   „   „ 10   „
  60   „   5   „   „ ½   „   „   „ 5   „

benötigt. Die Größe des Klinkenfeldes dürfte auch für einen Ue.Schr. ähnlich wie beim K.U., am zweckmäßigsten nach der Höchstzahl an Klinkenstreifen bemessen werden. Zwei DBV.-Leitungen endigen als Anschlüsse an 2 Anrufsätzen für die beiden Arbeitsplätze eines Schrankes. Ein Wechselkipper für jede der beiden Leitungen mit 2 Stellungen ermöglicht den wahlweisen Anschluß auf den einen oder anderen Sprechapparat. (Siehe Bild 1.)

2.) Klinkenstreifen für die Beobachtung der Fernleitungen. (Siehe Bild 2.)

Die 3 im K.U. eines Fernamtes für die Beobachtung einer Fernleitung eingebauten Parallelklinken (1, 2 und 3) werden mit einem Kabel zum Ue.Schr. verlängert und endigen dort an den 4 Einzelklinken (1, 2, 3 und 4), von denen 2 als Parallel- und 2 als Trennklinken ausgebildet sind. Die erste Parallelklinke (1) am K.U., die mit einer losen zweiadrigen Schnur die Verbindung zur Mithörklinke (1') der zu beobachtenden Fernleitung herstellt, vermittelt somit den Zusammenhang mit der Parallelklinke (1") am Ue.-Schr. Mit Hilfe eines Horchapparates, der durch eine Verbindungsschnur mit Stecker angeschaltet werden kann, vollzieht sich an dieser Stelle des Schrankes die Beobachtung des Verkehrs auf einer Fernleitung. Will man den Verkehr einer Fernleitung, insbesondere die Güte der Sprechverständigung, nach den Übertragerspulen beobachten, so verbindet man zunächst die Untersuchungsklinken 4 und 5 einer Fernleitung ebenfalls mit 2 losen Schnüren mit den Überwachungsklinken (2 und 3) am K.U., deren Zusammenhang nunmehr über die beiden Trennklinken (3 und 4') am Ue.Schr. herbeigeführt wird. Zur Beobachtung dieses Verkehrs dient die vorgesehene zweite Parallelklinke (2") am Ue.Schr. Die beiden Trennklinken 3 und 4 am Ue.Schr. lassen eine Abtrennung der Fernleitungen bezw. des zu beobachtenden Arbeitsplatzes und eine Einschaltung des Sprechapparates am Ue.Schr. zu, wenn eine solche Maßnahme in Ausnahmefällen geboten erscheint. Derartige Überwachungsklinken wiederholen sich an einem Ue.Pl., entsprechend den 4 an einem Fernarbeitsplatz liegenden Fernleitungen viermal, so daß an einem Platze 4×4 = 16 Klinken in 2 Streifen zu je 8 Klinken, oder an einem Schranke mit 2 Arbeitsplätzen 4 Streifen zu je 8 Klinken einzubauen sind. In einem Schranke mit 1 Arbeitsplatz verringert sich die Zahl dieser Streifen auf zwei.

3.) Klinkenstreifen für die Überwachung der Fernplätze. (Siehe Bild 3.)

Die Vornahme dieses Dienstes erfordert an den Ue.Schr. für jeden Fernarbeitsplatz eines Amtes:

a) Eine Parallelklinke, an der die dritte Wicklung der Induktionsspule des Sprechapparates mit ihren Enden angelegt wird,

b) eine Zuschaltetaste, die im Überwachungsfalle eine Parallelabzweigung des Stromes über die Kontrollampe zuläßt und beim Drücken der Taste

c) eine Lampe am Ue.Schr. einschaltet, die an diesem Schranke das Spiegelbild des Spieles der Anruflampe am Fernarbeitsplatz wiedergibt.

Diese 3 zusammengehörigen Hilfselemente eines Schrankes werden in Streifen zu je 10 Stück so übereinander in dem Schranke eingebaut, daß jeweils 10 Klinken, 10 Tasten und 10 Lampen einen Streifen bilden. Für ein Normalamt mit 80 Arbeitsplätzen sind daher an dem Kontrollschrank zur Überwachung der Fernbeamtinnen

8 Klinkenstreifen zu je 10 Parallelklinken,
8 Tastenstreifen zu je 10 Tasten und
8 Lampenstreifen zu je 10 Lampen einzubauen.

Die angegebenen Zahlen ändern sich auch für größere Fernämter mit 500 bis 1000 Fernleitungen nicht, weil hier die Überwachung der anderen Fernplätze auf die verschiedenen Ue.Schr. verteilt wird. In Fernämtern mit 120 Fernleitungen ermäßigt sich die Zahl für jedes der 3 Hilfselemente auf 4, in einem solchen mit 60 Fernleitungen auf 2 Streifen.

4.) Klinkenstreifen für die Überwachung der Anmeldeplätze. (Siehe Bild 3.)

Auch der Anmeldeverkehr, den man bisher der Überwachung nicht zugänglich gemacht hat, bedarf ebenso einer ständigen Überwachung, vielleicht sogar in höherem Maße als der Fernverkehr, denn hier kann jede lässige Beamtin zeitweilig sich ihrer Dienstaufgabe selbst entziehen, wenn sie trotz der beendeten Entgegennahme einer Ferngesprächsanmeldung zur Hintanhaltung eines weiteren Anrufes den Sprechkipper in der Arbeitsstellung beläßt.

Die für diesen Verkehr im Ue.Schr. vorzusehenden Einrichtungen sind bezüglich ihrer Ausführung die gleichen wie unter Ziffer 3 vorgetragen. Ihre Zahl richtet sich nach der Zahl der vorzusehenden Anmeldeplätze, die für 1 Normalamt höchstenfalls zu 20 mit 2 Klinkenstreifen zu 10 Klinken angenommen werden darf und die auch in größeren Ämtern wegen der Verteilung der Schränke für den einzelnen Schrank nicht erhöht zu werden braucht. In einem Amte mit 120 Fernleitungen sinkt diese Zahl auf 10 (1 Klinkenstreifen), in einem solchen mit 60 Fernleitungen auf 5 ($\frac{1}{2}$ Streifen) herab. Bei der Überwachung dieses Verkehrs spielt die Beobachtung der übertragenen Kontrollampe eine große Rolle. Das länger- oder kürzerwährende Spiel der Lampe bildet ein untrügliches Zeichen des Pflichteifers der Anmeldebeamtin. Zur Bemessung dieser Zeitdauer muß deshalb der Überwachungsbeamtin eine Stoppuhr zugeteilt werden, die am zweckmäßigsten im vertikalen Spiegel des Schrankaufsatzes in einem herausklappbaren Uhrengehäuse fest eingebaut wird. Außerdem erhält jeder Schrank noch eine Springzifferuhr. Die unter Ziffer 1—4 aufgeführten Apparatenteile eines Ue.Schr. haben die Aufgabe, den zu überwachenden Teil eines Amtes am Ue.Schr. greifbar zu gestalten. Die Überwachung des Verkehrs und damit des Bedienungspersonales erfolgt durch einen in seinen beiden Grundelementen geteilten Sprechapparat, von dem zur Überwachung zunächst nur der Hochapparat in Benützung genommen wird. Wie jeder andere Sprechapparat wird auch dieser Apparat mittels Schnur und Stecker an den vorgesehenen Klinken eingeschaltet. Die Überwachung der Beamtinnen im Betriebe eines Fernamtes wird ihren Zweck nur dann voll erreichen, wenn die zu beobachtenden Beamtinnen in keiner Weise irgend ein Zeichen oder ein Merkmal von der beabsichtigten Überwachung erhalten. Die Erfüllung dieser Bedingung ist mit den bisher üblichen Mitteln kaum zu erreichen, denn jede gewandte Beamtin hört selbst das leiseste elektrische Geräusch beim Einschalten der gewöhnlichen Sprechapparate. Die Schwachstromtechnik hat aber Mittel an der Hand, dieses Geräusch vollständig zu unterdrücken, wenn man den Übertrager des Empfangsapparates mit einem sehr hohen induktiven Widerstand ausrüstet, eine Maßnahme, die für die Beobachtung von Fernleitungen nur von Vorteil sein kann, denn dadurch werden die abzuwickelnden Ferngespräche, trotz der Parallelschaltung des Horchapparates, in keiner Weise geschwächt. Ohne weiteres ist jedoch diese Maßnahme nicht durchführbar, weil mit der Erhöhung des induktiven Widerstandes im gleichen Verhältnis das Hörvermögen herabgedrückt wird. Mit dem Einbau einer Verstärkerröhre in den Empfangsstromkreis läßt sich der schwächste Sprechstrom, ohne merkliche Verzerrung der Sprache auf die notwendige Stärke erhöhen. Man wird daher einen neuzeitlich auszugestaltenden Ue.Schr. mit einer oder mehreren Verstärkerröhren nach der in Abb. 24 II. Teil, Bild 5 dargestellten Art versehen. Die Röhre findet in dem rückwärtigen Teil des Ue.Schr. Aufnahme. Die nötigen Spannungen werden vom Schnurverstärkergestell aus dem Schrank zugeführt. Mittels der beiden dem Schnurpaar beigegebenen Kipper kann einerseits der Hochapparat unter Abtrennung des Sprechapparates sowohl auf die eine, als auch auf die andere Schnur geschaltet und andererseits für den fernmündlichen Verkehr auf den DBV.-Leitungen die Abschaltung der Verstärkerröhren vollzogen werden. Ein dienstlicher Verkehr dieser Stelle mit dem Ortsnetze ist nicht erforderlich. Die Gestaltung dieser Schränke für einen und zwei Arbeitsplätze kann aus der Abb. 25 II. Teil ersehen werden. Die Ausführung der Schränke gleicht sich dem einheitlichen Bild der übrigen Fernamtseinrichtungen an.

VI. *Fernschränke.*

Die bisher niedergelegten Richtlinien über die apparatentechnischen Einrichtungen eines Fernamtes haben alle das eine Ziel im Auge, die Umschaltearbeit an den Fernschränken so günstig wie möglich zu gestalten, alle Nebenarbeiten, die nicht unmittelbar mit dem eigentlichen Vermittlungsverkehr im Zusammenhang stehen, von den Fernarbeitsplätzen fernzuhalten und jede technische oder betriebliche Unregelmäßigkeit im Umschaltedienst sofort festzustellen und so rasch wie möglich zu beseitigen. Die Fernschränke bilden sowohl ihrer Zahl, als ihrer Aufgabe nach in einem Fernamte den wichtigsten Teil der apparatentechnischen Einrichtungen. Bevor ich in die eigentliche Entwicklung des Aufbaues der Fernschränke eintrete, möchte ich zunächst die Frage entscheiden, ob der Umschaltedienst an den Fernarbeitsplätzen auf einem s c h r a n k - o d e r t i s c h f ö r m i g e n G e b i l d e abzuwickeln sein wird. In den Handbetriebsumschaltestellen bisheriger Bauart hat man mit den in Tischform ausgebildeten Arbeitsplätzen weder vom Standpunkte des Betriebes, noch von dem der Unterhaltung aus günstige Erfahrungen gemacht, weshalb solche Amtseinrichtungen nur in wenigen Fällen zur Ausführung gekommen sind. Wenn nun trotz dieses Mißerfolges neuerdings für Fernämter der Bau tischförmiger Arbeitsplätze ernstlich in Erwägung gezogen wird, so liegt der Grund darin, daß im Fernvermittlungsverkehr die technischen und betrieblichen Verhältnisse viel einfacher gelagert sind als im Ortsverkehr. In Ortsumschalteschränken mit einer großen Reihe vielfachgeschalteter Fernsprechanschlüsse vermehren sich die Verbindungsmöglichkeiten innerhalb eines Schrankes im quadratischen Verhältnis zur Zahl der Anschlüsse und erreichen in Anlagen mittlerer Größe bereits eine Höhe, die nur durch eine vielstellige Zahl ausgedrückt werden kann. Diese zahllosen Verbindungen können an den Ortsumschalteschränken nur mit flexiblen Schnüren hergestellt werden; der Gedanke, im Ortsverkehr diese Verbindungen ohne Schnüre auszuführen, ist daher gar nicht zu erörtern. An einem Fernarbeitsplatz dagegen mit höchstens 4 Fern- und 5 Fernvermittlungsleitungen sinkt die Zahl der Verbindungsmöglichkeiten, wenn man die Durchgangsverbindungen außer Betracht läßt, auf $4 \times 5 = 20$ herab unter der Voraussetzung, daß es im Fernverkehr tatsächlich gelingt, ohne vielfach geschaltete Leitungen den Fernbetrieb aufrecht zu erhalten. Bei dieser verhältnismäßig kleinen Zahl von Verbindungsmöglichkeiten ist die Herstellung von Verbindungen ohne ein bewegliches Zwischenglied, einem schnurlosen Zwischenumschalter ähnlich, mittels Kniehebel denkbar, wobei der Verbindungsapparat auf einem Tische untergebracht werden kann. Mit dem Wegfall des beweglichen Verbindungsapparates, der nur durch den Verzicht auf die vielfach geschalteten Leitungen möglich ist, treten die Hauptbedenken gegen die Tischform zurück und es können sich die Vorteile eines schnurlosen tischförmigen Umschalters, die in den geringeren Herstellungskosten, in dem Fortfall von Schnurstörungen und in der geräuschloseren Bedienung (Wegfall der durch die Steckerhandhabung verursachten Geräusche) gegeben sind, im Betriebe voll auswirken. Diese Vorteile sind groß genug, um die Frage des Baues tischförmiger Umschalter einer eingehenden Würdigung zu unterziehen.

Die Ausführung von Umschalteeinrichtungen in Tischform ohne Verwendung von Schnüren liegt für jeden Fernarbeitsplatz, an dem nicht mehr wie 4 Fernleitungen einmünden, im Bereiche der Möglichkeit, wenn es gelingt, die Herstellung aller im Fernverkehr möglichen Verbindungen ohne Vielfachschaltung von Leitungen durchzuführen. Soweit sich im Fernbetrieb auf den Fernarbeitsplätzen ein reiner ankommender oder abgehender Fernverkehr abwickelt, können vielfachgeschaltete Leitungen ohne weiteres entbehrt werden. Betrachtet man nach dieser Richtung das größte für die vorstehende Untersuchung in Frage kommende Fernamt München, so läßt sich feststellen, daß man dort höchstenfalls 16% aller Fernleitungen für den fraglichen Verkehr abspalten könnte, während alle anderen Leitungen auch noch den Durchgangsverkehr aufzunehmen haben. Dieser geringe prozentuale Anteil vermindert sich mit der Zahl der Fernleitungen und nähert sich in den kleinsten Fernämtern dem Nullwerte.

Die Vielfachschaltung von Fernleitungen oder an deren Stelle von Transitleitungen läßt sich im Fernverkehr durch den Bau eigener Durchgangsämter umgehen, bezw. auf einige Arbeitsplätze dieser Ämter beschränken. Im Abschnitt A IV a) habe ich bereits rechnerisch den Nachweis geliefert, daß der Bau von Durchgangsämtern, womit im alten Fernamte zu München seinerzeit keine günstigen Betriebserfahrungen gemacht wurden, nur unter gewissen Voraussetzungen wirtschaftlich vertretbar erscheint, nämlich nur dann, wenn das Fernamt eine bestimmte Größe erreicht und der Durchgangsverkehr sich einem Minimum nähert. Diese Voraussetzungen scheinen mir aber nach meinen Untersuchungen nur in den allergrößten, nicht aber in den großen und mittleren Fernämtern gegeben zu sein. Der Bau von Fernämtern mit tischförmigen und schnurlosen Umschalteeinrichtungen stellt somit keine allgemeine, sondern nur eine Einzellösung des Fernvermittlungsproblems dar. Da nun des weiteren noch die in Aussicht genommenen Nacht- und Sammelschränke, mit 14 Anrufsätzen pro Platz, deren Zahl rund 25% der Gesamtzahl eines Amtes beträgt, schnurlos nicht betrieben werden können, so scheidet im Gebiete der bayerischen Telegraphenverwaltung, woselbst nur der Bau mittlerer und großer Fernämter in Frage kommt, die Aufstellung schnurloser Tische für den Fernbetrieb aus. Ich werde mich daher in den folgenden Betrachtungen nur mit der Entwicklung schrankförmiger Umschalter befassen.

Nach meinem Vorschlage sollen die Fernleitungen eines Arbeitsplatzes ohne Vielfachschaltung an bestimmten F e r n a n r u f s ä t z e n endigen und dort erst durch Umlegen eines Transitschalters die Möglichkeit erhalten, mit Hilfe von Transitleitungen vielfach alle Plätze eines Amtes zu bestreichen. Der Anrufsatz einer Fernleitung hat daher außer dem Anrufrelais, der Anruflampe und der Abfrageklinke, noch einen Transitschalter mit Lampe zu erhalten, zu dem das Zeitrelais mit dem Zeitkipper, der Warnlampe und der Rückstelltaste für die Zeitsignaleinrichtung noch hinzukommt. (Siehe Abb. 26 II. Teil.) Im Bau von Fernämtern war es bisher üblich, die Fernplätze mit einer bestimmten, zwischen 1 und 4 schwankenden Zahl von Fernleitungen schon bei der· Lieferung der Apparateneinrichtung festzulegen. Diese Maßnahme hat sich im Betriebe deshalb nicht bewährt, weil den Betriebsämtern damit die Mittel entzogen sind, sich den fortwährenden Verkehrsänderungen in dem wünschenswerten Maße anzupassen. Die Fernschränke müssen in Zukunft derart ausgestaltet werden, daß die Betriebsämter jeder Zeit in der Lage sind, die Belegung der Plätze mit Fernleitungen dem Verkehrsbedürfnis entsprechend nach freier Wahl vorzunehmen. Zu diesem Behufe erhält jeder Fernarbeitsplatz die Möglichkeit, maximal 4 Anrufsätze aufzunehmen. Jeder Anrufsatz besteht aus einem festen und aus einem auswechselbaren Teil. An dem festen Teil, in Gestalt eines Lötösenstreifens endigen alle zu den Anrufsätzen führenden Kabeladern, die im ganzen Amte für alle vorgesehenen Anrufsätze starr verlegt werden; an dem auswechselbaren Teil werden die oben bereits aufgeführten Apparatenteile auf einer Metallgrundplatte aufgeschraubt. Der Zusammenschluß des starren mit dem auswechselbaren Teil erfolgt durch ein flexibles mit einem Steckdosenendverschluß, ähnlich den Feldklappenschränken abgeschlossenes Kabelstück, das an dem Ende mit dem Lötösenstreifen, gleichgültig ob ein Anrufsatz eingeschoben wird oder nicht, fest verlötet wird. Die nicht belegten Anrufsätze werden einfach mittels Blendplatten verschlossen. Die Höchstzahl der Anrufsätze eines Tagesarbeitsplatzes beträgt vier. Eine höhere Belegung wäre nicht ratsam, sie könnte nur mit einer Betriebsverschlechterung in Kauf genommen werden. Wenn auch in einzelnen Fernleitungen eines Amtes die geringe Gesprächsbelastung eine höhere Belegung der Arbeitsplätze zulassen würde, so beschränken sich diese Fälle nur auf wenige Leitungen und es kann hier von jedem Betriebsamte leicht ein Ausgleich geschaffen werden, indem an einem Arbeitsplatz mit Fernleitungen geringer Belastung solche mit starker Belastung zusammengeschaltet werden. Die gleichmäßige Verteilung der verschieden belasteten Fernleitungen auf die einzelnen Arbeitsplätze läßt sich mit Hilfe der auswechselbaren Fernanrufsätze am H.V. jedes Fernamtes jeder Zeit durchführen.

Nach A II sind in einem Fernamte theoretisch $2 \times 3 = 6$ verschiedene Anrufsätze nötig, von denen je 3 für den Tages- und 3 für den Nachtbetrieb Verwendung finden. Der Unterschied in den beiden Gruppen liegt lediglich in der Schaltung der Transitkipper, die in dem einen Falle eine Nachtstellung des Kippers und damit eine Verlängerung der Fernleitungen zum Nachtplatz zulassen, während in dem zweiten Falle diese Nachtstellung entfällt. In ihrer Größe sind alle auswechselbaren Anrufsätze einander gleich, so daß ein gewöhnlicher Satz an jeden Lötösenstreifen angeschaltet werden kann; ihrem äußeren Ansehen und ihrer Schaltung nach unterscheiden sie sich jedoch in solche ohne und mit Wechselkipper; die letzteren, deren Einbau nur an jeder vierten Aussparung möglich ist, dienen zur Einschleifung der für die Fernwählung bestimmten Fernleitungen an den Arbeitsplätzen. An die Anrufsätze ohne Wechselkipper können nach Bedarf die Signalleitungen für den Schnurverstärkerbetrieb angeschlossen werden. Der Einheitlichkeit und der ungehinderten Auswechselbarkeit halber werden alle Anrufsätze mit den Lötstiften und den Kabeladern für diese Signalleitungen ausgerüstet, gleichgültig ob ein Bedürfnis hierzu gegeben ist oder nicht, so daß praktisch für den Bau neuer Fernämter nur 4 verschiedene Anrufsätze, nämlich:

1.) Gewöhnliche Anrufsätze für den Tagesbetrieb   mit 13 Lötstiften
2.) desgl. für den Nachtbetrieb und ohne Nachtstellung
    der Transitkipper   „   10   „
3.) Anrufsätze mit Wechselkipper für den Tagesbetrieb   „   19   „
4.) desgl. für den Nachtbetrieb   „   13   „
und ohne Nachtstellung der Kipper, zur Ausführung in Aussicht genommen werden.

Die Verdrahtung der einzelnen Fernanrufsätze zwischen den Apparatenteilen und den Lötstiften ist gleichfalls aus der Abb. 26 II. Teil zu ersehen.

Bei der Breite eines Fernschrankes mit 1,4 m, die wegen der Schaffung einer großen Schreibfläche am Tasterbrett nicht gut schmäler gehalten werden darf, können an den zusammengehörigen Plätzen eines Amtes, außer den $2 \times 4 = 8$ Tagesanrufsätzen, noch $5 \times 4 = 20$ Nacht- oder Sammelanrufsätze eingebaut werden. Die Zahl von 20 Anrufsätzen pro Schrank genügt jedenfalls, um während des Übergangsverkehrs das Arbeitsfeld eines Amtes auf den vierten Teil seiner sonstigen Größe zusammenzudrängen. Der Einbau dieser 28 Anrufsätze ergibt eine Unterteilung des Schrankes in 7 Paneele mit einer Breite von 20 cm. Die Breite von 20 cm entspricht der Länge eines 20 teiligen Klinkenstreifens, die man am zweckmäßigsten in 5 und weniger Paneele aneinanderreiht.

Während nun das Tasterbrett mit seinen Teilen, wie Schnüre, Zeitstempel, Empfangsstelle für die Förderbandanlage, Anrufsätze usw., d. h. der Unterbau eines Schrankes in allen Fällen vollkommen gleichheitlich gestaltet wird, ändert sich das K l i n k e n f e l d und damit der Aufbau eines Fernschrankes mit der Größe des Amtes nach folgenden Gesichtspunkten:

Die beiden untersten Streifenreihen eines Schrankes mit einer anderen Zusammensetzung wie die übrigen Streifen sind gleichfalls von der Größe eines Amtes unabhängig, aber in der Zahl der Streifen verschieden, je nachdem die Streifen für den Bau eines Tages- oder eines Sammelschrankes in Frage kommen.

In der ersten Streifenreihe werden vorgesehen:

a) an den Sammelschränken, entsprechend der erhöhten Zahl an Anrufsätzen:

7 Streifen mit je 2 Tasten und 2 Lampen, zur Belegt-Prüfung der in der Übergangszeit für den Durchgangsverkehr herangezogenen Tagestransitleitungen eingebaut. (Siehe Abschn. A IV a II. Teil.) Der Einbau dieser Streifen erfolgt nur nach Maßgabe des Bedarfes. Er ist abhängig von den für den Sammelverkehr notwendigen Tagesfernleitungen;

b) an den Tagesschränken:
2 Streifen mit je 2 Tasten und 2 Lampen zu dem gleichen Zwecke;

in der zweiten Streifenreihe:

c) an den Tagesschränken 4 Streifen, und zwar

2 Streifen mit je 1 Kipper und 1 Lampe für die FDA.-Leitungen
    „   „ 1 Kipper und 1 Lampe für die Anrufleitungen der
                                   Schrankaufsicht
    „   „ 1 Kontrollampe für die Anrufsätze und
    „   „ 1 Rufkontrollampe,
2   „   „   „ 5 Fernvermittlungsklinken;

d) an den Sammelschränken 5 Streifen, davon 4 Streifen in der gleichen Ausführung wie unter c) und der 5. Streifen mit weiteren 5 Fernvermittlungsklinken.

Die übrigen Klinkenstreifen eines Fernschrankes setzen sich aus lauter dreiteiligen Klinken in Streifen zu 20 Klinken mit 5,75 mm Bohrung zusammen. Ihre Zahl für die verschieden großen Fernämter kann aus der folgenden Zusammenstellung entnommen werden:

	1000		750		500		250		120		60	
	Zahl der											
	Leitungen	Streifen	Leitungen	Streifen	Leitungen	Streifen	Leitungen	Streifen	Leitungen	Streifen	Leitungen	Streifen
1.) FDV Leitungen	400	20	300	15	200	10	100	5	60	3	40	2
2.) Transit-Leitungen gewöhnliche	640	32	480	24	320	16	160	8	80	4	40	2
3.) desgl. für die Schnurverstärkung: a) Nachbildung mit 5 mm Bohrung	160	8	120	6	80	4	40	2	20	1	10	$^1/_2$
b) Verlängerung mit normaler Bohrung	160	8	120	6	80	4	40	2	20	1	10	$^1/_2$
Summa der 20 teiligen Streifen		68		51		34		17		9		5

Die unter Ziffer 3 vorgetragenen Klinken werden nur in den Sammelschränken eingebaut, in allen übrigen Schränken bleibt das hiezu nötige Klinkenfeld frei.

Außer den bisher aufgezählten Klinkenstreifen werden ebenfalls unabhängig von der Größe eines Amtes in der obersten Reihe jedes Schrankes noch 2 Streifen für jeden Arbeitsplatz, 1 Streifen mit je 2 Störungslampen, die eine für den Rufstromkreis mit roter Linse, die zweite für den Wählstromkreis mit grüner Linse vorgesehen. Jedem der unter Ziffer 1—3 aufgeführten Klinkenstreifen wird ein Bezeichnungsstreifen mit Einschubleiste beigegeben, in dem ein leicht auswechselbarer Papierstreifen mit den alphabetisch geordneten Ortsnamen der Fernämter für die FDV.-Leitungen oder für die Schnurverstärkerleitungen bezw. mit den arithmetisch geordneten Transitleitungsnummern eingeschoben wird.

154

In Abb. 27 II. Teil habe ich nun die Klinken- und Bezeichnungsstreifen nach obiger Zusammenstellung für die verschieden großen Fernämter maßstäblich in einzelne Klinkenfelder zusammengefügt, um daraus die Schnurlängen bezw. die Höhe des Unter- und Oberbaues für einen Fernschrank bestimmen zu können. Für Fernämter mit 500, 750 bezw. 1000 Fernleitungen werden die Klinkenstreifen in 5 Paneele mit 10, 13 bezw. 16 Reihen, für jene mit 60, 120 bezw. 250 Fernleitungen in 3 Paneele mit 4, 6 bezw. 8 Reihen verteilt. Der Platz für die Gesamtzahl der vorgesehenen Klinkenstreifen ist mit dieser Einteilung festgelegt. Die Klinkenstreifen werden jedoch beim ersten Ausbau des Amtes nur nach Bedarf eingelegt, die Plätze für die restierenden Streifen dagegen mit Leerstreifen abgedeckt.

Nach dieser Klinkeneinteilung ergibt sich in den 3 größten Fernämtern für das von der Mittellinie des Schrankes entlegenste Schnurpaar vom Tasterbrett bis zur äußersten Klinke eine Länge von 1,2 bis 1,28 m. Die ausziehbare Länge der Schnüre muß aber wegen ihrer Nachbindung auf mindestens 1,4 bis 1,5 m erhöht werden. Bei einer Tischhöhe von 0,78 m kann man aber eine Schnur höchstenfalls auf eine Länge von 1,15 bis 1,2 m ausziehbar gestalten. Um nun eine Schnurlänge von 1,5 m zu erhalten, müssen die Eisengestelle für die Schränke tiefer als die Tischhöhe gestaltet werden in der Weise, daß die Verlängerungsstücke in einer kanalartigen Vertiefung 15 cm unter die Fußbodenfläche versenkt werden. In den Fernämtern von 60 bis 250 Fernleitungen erheischt die äußerste Klinke des 3 paneeligen Klinkenfeldes eine Schnurlänge von rund 1 m. In diesen Ämtern genügt daher ein Schrank ohne Verlängerungsstück, dessen Eisengestell bodengleich aufgestellt wird. Nach der gewählten Klinkenfeldeinteilung bleiben in jedem Schranke 2 bezw. 4 Paneele frei, deren Flächen zur übersichtlichen Auslegung der vorliegenden, unerledigten Anmeldezettel für Durchgangsgespräche und der Durchgangszettel für Gespräche über mehrere Fernämter herangezogen werden sollen.

Zu diesem Zwecke werden auf die Breite eines bezw. zweier Paneele 5 bezw. 3 horizontale Metalleinschubleisten auf die Holzverkleidung der Paneele aufgeschraubt. (Siehe Abb. 27 II. Teil.) Für eine sachgemäße Ausbreitung der übrigen unerledigten, zahlreichen Anmeldezettel ist ferner zwischen der rückwärtigen Steckerreihe und dem Spiegel des Schrankaufsatzes auf die ganze Länge des Tasterbrettes eine Metalleiste angebracht, an der die am Fernarbeitsplatze lagernden Anmeldezettel in schiefer Stellung, der Reihenfolge der Anmeldung nach geordnet, ausgebreitet werden. Über dem Klinkenfelde sind fünf 15 cm hohe Fächer in einer Tiefe von 30 cm auszusparen, von denen die beiden äußersten in einer Breite von 40 cm mit einem herunterklappbaren Deckel zur Aufbewahrung einer Sprechgarnitur und sonstiger Utensilien ausgeführt werden. An der Außenseite des Deckels werden ebenfalls Einschubleisten zur Unterbringung von Bekanntmachungszetteln angeschraubt. Die übrigen 3 Fächer bleiben offen. Das 1. Fach dient zur Aufbewahrung des Zettelvorrates, das zweite zur Hinterlegung von Dienstbehelfen und das dritte für die Abfallzettel.

Übergehend auf den Verbindungs- und Abfrageapparat eines Fernschrankes, der im Tasterbrett untergebracht wird, möchte ich erwähnen, daß in der Durchführung dieses Teiles das Schaltungssystem eines Fernamtes zum Ausdruck kommt. Dieser Umschalteapparat besteht aus einer Reihe von Schnüren, Steckern, Schlüsseln oder Kippern, Lampen, Relais, einer Wählscheibe und einer Sprechgarnitur mit Ansteckdose, die ebenso wie die Klinken am zweckmäßigsten nach den im alten Reichspostgebiet eingeführten Mustern des Z. B. 10-Schrankes ausgeführt werden.

155

Zur Bewältigung des Fern- und Vorbereitungsverkehres sind an jedem Arbeitsplatz einheitlich mindestens 5 Schnurpaare notwendig, zu denen noch ein 6. Schnurpaar als Vorrat für den Störungsfall hinzukommt. In den bis jetzt gebauten Fernämtern wurde die Zahl der Schnurpaare an den einzelnen Arbeitsplätzen, je nach der Zahl der angeschlossenen Fernleitungen, verschieden hoch bemessen. Wegen der ungehinderten Belegung aller Arbeitsplätze mit Fernleitungen möchte ich jedoch von dieser Maßnahme abraten, umsomehr, als an den Arbeitsplätzen mit wenig Fernleitungen, d. s. jene Plätze für den großen Fernverkehr, die Zahl der vorzubereitenden Verbindungen wächst, während umgekehrt bei den Plätzen mit mehreren Fernleitungen die Zahl dieser Verbindungen abnimmt. An den Sammelschränken, die gleichzeitig Transitleitungen für die Verlängerung und Nachbildung von Fernleitungen enthalten, wird an jedem Arbeitsplatz ein Schnurvierer mit dem Drehschalter für den Schwächungswiderstand eingebaut. Der Schnurschutz an jedem Steckerende und elastische Schnuraufhängungen an den Schnurleisten erhöhen die Lebensdauer der Schnüre wesentlich. An den aufklappbaren, aus abgesperrtem Holze hergestellten Tasterbrettern werden die Metallplatten der Tasten an ihrer Oberseite, ebenso wie die Oberfläche der Bretter und der Steckerrast mit polierten roten Fiberplatten abgedeckt. Ein Steckkontakt an jedem Arbeitsplatz dient dazu, nach Bedarf einen mit Stecker und Schnur versehenen Klopferapparat anschließen zu können. In der Mitte jedes Schrankes, für zwei Arbeitsplätze gemeinsam, wird an dem festen Teil der Zeitstempelapparat versenkt, an dem aufklappbaren Teil werden die Einlegeschlitze für die Förderbandanlage eingeschnitten. Eine mit Messerschaltern ausgerüstete auswechselbare Wählscheibe für jeden Platz ergänzt das äußere Bild eines Tasterbrettes.

Über die Schaltung des Verbindungs- und Anfrageapparates, die aus Abb. 28 II. Teil ersehen werden kann, möchte ich bemerken, daß von dem wahlweisen Anruf in Fernleitungen, von dem Einbau des Ferngruppensystems und direkter Teilnehmerleitungen in das Fernamt, wegen Überholung durch selbsttätige Einrichtungen Abstand genommen wurde. Die Schaltung der Fernschränke wurde unter der Annahme einer vollständig selbsttätigen Fernwählung aufgebaut, die sich aber nicht allein auf den metallischen Fernleitungen, sondern auch auf den mit Übertragerspulen ausgerüsteten Fernleitungen abwickeln kann. Die Lösung dieser schwierigen Aufgabe war nur möglich unter Heranziehung des technischen Wechselstromes für die Betätigung der Fernsteuerung, die sowohl für den Fern-, als auch für den Ortsvermittlungsverkehr in Aussicht genommen wird. Gegen die Verwendung von technischem Wechselstrom mit 50 Perioden im Betriebe von Schwachstromanlagen sprachen bisher folgende Gründe:

1.) die induktiven, störenden Beeinflußungen der Nachbarleitungen,

2.) der Betrieb von Wechselstromläutwerken, die nur bei einem Wechselstrom mit 16 bis 25 Perioden sicher arbeiten und

3.) das flatternde Ansprechen von Relais beim Durchfluß hochperiodischen Wechselstromes.

Für die Beurteilung des Wählvorganges bei Anwendung von Wechselstrom scheiden die Punkte 1 und 2 aus, denn die Beeinflußung des Wechselstromes erstreckt sich beim Wählen nur auf Bruchteile einer Sekunde, sie bleibt somit wirkungslos und der Betrieb von Wechselstromläutwerken kommt für die Fernwählung überhaupt nicht in Frage. Zu Punkt 3 ist jedoch zu bemerken, daß die Betätigung eines gewöhnlichen Relais durch technischen Wechselstrom keinen einwandfreien Betrieb ergibt. Nach einem Vorschlage des Postreferendars Hebel der OPD. München läßt sich jedoch auch mit Anwendung des technischen Wechselstromes ein sicheres Arbeiten von Relais erreichen, wenn man an Stelle einer Relaiswicklung mehrere solcher Wicklungen mit verschieden starken Drähten und verschiedenen Windungen parallelschaltet. Hierdurch tritt beim Durchfluß des Wechselstromes eine Phasenverschiebung ein, die die Stromaufnahme des Relais erhöht und ein sattes Anziehen der Relaisanker bewirkt. Erst mit diesem Hilfsmittel sind der Fernwählung auf größere Entfernungen die Tore zu ihrer ungehinderten Entwicklung geöffnet.

Die Wechselstromwählung erfordert an jedem Fernarbeitsplatz folgende Apparatenteile:

6 dreiteilige Abfragestecker (5,75 mm Durchmesser) mit Schnüren (AS.),
6 dreiteilige Verbindungsstecker mit Schnüren (VS.),
6 Stöpselwähler mit 3 Stellungen (StW.),
6 Mithör- und Sprechschlüssel (MSp.),
6 Schlußrelais für die Abfragestecker (SRA),
6 desgl. für die Verbindungsstecker (SRV),
6 Schlußlampen für die Abfragestecker (SLA.),
6 desgl. für die Verbindungsstecker (SLV.),
1 Wählscheibe,
1 Ruf- und Wählschlüssel (R.W.),
1 Prüf- und Sprechschlüssel (PSp.) und
1 Sprechklinke zum Anschluß einer Sprechgarnitur.

Mit Hilfe dieser Apparatenteile, die unter sich nach der in Abb. 28 II. Teil veranschaulichten Weise zu verdrahten sind, läßt sich im Zusammenhang mit den nötigen Ferngruppen- und den anderen Wählern eines selbsttätig betriebenen Ortsnetzes der Fernverkehr, soweit er mit den selbsttätigen Betriebseinrichtungen zusammenhängt, nach den im Anhang II. Teil niedergelegten Gesichtspunkten abwickeln. Der übrige Fernverkehr jedoch gestaltet sich in folgender Weise:

Durchgangsverkehr: Ein Teilnehmer der Fernleitungsstelle x wünscht einen Teilnehmer der Fernleitungsstelle y. Die beiden Stellen sind nicht direkt miteinander verbunden, sondern ihre Fernleitungen führen über die Fernleitungsstelle A.

Die Fernleitungsstelle ruft die Stelle A in normaler Weise auf. Das Anrufrelais Ax in A wird erregt, die Anruflampe Lx leuchtet. Die Fernbeamtin in A am Fernplatz x bringt einen freien Abfragestecker ihres Platzes in die Abfrageklinke Kx; die Anruflampe Lx erlischt. Der Wunsch der Fernleitungstelle x wird entgegengenommen und dieser auf einem Durchgangszettel vermerkt. Der Durchgangszettel wandert nun mit Hilfe des Förderbandes zur Einlegestelle und wandert entweder auf demselben oder auf einem andern Band zum Fernplatz y. Nach der Betriebsvorschrift hat jene Fernbeamtin die Durchgangsverbindung abzusetzen, an deren Platz die höherwertige Fernleitung endigt. An diesem Platz nimmt hierauf die Beamtin irgendeine freie Schnur mit Stecker und bringt den letzteren in die FDV.-Klinke x. Die geerdete Haltewicklung des Schlußrelais, die c-Ader der Schnur und der c-Ast der FDV.-Leitung ermöglichen einen Ausgleich der 24 Voltspannung über die FDA.-Lampe am Arbeitsplatz y. Die FDA.-Lampe am Platz x und die Schlußlampe am Platze y des gewählten Schnurpaares leuchten solange, bis die Fernbeamtin am Platz x den FDA.-Kipper drückt und den Wunsch entgegennimmt. Der auf dem c-Ast der FDV.-Ltg. fließende Strom erreicht in diesem Falle eine Stärke

von $\dfrac{24}{200+120} = 0{,}075$ A.

α) Gewöhnliche Durchgangsverbindung ohne Schnurverstärker
bei Fernleitungen II. und III. Klasse.

Ist die Fernleitung x frei, so teilt die Beamtin x der Beamtin y auf der FDV.-Ltg. die Nummer der zur Fernleitung x gehörigen Transitleitung mit. Die Beamtin x legt dann den betreffenden Transitkipper um. Mit dem Umlegen des Kippers wird die Fernleitung x vielfach über die Klinken des Amtes verlängert, gleichzeitig aber auch die Linienwicklung des Anrufrelais von der Fernleitung abgetrennt und auf den c-Ast der Transitleitung umgelegt. Die Transitlampe leuchtet. Nach Mitteilung der Transitleitungsnummer steckt die Beamtin am Fernplatz y den Abfragestecker in die betreffende Transitleitungsklinke. Beim Stecken des Abfragesteckers findet die nunmehr an der Linienwicklung des AR.-Relais angelegte 24 V.-Spannung über den c-Ast der Transitleitung und jenen der gesteckten Schnur, ebenso wie im vorigen Falle, einen Ausgleich zur geerdeten Haltewicklung des Schlußrelais. In diesem Falle fließt aber nur ein Strom mit $\frac{24}{1500+120} = 0,015$ A. Die Haltewicklung des SRA.-Relais spricht bei dieser fünfmal kleineren Stromstärke nicht an, dagegen wird die Linienwicklung des AR.-Relais erregt, der Anker dieses Relais zieht an und nimmt der Transitlampe die Spannung. Die Lampe erlischt, ein Zeichen dafür, daß die Fernbeamtin y die richtige Transitleitung abgesteckt hat. Nach dieser Vorbereitung ruft die Fernbeamtin y mit dem Stöpselwähler und dem Rufkipper die Fernleitungsstelle x auf dem Abfragestecker, die Stelle y auf dem Verbindungsstecker zum Gesprächsverkehr auf. Die von den beiden Stellen herangeholten Teilnehmer sind nunmehr über die beiden Fernleitungen x und y, über das Schnurpaar am Fernplatz y, über die Transitleitung und den umgelegten Transitkipper miteinander verbunden. Das Durchgangsgespräch kann abgesetzt werden. Nach Gesprächsbeendigung schickt sowohl die Beamtin der Anlage x, als auch die in der Anlage y Rufstrom in die zugeteilte Fernleitung. Die beiden Schlußlampen des gesteckten Schnurpaares leuchten. Die Fernbeamtin y hebt die Verbindung durch Ziehen der Stecker auf. Beim Ziehen des AS.-Steckers wird der c-Ast der Transitleitung und damit das AR.-Relais x stromlos. Der Anker fällt ab. Die Transitlampe leuchtet als Schlußzeichen. Die Fernbeamtin x bringt den Transitkipper wieder in die Ruhelage.

Während der Übergangszeit vom Tages- zum Sammelbetrieb muß die Fernbeamtin x vor dem Umlegen des Transitkippers durch Drücken der Belegttaste sich überzeugen, ob die betreffende Transitleitung nicht bereits von irgend einem Sammelplatz aus belegt ist. Bleibt die Merklampe dunkel, so erweist sich die Fernleitung als frei.

β) Durchgangsverkehr mit Schnurverstärker bei Verbindungen von
Fernleitungen I. und II. Klasse.

Soll eine Verbindung zwischen einer unverstärkten Fernleitung II. Klasse und einer verstärkten Leitung I. Klasse hergestellt werden, so wickelt sich dieser Verkehr an jenem Sammelplatz ab, an dem die Fernleitung I. Kl. endigt. Diese Plätze sind mit Schnurvierer und mit Transitleitungen für die Verlängerung und Nachbildung ausgerüstet. (Siehe Abschnitt A. I δ) II. Teil. Die Einleitung des Gespräches vollzieht sich auf der FDV.-Ltg. in der gleichen Weise wie unter α'). In diesem Falle wird jedoch die Transitleitung nicht zugeschaltet, denn die sämtlichen den Fernbeamtinnen bekannten, mit Kunstschaltungen ausgerüsteten Transitleitungen sind an jedem Sammelplatz erreichbar. Die vorherige

Verständigung des zweiten Arbeitsplatzes hat lediglich den Zweck, der Fernbeamtin die Wegnahme der Fernleitung mitzuteilen, die in dem Augenblick erfolgt, in dem die Beamtin am ersten Arbeitsplatz die Klinke für die Verlängerung der Leitung abgesteckt und damit über den c-Ast dieser Leitung das Abschalterelais erregt hat. Den Vollzug der Umschaltung ersieht die zweite Beamtin im Dunkelglühen der Transitlampe, den Schluß des Gespräches im Erlöschen dieser Lampe. Über die Vorgänge beim Stecken des Schnurvierers und bei der Betätigung des Schwächungswiderstandes verweise ich auf die Ausführungen im Abschnitt A. I δ.), im übrigen auf das Schaltbild in Abb. 28 II. Teil.

Die Schaltung des Sprechapparates mit der dreiteiligen Induktionsspule zum Anschlusse des Gehörschutzapparates und der Überwachungsklinken ist ebenfalls aus der letztgenannten Abb. 28 II. Teil zu ersehen, aus der auch die Zusammenschaltung zweier Arbeitsplätze bei einfacher Besetzung eines Fernschrankes mit Hilfe eines Drehschalters entnommen werden wolle.

Nach dem Vorstehenden zeigt das Schaltbild für das Tasterbrett eines Fernschrankes mit selbsttätiger Fernwähl und Fernvermittlung die denkbar einfachste Form. Einen Maßstab für die Beurteilung der gewählten Schaltung eines Amtes bildet der Aufwand an Schaltrelais, der für die Auslösung der verschiedenen Schaltvorgänge notwendig wird. Einschließlich des Ferndienstleitungs-, des Transitleitungs- und des Sammelverkehrs berechnet sich der Aufwand an Relais für ein Normalamt mit 250 Fernleitungen, in dem an jedem Arbeitsplatz durchschnittlich $3^1/_8$ Fernleitungen angeschlossen sind und im Sammelverkehr das Arbeitsfeld auf $^1/_4$ seiner sonstigen Größe zusammengedrängt wird, wie folgt:

250 AR. für die Tagesarbeitsplätze, die im Transitverkehr auch als Transitrelais herangezogen werden. (Für die FDV.-Leitungen sind keine Relais nötig.)

rd. 200 AR. für die 10 Sammelschränke (10×20),

$$\frac{250\times 6}{3^1/_8} = 80\times 6 = 240 \text{ Schlußrelais für die Abfragestecker,}$$

$$20\times 2 = \begin{matrix} 240 \\ 40 \\ 80 \\ 80 \end{matrix} \quad \begin{matrix} \text{„} \quad \text{„} \quad \text{„ Verbindungsstecker,} \\ \text{„} \quad \text{„} \quad \text{„ Schnurvierer,} \\ \text{Kontrollrelais für die AR.,} \\ \text{Rufkontrollrelais} \end{matrix}$$

zusammen: 680 SR. und KR.+450 AR. =

1130 Relais oder pro Fernleitung $\frac{1130}{250} = 4{,}5$ Relais.

Zum Vergleich dieser Zahl sei erwähnt, daß die Fernamtsschaltung für das ZB10 System unter den gleichen Voraussetzungen einen Aufwand benötigt, der mehr als das vierfache obiger Zahl beträgt.

Das Gerippe eines Fernschrankes bildet ein Eisengestell aus Winkel- und U-Eisen, an dem die beiden Tasterbretter auf vier horizontalen Querschienen herausklappbar aufsitzen. (Siehe Abb. 30 und 31 II. Teil.) In der Zarge des Tasterbrettes ist das Förderband in einem Blechschacht, der Schrankreihe entlang, vollkommen verdeckt geführt. Am Boden der Zarge werden die Sammelleitungen für die Zeitstempelapparate zum abwechslungsweisen Anschluß in vierfacher Ausführung untergebracht. Der Zeitstempelapparat für zwei Arbeitsplätze gemeinsam sitzt versenkt an dem festen Teil des Tasterbrettes in der Mittellinie des Schrankes, vor dem Zeitstempelapparat auf einer aufklappbaren Grundplatte der Empfangsschlitz und die beiden Sendeschlitze der Förderbandanlage.

159

Im vorderen Aufbau des Schrankes werden die einzelnen Klinkenstreifen an den 6 vertikalen, hochkantgestellten Flacheisenschienen eingeschraubt. An dem rückwärtigen Unterbau des Eisengestelles, für jeden
Arbeitsplatz gesondert, reihen sich auf einer drehbaren Grundplatte die
Schluß- und Kontrollrelais, sowie die Kondensatoren- und Induktions-
spulenstreifen in 4 Stufen übereinander. Von dieser Grundplatte führen die
Schaltdrähte, in einem Bündel zusammengefaßt zu den Schlüsseln und
Schlußlampen des Tasterbrettes. In dem gleichen Drahtbündel werden
auch die zu den horizontalen Schnurleisten oder zu den senkrecht angebrachten Lötösenstreifen führenden, entweder für den Gehörschutz- oder
für den Klopferapparat, sowie die für den Überwachungsschrank bestimmten
Schaltdrähte beigebunden. Getrennt von diesem Drahtbündel, auf einem
anderen Wege vom Tasterbrett zu den Lötösen, führen die aus gedrillten
Drähten hergestellten Rufstrom- und Wählstromleitungen, die von den Lötösen aus über Stromsicherungen in Sammelleitungen am unteren Teil des
Eisengestelles endigen. Aus Sicherheitsgründen werden die beiden Sammelleitungen ebenso wie jene für die Zeitsignal- und Zeitstempelapparate
als Doppelschleifen durch sämtliche Schränke einer Reihe getrennt verlegt, und zwar so, daß jeweils die Abzweigungen zu den Arbeitsplätzen
mit geraden Nummern an die eine, jene zu den Plätzen mit ungeraden
Nummern an die zweite Schleife führen. Die Zuleitungen zu den strom-
führenden, in Röhren verlegten Spannungsschienen werden durch entsprechende selbstmeldende Sicherungen vor Überlastungen geschützt und
diese Sicherungen an jedem Arbeitsplatz in Streifen zusammengefaßt.
Neben den Schnurleisten, auf einem durch die Schrankreihe führenden
Längsbrett, finden die vom H.V. bezw. vom N.V. kommenden, für
die Klopfer- und Gehörschutzapparate, sowie für die Überwachungsschränke bestimmten Baumwollseidenkabel ihre Aufnahme. Die Enden
der Kabelformen werden an die andern Seiten der oben erwähnten
Lötösenstreifen, die hier als Trennstelle dienen, angelötet. Zwischen dieser
von der Zahl der Schränke, nicht aber von der Größe eines Fernamtes
abhängigen Kabellage und der nächsten folgenden Lage bleibt ein Zwischenraum von rund 20 cm frei, in dem die senkrecht gestellten, an den Sammelschränken die ganze Breite eines Schrankes einnehmenden Lötösenstreifen
für die 28 Anrufsätze, von der rückwärtigen Seite aus zugänglich bleiben.
In der Höhe des Schrankspiegels zwischen den Lötösenstreifen und den
horizontalen Querschienen der Tasterbretter werden auf einem senkrecht
gestellten Querbrett die 4 Sammelleitungen für die Zeitsignalrelais in isolierten, mit Schellen befestigten Drähten verlegt und die Abzweigungen
abwechslungsweise zu den Lötstiften der 4 Anrufsätze von unten herangeführt. Ueber den Anrufsätzen werden einsetzbare, nach aufwärts be-
wegliche Kabelhalter angebracht, die auf einem Blechboden für jede Klin-
kenreihe gesondert, 5 nebeneinander liegende Baumwollseidenkabel tragen. In der untersten Reihe liegen die vom HV. kommenden, bezw. zu
den N.V. führenden Kabel für die Fernleitungen, deren aufgelöste Adern
von oben an die Lötösenstreifen der Anrufsätze einmünden. Die nächste
Kabellage birgt die zu den N.V. führenden und von dort kommenden
Kabel für die Sammelleitungen zu den Anrufsätzen in sich. Anschließend folgen zunächst die Kabel für die Fernvermittlungsleitungen, dann
die Kabel für die FDV.-Leitungen mit einer für jedes Fernamt, je nach
der Größe veränderlichen Zahl, hierauf die für die gewöhnlichen Transitleitungen und endlich die für Schnurverstärkertransitleitungen nötigen
Kabel. Der Aufbau und der innere Zusammenhang eines Fernschrankes
kann aus den Abb. 30 und 31 II. Teil ersehen werden. Für die verschiedenen Fernämter sollen nur 2 Größen zur Ausführung kommen, nämlich

Fernschränke für 500—1000 Fernleitungen mit einer Schrankhöhe von 1,75 m und solche für 60—250 Fernleitungen mit einer Höhe von 1,55 m. Die Länge eines Schrankes mit 1,4 m, sowie die Tiefe mit 0,95 m ist in allen Fällen gleich. Eine weitere Abstufung in der Schrankhöhe wäre nicht empfehlenswert, da auch in den kleinsten Fernämtern der Raum für Fächeraussparungen und die Fläche für die Ausbreitung der Durchgangszettel nicht wesentlich kleiner gehalten werden kann. Die Fernschränke werden ebenso wie alle übrigen apparatentechnischen Einrichtungen eines Fernamtes äußerlich mit mahagonifourniertem, abgesperrtem Holze, das Klinkenfeld mit schwarzem, das Tasterbrett und die Steckerrast mit rotem Fiber verkleidet. Jeder Arbeitsplatz eines Fernamtes, sei er am Fernschrank oder am K.U., am Ueberwachungsschrank, am Anmeldetisch usw. erhält eine Soffittenbeleuchtung mit Mattscheibe. Sowohl an der Vorderseite der Schränke unter dem Tasterbrett, als auch an der Rückseite werden abnehmbare Schubtüren angebracht, die im Bedarfsfalle dem Unterhaltungspersonal ein ungehindertes Arbeiten an der Inneneinrichtung ermöglichen. Eine mit Linoleum verkleidete Stoßleiste, an der ein schwachgeneigtes, ebenfalls mit Linoleum belegtes und mit einer Metalleiste eingefaßtes Fußbrett als Schemel und zum Schutze der Verkleidung anliegt, schließt den Schrank gegen den Fußboden ab.

Auf den Deckbrettern der Fächerabteilungen im Innern des Schrankes liegen die zu den Soffittenlampen führenden, in Bergmannröhren eingezogenen Beleuchtungslitzen. An jedem zweiten Schrank zweigt von diesen eine Steckdose ab, an die ein elektrischer Lötkolben mit Leitungsschnur angeschlossen werden kann.

VII. Anmeldetische.

Unter Hinweis auf die im Abschnitt A III 2.) II. Teil über die Abwicklung des Anmeldeverkehrs gegebenen eingehenden Erläuterungen will ich mich in dieser Abteilung lediglich auf die Formgebung und die schaltungstechnische Durchbildung dieser apparatentechnischen Einrichtung beschränken. An den Anmeldeplätzen findet weder eine Umschaltung verschiedener Leitungen noch ein abgehender, fernmündlicher Verkehr statt, weshalb ein solcher Platz, an dem sich nur ein ankommender Ortsverkehr abwickelt, in der einfachsten Art, nämlich in Tischform durchgebildet werden kann. Die Plätze bilden gewissermaßen die Quelle für die Anmeldezettel, von dort aus fluten sie unter Benützung mechanischer Fördermittel an die sämtlichen Fernschränke eines Amtes. Zu diesem Zwecke müssen die Zettel zunächst an den Meldeplätzen durch ein Förderband gesammelt werden, an eine Verteilungsstelle verbracht und von da erst an die verschiedenen Schränke verteilt werden. In kleineren Fernämtern mit einer Verteilungsstelle genügt für diesen Zweck ein Band, in größeren Ämtern mit mehreren solcher Stellen sind zwei und mehr Bänder zur Sammlung der Zettel vorzusehen. Der sachgemäße Einbau solcher Bänder in die Anmeldeplätze erfordert nicht allein vom technischen, sondern auch vom wirtschaftlichen Standpunkte aus die Gegenüberstellung zweier Tische, in deren Mittellinie unter der Tischfläche das 20 cm breite Förderband verläuft. Über dem Förderband werden in bequemer Reichweite Fächerabteilungen, deren Boden auf Tragsäulen steht, zur Lagerung und Aufnahme der Anmeldezettel, der Dienstbehelfe und der Soffittenbeleuchtung eingebaut. Soweit der sichtbare Teil der Anmeldetische in Frage kommt, erfordert die apparatentechnische Einrichtung an jedem Arbeitsplatz, der eine Länge von 70 cm, eine Tiefe von 65 cm und eine Tischhöhe von 78 cm aufweist, (siehe Abb. 32 II. Teil) lediglich den Einbau zweier Anruflampen, einer Kontrollampe, eines Kippers mit 3 Stellungen und einer Klinke zum Anschluße der Sprechgarnitur, so daß an jedem Arbeitsplatz eine genügend große Fläche für den Schreibdienst verbleibt. Wegen dieser reinen Schreibarbeit werden die Anmeldetische, der günstigeren Belichtung halber, entgegen der Aufstellungsart der Fernschränke nicht parallel, sondern senkrecht zur Umfassungsmauer, in größeren Fernämtern vom Fernsaale getrennt, in kleineren Ämtern mit den Fernschränken vereinigt, im Saale aufgestellt. Je nach der Größe eines Fernamtes stuft sich die Zahl der nötigen Anmeldetische wie folgt ab:

In einem Fernamte mit

1000 Fernleitungen	. . . .	64 Anmeldetische
750 „	. . . .	48 „
500 „	. . . .	32 „
250 „	. . . .	16 „
120 „	. . . .	8 „
60 „	. . . .	4 „

In einem Fernamte mit höchstenfalls 4 Anmeldetischen können die Arbeitsplätze für den Meldeverkehr mit der Verteilungs- und Leitstelle der Förderbandanlage vereinigt werden. Eine derartige Vereinigung der Anmelde- mit der Leitstelle erfolgt auch in allen anderen Fernämtern während der Zeit des schwachen Verkehrs täglich bei einem Gesprächsanfall, der es wirtschaftlich nicht vertreten läßt, die beiden Stellen gleichzeitig zu besetzen und die Förderbandanlage im Betrieb zu halten. Wegen dieses Nachtverkehrs muß die Zahl der Gruppen- und Mischwähler gegenüber der Zahl der Anmeldetische etwas größer gehalten werden, und zwar:

	Tages-plätze	Nacht-plätze	Anruf-sätze	II. GW	Mischwähler	Kontaktsätze der M.W.
Bei 1000 Fernltg.	64	16 =	80	120	120	15 teilig
750 „	48	12 =	60	100	100	15 teilig
500 „	32	8 =	40	60	60	10 teilig
250 „	16	4 =	20	35	35	5 teilig
120 „	8	2 =	10	20	20	2 teilig
60 „	4	1 =	5	5	—	—

Die Auswahl einer freien Beamtin und die Bewältigung des Spitzenverkehrs im Anmeldedienst soll, wie im Abschn. A III 2.) II. Teil bereits näher ausgeführt wurde, durch den Einbau zweier Meldeleitungen an jedem Arbeitsplatz herbeigeführt werden, wovon zunächst bei gestöpselter Abfragegarnitur jeweils nur die erste Leitung freigegeben wird. Sind dagegen in allen eingeschalteten Meldeplätzen die ersten Leitungen mit Anrufen belegt, dann folgt erst die Freigabe aller zweiten Leitungen. Nach dem Belegen aller zweiten Leitungen ertönt ein Alarmwecker oder es glüht eine Warnlampe, als Zeichen, daß die Besetzung der Meldeplätze nicht ausreicht. Nach einem Vorschlage der Firma Siemens & Halske kann diese Aufgabe in folgender Weise gelöst werden. (Siehe Abb. 33 II. Teil.) Die zu beschreibende Art der Schaltung stellt ein Meldeamt dar, bei welchem jeder Platz als Spitzenplatz ausgebildet ist. Die mögliche Zahl der gleichzeitig aufgelaufenen Anrufe ist doppelt so hoch, wie die gleichzeitig dienstanwesenden Anmeldebeamtinnen. Befindet sich eine Beamtin am Arbeitsplatz, so steckt sie den Stecker ihrer Sprechgarnitur in die Drillingsklinke und erregt dadurch das Mikrophon-Speise-Relais M. Der Kontakt m dieses Relais schließt die c-Ader der ersten Meldeleitung und bereitet somit den Meldeplatz zur Aufnahme eines Anrufes vor. Läuft nunmehr auf eine so vorbereitete Leitung ein Anruf auf, so ergeben sich folgende Schaltvorgänge: Dem C-Relais mit einer bifilaren Wicklung von 200 Ohm wird über die Kontakte $c_1 I$, $t_1 I$, mI, der c-Ader zur Erde des vorangehenden Wählers eine 60 Voltspannung aufgedrückt. Das Relais C_1 spricht an. Der Kontakt $c_1 II$ dieses Relais schaltet die Anruflampe AL_1 ein und erregt gleichzeitig das K-Relais, das seinerseits über K II eine Platzkontrollampe einschaltet. Durch Umlegen des Abfragekippers A_1 schaltet sich die Anmeldebeamtin mit ihrer Sprechgarnitur an die anrufende Leitung. Mit dem Umlegen des Kippers wird gleichzeitig das Relais T_1 erregt. T_1 spricht über 60 Volt, T_1, $A_1 II$ und Erde an. Dieses Relais sperrt durch Öffnung des $A_1 I$-Kontaktes an der ankommenden c_1-Ader die Leitung gegen eine weitere Belegung. Die Leitung bleibt blockiert, falls die Beamtin nach Gesprächsbeendigung vergessen sollte, den Kipper umzulegen. Aus diesem Grunde müssen auch die Anmeldeplätze zur Überwachung an den Kontrollschrank gelegt werden. Das T_1-Relais schaltet durch den Kontakt $t_1 I$ sowohl die Anruflampe AL_1, als auch das K Relais ab. Die Anruf- und Kontrollampe erlöschen. Das C_1-Relais hält sich über die Haltewicklung von 1600 Ohm, den umgelegten $c_1 I$-Kontakt und der geerdeten c_1-Ader infolge der angelegten 60 Volt-Spannung selbst. Sobald nun auf allen Leitungen 1 der besetzten Meldeplätze Anrufe vorliegen, sind alle $c_1 I$-Kontakte umgelegt. Der sonst mögliche Kurzschluß des C_1-Relais über die 50 Ohm-Wicklung irgend eines unbesetzten B_1 Relais und dem angezogenen mII-Kontakt wird aufgehoben; das G_1-Relais kann nunmehr ansprechen und schaltet das Relais I ein. Durch den Kontakt I_1 dieses Relais wird die c-Ader der zweiten Leitung durchgeschaltet, sodaß nun dieselbe für einen zweiten Anruf aufnahmebereit ist. Die weiteren Schaltvorgänge bleiben die gleichen, wie die oben beschriebenen. Es erscheint hier die zweite Anruflampe. Die Beamtin kann sich nunmehr durch Umlegen des Abfragekippers nach der anderen Richtung in die Leitung einschalten und den zweiten Anruf entgegennehmen. Ist der Platz unbesetzt, so ist kein M-Relais erregt, die mI und mII-Kontakte sind geöffnet, es kann kein Anruf auflaufen; jede Kurzschlußmöglichkeit über irgend ein B_1-Relais fehlt, infolgedessen bleibt das G_1-Relais dauernd erregt. Dieses Relais schaltet das G_2-Relais ein. Es erfolgt Alarm, der der Aufsichtsbeamtin anzeigt, daß keine Beamtin am Platze angeschlossen ist. Liegen auf allen Plätzen 2 Anrufe vor, so ertönt durch Einschalten des g_2-Kontaktes der große Alarm, als Zeichen, daß zu wenig Plätze vorhanden sind und mehr Beamtinnen zum Dienste herangezogen werden müssen. Die auf dem B-Relais liegende Summerwicklung hat den Zweck, einem wartenden Teilnehmer ein Zeichen zu geben, daß er das Meldeamt erreicht hat, und zwar wird hierzu der periodische 10 Sekunden-Ruf benutzt. Der in dem a-Ast liegende bII-Kontakt verhindert, daß die Anmeldebeamtin Wählstromstöße erhält, wenn der Teilnehmer nach dem Eintreten der Beamtin in die Leitung die Wählscheibe nochmals betätigen sollte.

Nach der Beendigung des Gespräches legt die Beamtin den Abfragekipper wieder in die Ruhelage zurück. Mit dem Einhängen des Hörers beim Teilnehmer wird das C_1-Relais stromlos und damit die Leitung wieder frei.

VIII. *Auskunftsschränke.*

Wie ich bereits in meiner Abhandlung über den Bau großer Fernämter ausgeführt habe, läßt sich der Auskunftsverkehr in Bezug auf seine Abwicklung nach Art der Anfragen in 3 Hauptgruppen unterscheiden:

1.) In Anfragen über die Rufnummer des gewünschten fernen Teilnehmers,
2.) in Anfragen über den voraussichtlichen Zeitpunkt der Abwicklung des angemeldeten Gespräches und
3.) in Anfragen über die Höhe der erwachsenen Gebühren des eben vollzogenen Gespräches.

Nach den Ausführungen im Abschn. A III 3.) II. Teil soll sich nun der ankommende Auskunftsverkehr, unter Mitbenützung der für den Anmeldeverkehr notwendigen II. GW., ebenfalls durch ein zweimaliges Aufziehen der Wählscheibe (01) abwickeln. Die Beanwortung der Anfragen vollzieht sich durch den Aufruf der Teilnehmer auf dem gewöhnlichen Wege. Für den Vollzug der ersten Art von Anfragen würde im Auskunftsverkehr die Aufstellung gewöhnlicher Tische genügen, nicht aber für die zweite Art der Anfragen, denn diese Art der Anfragen, welche nur im Benehmen mit der betreffenden Beamtin am Fernplatz erledigt werden kann, erfordert an den Auskunftsplätzen die Bereitstellung der für das gesamte Amt nötigen FDV.-Leitungen und allenfalls die Ausfüllung und Weiterleitung eines Laufzettels. Die dritte Art der Anfragen läßt sich nur an Hand der an einem Platz gesammelten Anmeldezettel erteilen.

Diese Feststellung weist den Weg für die Gestaltung der Auskunftsplätze, und zwar bestimmt der Einbau vielfachgeschalteter FD-Leitungen den schrankförmigen Aufbau der Arbeitsplätze, die Sammlung der Anmeldezettel, den Aufstellungsort derselben, der immer an jener Stelle eines Amtes gewählt werden muß, die hiefür am günstigsten erscheint. Diese Stelle ist in Fernämtern mit Förderbandanlagen am Anfang oder am Ende einer Schrankreihe, in Ämtern mit mehreren Schrankreihen in der Mitte des Saales gelegen. In dem einen Fall wird man die Auskunftsplätze am zweckmäßigsten im Zuge der Schrankreihe anordnen, im zweiten Falle gesonderte Schränke aufstellen.

Ihrer Zahl nach darf man nach meinen Ausführungen über den Bau großer Fernämter (siehe Seite 11 I. Teil) in den verschieden großen Fernämtern für die Auskunftsplätze mit folgenden Abstufungen rechnen:

In einem Fernamte mit

1000	Fernleitungen	12	Auskunftsplätze	mit	12	II. G.W.
750	„	8	„	„	8	II. G.W.
500	„	6	„	„	6	II. G.W.
250	„	4	„	„	4	II. G.W.
120	„	2	„	„	2	II. G.W.
60	„	1	„ platz	„	1	II. G.W.

Außer den FDV.-Leitungen erhält nun jeder Auskunftsschrank auch noch die Dienstbetriebsvielfachleitungen zu den Aufsichts- und Störungsplätzen, deren Zahl nach der obigen Abstufung vom größten bis zum kleinsten Fernamt sich in den Grenzen von 80, 60, 40, 20, 10 und 5 Leitungen bewegt.

a) Auskunftsschränke.

Ihrem Äußeren nach gleichen die Auskunftsschränke einem Fernschranke für 250 Fernleitungen. (Siehe Abb. 34, 36 II. Teil) Im Klinkenfeld eines solchen Schrankes werden für ein Fernamt mit

$$1000 \text{ Fernltgn.} \frac{400}{20} = 20 \text{ Klink.-Str. f. d. FDV.-Ltgn. u.} \frac{80}{20} = 4 \text{ Str. f. d. DBV.-Ltg}$$

$$750 \quad „ \quad \frac{300}{20} = 15 \quad „ \quad „\,„ \quad „ \quad „\frac{60}{20} = 3 \quad „\,„\,„ \quad „$$

$$500 \quad „ \quad \frac{200}{20} = 10 \quad „ \quad „\,„ \quad „ \quad „\frac{40}{20} = 2 \quad „\,„\,„ \quad „$$

eingelegt. In den kleineren Fernämtern kommen besondere Auskunftsplätze nicht zur Aufstellung. Der übrige Teil des Klinkenfeldes und der Platz zur Aufnahme der Anrufsätze wird mit Leerstreifen oder mit einer Verschalung abgedeckt. Für den Anruf des Arbeitsplatzes und für den Anruf der jedem Arbeitsplatz zugeteilten FDV.-Leitung und DBV.-Leitung wird an jedem Platz ein weiterer Klinkenstreifen mit Anruflampen und Kipper eingebaut. Das Tasterbrett enthält neben der Wählscheibe zum Aufruf der Teilnehmer, lediglich ein Schnurpaar für die Verbindung des Sprechapparates mit den FDV.- und den DBV.-Leitungen, sowie einen einfachen Rücksendeschlitz für ein Förderband, das in der Zarge des Tasterbrettes ebenso wie in den andern Fernschränken Aufnahme findet. Die Fächerabteilungen über dem Klinkenfelde werden gegenüber jenen in den Fernschränken, wegen Hinterstellung der zahlreichen Dienstbehelfe (rd. 100 Teilnehmerverzeichnisse der fernen Ämter) etwas reichlicher zu bemessen sein. Einen wesentlichen Bestandteil einer Auskunft bildet ein Fächergestell zur sachgemäßen Einreihung der an einem Betriebstage anfallenden Anmeldezettel. Die Zahl der Fächer eines solchen Gestelles, auf dessen Gestaltung in einem späteren Abschnitte noch näher eingegangen werden wird, entspricht der in einem Fernamte angeschlossenen Zahl von Fernleitungen. Dieses Fächergestell wird in unmittelbarer Nähe der Auskunftsplätze neben einem Sammeltisch aufgestellt, an dem alle erledigten Anmeldezettel zusammenfließen.

Die einfache Schaltung der Auskunftsplätze, die aus der Abb. 35 II. Teil ersehen werden wolle, zeigt keine nennenswerten Abweichungen von den normalen Fernamtseinrichtungen, so daß auf eine nähere Erläuterung wohl verzichtet werden darf.

b.) Auskunftsschränke im Zuge einer Fernschrankreihe (Abb. 36 II. Teil).

In allen Fernämtern mit einer Fernschrankreihe, oder in den Ämtern mit 2 Reihen, deren Schränke mit ihrer Rückseite gegeneinanderstehen und in dieser Aufstellung sonach eine Doppelreihe bilden, werden die Auskunftsschränke am zweckmäßigsten entweder am Anfang oder am Ende der Schrankreihe, und zwar im Zuge derselben aufgestellt. Kommt die Schrankreihe eines Amtes schon im ersten Ausbau voll zur Aufstellung, so wird man wegen der Sammlung der erledigten Zettel und deren Trennung von den Durchgangszetteln die Auskunftsstelle am Ende, im anderen Falle unter Verzicht auf die Trennung der an die Leitstelle zurückfließenden Zettel am Anfang der Schrankreihe vorsehen. Im letzteren Falle hat die Beamtin an der Leitstelle die erledigten Anmeldezettel, die mit den Durchgangszetteln an der gleichen Stelle abfallen, von Hand der Beamtin am anstoßenden Auskunftsplatz zu übergeben. Die Anmeldebeamtin reiht hierauf die übergebenen Zettel nach deren Sichtung in bereitstehende Fächerabteilungen ein, die in diesem Falle nicht gesondert in einem eigenen Gestell, sondern im Auskunftsschrank selbst, an Stelle der Leerstreifen und Verschalungen untergebracht werden (siehe Abb. 36 II. Teil). Die Zahl der Fächerabteilungen paßt sich auch in diesem Falle der Zahl der vorgesehenen Fernleitungen an und bewegt sich je nach der Größe des Amtes zwischen 250, 120 und 60.

An Klinkenstreifen sind in diesem Falle für ein Fernamt mit

250 Fernltgn. $\dfrac{100}{20} = 5$ Str. f. d. FDV.-Ltgn. und $\dfrac{20}{20} = 1$ Str. f. d. DBV.-Ltg. mit 20'''

120 „ $\dfrac{60}{20} = 3$ „ „ „ „ „ $\dfrac{10}{10} = 1$ „ „ „ DBV.-Ltg. mit 10'''

60 „ $\dfrac{40}{20} = 2$ „ „ „ „ „ $\dfrac{5}{5} = 1$ „ „ „ DBV.-Ltg. mit 5''' nötig.

Die übrigen fernsprechtechnischen Einrichtungen werden in der gleichen, bereits unter a) beschriebenen Weise vorgesehen. Der Abfall der Anmeldezettel am Anfang der Schrankreihe erfolgt von der Innenseite des Förderbandes ab, an einer Stelle des Leittisches, an der das Band wegen des Abwurfes S-förmig geführt wird, am Ende der Schrankreihe dagegen an der Umkehrstelle des Bandes, ohne sonstige Maßnahmen von der Außenseite des Bandes ab. Die abfallenden Zettel werden dabei in beiden Fällen in einer Empfangsschale aufgefangen.

IX. Aufsichtstische.

Zur Abwicklung der Dienstaufgaben des Aufsichtspersonales eines Fernamtes müssen an geeigneten Stellen des Fernsaales Arbeitstische bereitgestellt werden. Nach Art der dienstlichen Tätigkeit kann der Aufsichtsdienst eines Fernamtes in folgende Abteilungen gruppiert werden:

1.) In den Oberaufsichtsdienst, dem die Betriebsleitung der gesamten Fernleitungsstelle untersteht,

2.) in den Saalaufsichtsdienst, dem die Diensteinteilung des Personales, die Besetzung der Arbeitsplätze, die Entgegennahme der fernmündlichen Beschwerden usw. obliegt,

3.) in den Schrankaufsichtsdienst, dem die unmittelbare Überwachung des Umschaltedienstes einer bestimmten Reihe von Arbeitsplätzen, die Erledigung der eingelaufenen Beschwerden innerhalb des zugewiesenen Tätigkeitsbereiches, die Feststellung und Meldung der an den Arbeitsplätzen eingetretenen Störungen, die Aufklärung von Unstimmigkeiten in den Anmeldezetteln usw. übertragen ist und

4.) in den Störungsaufsichtsdienst, dessen Tätigkeit an der Ursprungsstelle eines Fernamtes, der Hauptsache nach am K.U. sich abwickelt. Über die Zahl des in einem Fernamte bestimmter Größe nötigen Aufsichtspersonales wird die folgende Faustregel einigermaßen Rechenschaft geben:

Im Schrankaufsichtsdienst darf man für ungefähr 10—12 Arbeitsplätze 1 Aufsichts-Beamtin, für 20—25 Anmelde- und Auskunftsplätze und für 70—80 Fernarbeitsplätze je 1 Saalaufsichtsbeamtin, für je 250 Fernleitungen 1 Störungsaufsichtsbeamten und bis zu 500 Fernleitungen 1 Oberaufsichtsbeamten in Aussicht nehmen.

Nach dieser Faustregel ergeben sich in der Zahl der für die verschieden großen Fernämter nötigen Aufsichtstische folgende Abstufungen:

In einem Fernamte mit

		Oberaufsichts-	Saalaufsichts-	Schrank-	u. Störungs-aufsichtstische
1000	Fernleitungen	2	4 + 3 = 7	30	4
750	„	2	3 + 3 = 6	22	3
500	„	1	2 + 2 = 4	15	2
250	„	1	1 + 1 = 2	8	1
120	„	1	1 + 0 = 1	4	—
60	„	1	—	2	—

Wo möglich werden die Aufsichtstische in der Mitte des zugewiesenen Arbeitsfeldes aufzustellen sein; bestimmte Richtlinien über den Aufstellungsort lassen sich nicht entwickeln. Die Wahl des Platzes bleibt mehr oder weniger Ermessenssache und hängt von den gegebenen örtlichen Verhältnissen eines Fernsaales ab.

Schaltungstechnisch bieten die Aufsichtstische keine Besonderheiten. Mit Ausnahme des Störungsaufsichtstisches, dessen Einrichtung mit dem K.U. vereinigt ist, erhalten alle anderen Aufsichtstische ein Vielfachfeld für die DB.-Leitungen in folgender Größe:

Aufsichtstische für ein Fernamt mit

1000 Fernleitungen $\frac{80}{10} = 8$ Streifen mit 10 dreiteiligen Klinken

750 „ $\frac{60}{10} = 6$ „ „ 10 „ „

500 „ $\frac{40}{10} = 4$ „ „ 10 „ „

250 „ $\frac{20}{10} = 2$ „ „ 10 „ „

120 „ $\frac{10}{10} = 1$ „ „ 10 „ „

60 „ $\frac{5}{5} = 1$ „ „ 5 „ „

Außer diesen Klinkenstreifen erhält jeder Schrankaufsichtstisch zur Verbindung mit den dieser Aufsichtsstelle zugewiesenen Fernarbeitsplätzen einen weiteren Klinkenstreifen mit 10‴ Klinken. Im Uebrigen gleichen die schaltungstechnischen Einrichtungen eines Aufsichtstisches jenen eines Auskunftsplatzes. Jeder Ober- und Saalaufsichtstisch wird mit einem Hauptanschluß, je 4 Schrankaufsichtstische werden mit einem Sammelanschluß ans Ortsnetz ausgerüstet.

Eine Ausführungsform der Ober- und Saalaufsichtstische, die sich dem einheitlichen Stil der Fernschränke anpaßt, ist aus der Abb. 37 II. Teil zu ersehen. Die Schrankaufsichtstische, die parallel zur Fernschrankreihe in der Mitte der zugewiesenen Fernplätze vorgesehen werden, können zum Teil der gegebenen, geringen Gangbreite wegen nicht in der normalen Tischbreite gehalten, in einigen Fällen an der erwähnten Stelle überhaupt nicht aufgestellt werden. Aus diesem Grunde sollen diese Tische, soweit im Fernsaale der Platz zur Aufstellung vorhanden ist, als Doppeltische, der eine fest am Boden angeschraubt, der andere, ähnlich einer Türe herausdrehbar, in einer einheitlichen schmalen Form, so wie sie die Abb. 38 II. Teil zeigt, ausgeführt werden.

In Fernämtern, in denen wegen Platzmangel eine Aufstellung eigener Schrankaufsichtstische untunlich erscheint, beispielsweise im Fernamte Nürnberg, werden die beiden Schrankaufsichtsplätze als Leerschränke in der Fernschrankreihe vorgesehen (siehe Abb. 39 II. Teil) und lediglich mit den wenigen für einen Schrankaufsichtstisch nötigen, fernsprechtechnischen Einrichtungen versehen. Die für die benachbarten Fernschränke notwendigen Kabel überqueren ohne Ausformung, ebenso wie die Förderbandanlage diese mit den Schränken vereinigten Schrankaufsichtsplätze.

X. Verteiler- oder Leittische für die Förderbandanlage.

In meiner Abhandlung über den Bau großer Fernämter habe ich unter anderem auch den Standpunkt vertreten, an der Verteilungsstelle der Anmeldezettel ein Fächergestell aufzustellen, in dessen Abteilungen die Anmeldezettel, ihrem Leitvermerk entsprechend, einzureihen wären. Kann aus dem Leitvermerk der Leitweg nicht ohne weiteres festgestellt werden, so hätten diese Zettel zur Feststellung des Weges an eine besondere Leitstelle abgegeben werden sollen. Bei der kompendiösen Form der Verteilungszentrale einer Förderbandanlage, an der die Anmeldezettel ohne weiteres in die Einlegeschlitze ebenso leicht und rasch wie in die Abteilungen des Fächergestelles — auch in sitzender Stellung — eingelegt werden können, erübrigt sich die Aufstellung eines eigenen Fächergestelles für die mechanische Beförderung der Zettel, damit aber auch das Bedürfnis zum Bau einer besonderen Leitstelle, die in diesem Falle am zweckmäßigsten mit der Einlegezentrale am Verteilertisch zu vereinigen sein wird. Mit dieser erweiterten Aufgabe, zu der während der Zeit des schwachen Verkehrs auch noch der Anmeldeverkehr an der gleichen Stelle hinzu kommen soll, (siehe Abschn. D VII, II. Teil) bedarf der Verteiler- und Leittisch einer Einlegezentrale mit dem Antrieb und der Spannvorrichtung des Bandes, sowie den Einlegebehältern für die Anmeldezettel gegenüber den im Abschnitt C niedergelegten Erläuterungen noch einiger zusätzlichen Einrichtungen.

Der Verteilertisch soll neben der Aufnahme der Zeit- und Datum-Stempelapparate für den Ankunftszeitvermerk der Anmeldezettel, sowie der Kipper, Lampen und Klinken zum Anschlusse der Sprechgarnituren für den Anmeldeverkehr auch als Leittisch mitbenützt werden. Zu diesem Zweck müßte der Tisch mit Fächerabteilungen für die Hinterlegung von Dienstbehelfen ausgestattet werden. Da nun aber in der Mittellinie des Doppeltisches die herausklappbaren Einlegebehälter, die Förderbänder, seitlich die Hochführungen dieser Bänder angebracht sind, ferner die vordere Tischfläche zum Teil als Arbeits- und Schreibfläche frei bleiben muß, zum Teil mit den Zeitstempelapparaten und den Kippern und Lampen für den Anmeldeverkehr sowie mit den Endstücken der entweder von unten oder oben zugeführten Förderbänder der Anmeldestelle belegt wird, so verbleibt am Verteilertisch kein geeigneter Raum mehr für die sachgemäße Unterbringung der nötigen Fächerabteilungen. Man wird deshalb dem Verteilertisch, um ihn trotzdem als Arbeitstisch für die Leitstelle mitbenützen zu können, zur Hinterlegung der zur Bestimmung der Leitwege nicht sonderlich zahlreichen Dienstbehelfe einen fahrbaren Aktenhund, wie er in Abb. 46 II. Teil dargestellt ist, beigeben.

Die äußere Form des Verteiler- und Leittisches mit seinen Einmündungsstellen für die ankommenden und abgehenden Förderbänder, die sich ebenso wie alle übrigen mit mahagonifourniertem Holze verkleideten apparatentechnischen Einrichtungen dem einheitlichen Stile des Fernamtes anpaßt, ist aus der Abb. 14 II. Teil zu ersehen. Die an dem vorderen Teil des Tisches ausmündende Mulde hat die Aufgabe, die anfallenden, von den Fernschränken zur Einlegezentrale zurückfließenden Durchgangszettel aufzufangen. Über die Zahl und Aufstellung der Verteiler- und Leittische in den verschieden großen Fernämtern, die sowohl für die Doppel-, als auch für die einbändigen Einlegezentralen in einheitlicher Gestalt, die einbändigen Leittische jedoch schmäler und höher, ausgeführt werden, gibt die am Schlusse des Abschnittes C II. Teil angefertigte Zusammenstellung näheren Aufschluß.

XI. Wähler- und sonstige Eisengestelle eines neuzeitlichen Fernamtes.

In diesem Abschnitte soll nicht die Aufgabe erfüllt werden, die für den Fernwählbetrieb und für die übrigen Belange eines Fernamtes nötigen, außerhalb des Fernsaales aufzustellenden Eisengestelle in ihren Einzelteilen und mit ihren zusätzlichen Einrichtungen zu entwickeln, sondern lediglich den nötigen Bedarf an solchen Gestellen zu ermitteln und damit die äußere Umrahmung und die quantitative Seite der Frage für die verschiedenen Fernämter zu beleuchten.

1.) Eisengestelle zur Aufnahme der I. FGW.

Die Gruppenwähler für Selbstanschluß-Ämter werden z. Zt. von der Firma Siemens & Halske in ihrer äußeren Form und in ihrer Anordnung innerhalb der Gestelle grundsätzlich umgearbeitet zu dem Zwecke, den Raumbedarf für die Wähler einzuschränken und die Gestellaufstellung zu erleichtern. Da sich nun vorerst noch nicht bemessen läßt, ob bis zum Bau des nach diesen Richtlinien anzufertigenden Fernamtes die Versuche abgeschlossen sein werden, so will ich hier für die Entwicklung des Raumbedarfes die bisherige Art der Wähler und der Gestellanordnung, als die weitgehendere, der Betrachtung zu Grunde legen. An einem Gestell mit 1,6 m Breite und 2,75 m Höhe lassen sich auch unter Berücksichtigung der Mehrung an Relais für die Wechselstromwählung 20 Stück I. FGW. bequem unterbringen. (Siehe Abb. 40 II. Teil). Hiernach berechnet sich die Zahl der Wählergestelle für die verschiedenen, der Betrachtung unterzogenen Fernämter, unter Hinweis auf die in der Abb. 7 II. Teil entwickelten Zusammenstellung über den Bedarf an I. FGW., wie folgt:

In einem Fernamte mit

1000 Fernleitungen sind $\frac{1840}{20}$ = 92 Wählergestelle für I. FGW.

750 „ „ $\frac{1380}{20}$ = 69 „ „ „

500 „ „ $\frac{920}{20}$ = 46 „ „ „

250 „ „ $\frac{460}{20}$ = 23 „ „ „

120 „ „ $\frac{230}{20}$ = 12 „ „ „

60 „ „ $\frac{115}{20}$ = 6 „ „ „

Bei einer Ausladung der Gestelle von 0,3 m erscheint es im Interesse einer ungehinderten Pflege der Wähler und Relais zweckmäßig, die gegenseitige Entfernung der Wählergestelle, die wegen der günstigeren Belichtung senkrecht zur Umfassungsmauer aufgestellt werden müssen, zwischen 1,1 bis 1,3 m zu bemessen, je nachdem mehr oder weniger Raum für die Unterbringung der Wählergestelle zur Verfügung steht. Nimmt man für die Gangbreite an der Fensterreihe ungefähr das gleiche Maß an, so bietet die Planung der Wähleraufstellung in einem gegebenen Raume für die bestimmte Größe eines Fernamtes, in dem alle I. FGW. im gleichen Gebäude untergebracht werden, keine Schwierigkeiten.

2.) Eisengestelle für die II. FGW. und für die II. GW.

Die II. FGW. werden nur in jenen Fällen im Gebäude des Fernamtes aufgestellt, in denen die einzige Ortszentrale des betreffenden Stadtnetzes mit dem Fernamte im gleichen Gebäude untergebracht ist. In allen übrigen Fällen werden die II. FGW. getrennt vom Fernamtsgebäude dem Verkehrsbedürfnis entsprechend, auf verschiedene Zentralen verteilt oder in die einzige vom Amte getrennte Ortszentrale verlegt.

An den Gestellen mit den unter Ziff. 1.) aufgeführten Größenausmaßen lassen sich 40 II. FGW. oder ebensoviele gewöhnliche II. GW. unterbringen. Soweit die II. FGW. im Fernamtsgebäude aufgestellt werden, kann die Zahl der Wählergestelle aus der Zahl der in der Abb. 7 II. Teil nachgewiesenen Zahl an II. FGW. oder aus der Zahl des im Amte unterzubringenden Teiles an Wählern durch eine einfache Division mit 40 unter Aufrundung auf die nächste höhere Zahl leicht gefunden werden.

Die Aufstellung der II. GW. für den Anmelde-, Fern- und Ortsauskunfts- und Nachrichtenverkehr, sowie für den Aufruf der Feuerwehr, der freiwilligen Sanitätskolonne und anderer dem öffentlichen Wohle dienenden Institute wird im Fernamtsgebäude vorgesehen.

Nach dem vollen Ausbau der Fernämter sind in den verschiedenen sattsam bekannten Größenabstufungen derselben an Gestellen für II. GW. $\frac{200}{40} = 5$, (1000), 4, (750), 3, (500), 2, (250), 1, (120) bezw. ½ (60) nötig.

3.) Gestelle für die Mischwähler im Anmeldeverkehr.

Der für den Anmeldeverkehr nötigen zahlreichen Relais wegen, die ebenfalls am Gestell für die Mischwähler angebracht werden sollen, darf man auch bei den Mischwählergestellen mit einer Aufnahmefähigkeit von 40 Einheiten rechnen, so daß man für die drei größten der Untersuchung unterzogenen Ämter mit der Aufstellung von 4,3 bezw. 2 Gestellen gleicher Größe, für die übrigen Ämter mit je einem Mischwählergestell gleicher oder kleinerer Größe allen auftretenden Bedürfnissen gerecht wird.

Ganz allgemein möchte ich hier wiederholen, daß die Zahl der aufzustellenden Gruppen- und Mischwählergestelle immer nur dem jeweiligen Ausbau und dem gegebenen Bedürfnis eines Amtes anzupassen ist und der hier angegebene Bedarf nur als Grundlage für die Raumbemessung gelten darf.

4.) Rechnet man des weiteren für rund 500 Gruppenwähler ein Motorunterbrechergestell, so ergeben sich für diese Gestelle in den verschiedenen Fernämtern die gleichen, bereits unter Ziffer 4.) aufgeführten Zahlen. Im Schleifensystem werden ausnahmslos nur mehr Relaisunterbrecher verwendet, für die kein besonderes Gestell vorzusehen ist.

5.) An einem Schnurverstärkergestell mit einer Breitenentwicklung von 1,2 m und einer Höhe von 2,4 m (siehe Abb. 41 II. Teil) können 8 Schnurverstärkereinrichtungen untergebracht werden. Nach der im Abschnitt A I II. Teil schätzungsweise angenommenen Zahl dieser neuzeitlichen Einrichtungen, deren Entwicklung noch nicht mit Sicherheit vorausgesehen werden kann, darf man die Zahl der Gestelle hiefür ungefähr wie folgt bemessen: $\frac{160}{8} = 20$, 15, 10, 5, 3 bezw. 2 Gestelle, je nachdem für den Bau ein Fernamt mit 1000, 750, 500, 250, 120 bezw. 60 Fernleitungen in Frage kommt. Der Zusammengehörigkeit und Vollständigkeit halber will ich auch hier noch die bereits im Abschnitt A IV bezw. im Abschn. B II. Teil entwickelten Zahlen über die

6.) Untergestelle zur Aufnahme der Gehörschutzapparate (siehe Abb. 42 II. Teil) mit 34, 25, 17, 8½, 4½ und 2 und

7.) jene der Untergestelle für die Impulsgeber der Zeitmeßapparate mit 4, 4, 2, 2, 2, 2 für die Fernämter verschiedener Größe wiederholen.

XII. Sonstige Einrichtungen und Geräte eines Fernsaales.

1.) Zur Sammlung und Sichtung aller von den Fernschränken zurückflutenden, erledigten Anmeldezettel benötigt man in den Fernämtern, deren Auskunftsschränke vom Fernsaale getrennt aufgestellt werden, an der Abwurfstelle der Zettel einen einfachen Tisch ohne jegliche fernsprechtechnische Einrichtung, wie die Abb. 43 II. Teil ersehen läßt, an dessen Mittelpunkt das abfallende Schlußstück eines gemeinsamen Sammelbandes oder mehrerer solcher Bänder endigt.

2.) Das in der Nähe dieses Sammeltisches nicht weit von den Auskunftsschränken aufgestellte, zur Lagerung der an einem Betriebstage anfallenden, erledigten Anmeldezettel nötige Fächergestell mit 500 bis 1000 Einlegebehältern, der Größe eines Fernamtes entsprechend, sowie mit den aus einschiebbaren Blechböden und Anschlagleisten hergestellten Einzelfächern, an die Schildchen mit den Fernleitungsbezeichnungen aufgeschraubt werden, ist aus der Abb. 44 II. Teil ersichtlich.

3.) Zur sachgemäßen Abwicklung des Anmelde- und Verbindungsverkehrs eines Amtes erscheint es geboten, dem gesamten Bedienungspersonal gleichzeitig und so rasch wie möglich von der eingetretenen Störung bezw. von der andauernden Überlastung einer Fernleitung Kenntnis zu geben, damit das Personal jederzeit in der Lage ist, die Teilnehmer bezw. im Durchgangsverkehr die Gegenbeamtin im fernen Amte von der länger dauernden Verzögerung in der Abwicklung des gewünschten Ferngespräches verständigen zu können. Zu diesem Zwecke wird in jedem Fernsaale, allenfalls auch in jedem Nebensaale die Aufstellung eines oder mehrerer Störungsanzeiger notwendig, deren Größe dem Umfange eines Amtes entspricht. Eingerahmte kleine Metalltafeln mit weit sichtbaren, auf beide Seiten der Tafeln gemalten, dem Kennwort der Fernleitungen entsprechenden Buchstaben werden auf den horizontal angebrachten Eisenstäben dieses Anzeigers ablesbar aufgehängt. Die Größe eines Anzeigers muß so bemessen sein, daß eine genügende Anzahl solcher Tafeln aufgehängt werden kann. Erfahrungsgemäß darf man in einem Normalamte die Zahl der gleichzeitig an dem Anzeiger aufgehängten Tafeln äußersten Falls mit 50 bemessen. Hiernach stuft sich die Größe der Störungsanzeiger in Fernämtern mit 1000 bis 60 Fernleitungen folgendermaßen ab: 200 (bei 1000), 150 (750), 100 (500), 50 (250), 30 (120) und 20 (60).

Die Zahl der in Vorrat zu haltenden Tafeln entspricht unter Berücksichtigung eines gewissen Abmaßes annähernd der Zahl der FDV.-Leitungen eines Amtes und darf ungefähr mit 300, 250, 150, 80, 60 bezw. 40 für die verschiedenen Fernämter angenommen werden. Dieser Annahme entsprechend können nunmehr die verschiedenen Störungsanzeiger in vielleicht 3 Größen für 200, 100 und 54 Abteilungen, mit einem als Schrank zur Aufbewahrung der jeweilig unbenützten Fernleitungstafeln ausgebildeten, beiderseits offenen Unterteil, entwickelt werden. Die Ausführungsform dieser aus Messingstäben herzustellenden Anzeiger, die sich ebenfalls dem einheitlichen Stil der übrigen Fernamtseinrichtungen anschmiegt, wolle aus der Abb. 45 II. Teil ersehen werden. Der Platz für die Aufstellung der Störungsanzeiger hängt von den örtlichen Verhältnissen, in erster Linie von der Grundrißlösung eines Fernamtes ab. Er ist so zu wählen, daß alle normalsichtigen Fern- und Anmeldebeamtinnen die aufgedruckten Buchstaben der Metalltafeln bequem lesen können. Daher werden die Störungsanzeiger mit ihren Doppelflächen in der Regel quer zur Gangmittellinie zweier einander zugekehrten Schrankreihen, soweit Platz vorhanden ist, in der Mitte, sonst außerhalb der Reihe aufzustellen oder in der Schrankreihenmitte aufzuhängen sein. Diese entwickelte Bedingung kann in größeren Fernämtern nur durch die Aufstellung mehrerer Störungsanzeiger erfüllt werden. Man wird daher normalerweise in Fernämtern mit 500 bis 1000 Fernleitungen mit der Aufstellung von 4, in Ämtern mit 250 Fernleitungen mit der von 2 Störungsanzeigern, in den übrigen Ämtern mit der Aufstellung eines Störungsanzeigers zu rechnen haben.

4.) Ein Aktenhund für die Leitstelle (siehe Abschnitt XI, sowie die Abb. 46 II. Teil).

5.) An den beiden Enden jeder Fernschrankreihe ist für die Hochführung der Kabel und der Förderbänder ein der Höhe eines Schrankes entsprechender, kastenähnlicher Abschluß zu schaffen, der während der Montagearbeiten an den Fernschränken abgenommen wird. Die Vorderwand des Kastens mit einem der Ausladung des Tasterbrettes angepaßten Vorbau wird unverrückbar am Fußboden und am Eisengestell des anstoßenden Schrankes festgeschraubt, um im oberen Teil zwei Lampenstreifen mit 20 Sicherungsmeldelampen aufzunehmen, im unteren Vorbau das abfallende Förderband mit seiner Führungswalze abzudecken. Die beiden Streifen, deren Lampen das Abschmelzen einer der betreffenden Lampe zugeteilten Stromsicherung des Fernschrankes anzeigen, werden nur an jenem Anschlußkasten eingebaut, der in der Nähe des Saaleinganges liegt. Eine gemeinsame, den Lampenstreifen zugeteilte größere Signallampe, an der Decke des anstoßenden Fernschrankes läßt im Falle einer Sicherungsstörung den Mechaniker beim Betreten des Saales die Schrankreihe, das Glühen der kleinen Warnlampe den gestörten, mit selbstmeldenden Sicherungen ausgerüsteten Fernschrank erkennen. Eine aufklappbare Tischplatte und eine als Türe ausgebildete Vorderwand des Vorbaues wahren die Zugänglichkeit zum Förderband. Der abnehmbare Teil des Anschlußkastens mit Deckel, Seiten- und Rückwand stülpt sich über die hochgeführten Kabel und findet an der festen Vorderwand seinen Halt. Die stilgemäße Ausführungsform eines solchen Anschlußkastens ist aus Abb. 47 II. Teil zu ersehen.

6.) In Fernämtern mit gegeneinander gestellten Schränken einer Doppelreihe wird der durch diese Aufstellung entstehende schmale Gang aus rein ästhetischen Gründen mit einer, in Abb. 48 II. Teil dargestellten Abschlußtüre im Zuge der Seitenwände der beiden gegeneinander stehenden Anschlußkästen begrenzt.

7.) Über die Zahl und Aufstellung von Nebenuhren in einem Fernamte verweise ich auf Abschnitt B II. Teil.

8.) Nach den bisherigen Erfahrungen in der Pflege von Handbetriebsumschalteeinrichtungen, deren innerer apparatentechnischer Aufbau mit Holzverkleidungen nahezu staubsicher abgeschlossen wird, spielt die lästige Staubplage nicht die Rolle wie in den SA.-Ämtern; deshalb dürfte für die Pflege der apparatentechnischen Einrichtungen eines Fernamtes, das nicht zufälligerweise in einem Gebäude mit stationärer Entstaubungsanlage für die SA.-Umschaltestelle liegt, die Bereitstellung einer fahrbaren, für mehrere kleinere Fernämter gemeinsamen Entstaubungsanlage genügen. Zum Anschluße und zur Inbetriebsetzung wären an einzelnen geeigneten Stellen des Fernsaales Steckkontakte anzubringen.

9.) Zum Schluße dieser umfaßenden Gestaltungsarbeit, deren Erledigung, soweit die Stilart der sichtbaren Umrahmung eines Fernamtes in Frage kommt, der Beihilfe eines künstlerischen Beirates zu verdanken ist, möchte ich es einer Anregung dieses Rates folgend, nicht unterlassen, auch noch die Sitzgelegenheiten eines Fernamtes kurz zu erwähnen, deren unrichtige Formgebung das einheitliche Bild eines Fernsaales ebenso stören kann, wie die ungeeignete Ausgestaltung der Fernschränke.

Als Sitzgelegenheiten für das Personal eines Fernamtes können nur 2 Arten von Stühlen in Frage kommen, nämlich gewöhnliche Armstühle oder Drehstühle. In allen Umschalteeinrichtungen mit eingebautem Klinkenfelde größeren Umfanges, dessen Bedienung eine bestimmte Reichweite des Umschaltepersonals voraussetzt, erweisen sich bei der Auswahl der beiden Stuhlarten die Drehstühle mit verstellbarer, der Größe einer Umschaltebeamtin sich bequem anpassenden, der seitlichen Bedienung des

Klinkenfeldes folgenden Sitzfläche, als die zweckmäßigere Form. Ein weiterer Vorteil der Drehstühle gegenüber den Armstühlen liegt noch darin, daß während des täglichen, mehrfach sich wiederholenden Schichtwechsels, ohne Verschiebung der Stühle und damit ohne Abnutzung des Fußbodens, sowie ohne Geräusch die Änderung in der Personalbesetzung des Arbeitsplatzes, durch eine Drehung der Sitzfläche herbeigeführt werden kann. Ich möchte daher vorschlagen, künftig in allen neu zu bauenden Fernämtern für das Bedienungspersonal nur mehr Drehstühle nach der in Abb 49 II. Teil bezeichneten Art und für das Aufsichtspersonal gewöhnliche Armstühle in Aussicht zu nehmen. Nach diesem Programm ergibt sich die Zahl und Art der Stühle in den verschiedenen Fernämtern wie folgt:

In einem Fernamte mit

	1000	750	500	250	120	bezw. 60	Fernleitungen sind
für das Aufsichtspersonal	43	33	22	12	6	bezw. 3	Armstühle
für die Fernarbeitsplätze	320	240	160	80	40	bezw. 20	
für die Anmeldeplätze	64	48	32	16	8	„ 4	
für die Auskunftsplätze	12	8	6	4	2	„ 1	
für die Verteiler- und Leittische	16	12	8	4	2	„ 1	
für den Sammeltisch	4	3	2	—	—	„ —	
f. d. Überwachungsschränke	8	6	4	2	1	„ 1	
zusammen also	424	317	212	106	53	bezw. 27	Drehstühle notwendig.

Sieht man noch einen kleinen Vorrat für das Aushilfspersonal und für die Vornahme schadhafter, der Instandsetzung bedürftiger Stühle vor, so wird nach geringer Erhöhung der angegebenen Zahlen der Bedarf an Stühlen auch dem vollen Ausbau der Fernämter gerecht werden.

E) Stromlieferungsanlagen.

In jeder fernsprechtechnischen Umschalteeinrichtung, gleichgiltig mit welchem System man diese Einrichtung auch immer betreiben will, bildet die für den Betrieb der Einrichtung nötige Stromquelle gewissermaßen das Herz der Anlage, dessen Pulsschläge den inneren Organismus der Einrichtung fortdauernd beleben. Eine Hemmung dieser Pulsschläge zieht den Stillstand des gesamten Betriebes nach sich, den zu verhindern mit als die wichtigste Aufgabe der Fernsprechtechnik angesehen werden darf. Es ist deshalb beim Entwurf einer Stromlieferungsanlage für Fernämter in erster Linie dafür Sorge zu tragen, daß in jeder Anlage fortdauernd für den Betrieb ein genügender Vorrat an elektrischer Energie zur Verfügung steht, selbst dann noch, wenn aus irgendwelchen Ursachen die Stromerzeugung und damit die äußere Stromzufuhr versagen sollte. Dieses Ziel läßt sich im Fernsprechbetrieb durch die Bereitstellung einer entsprechenden Stromreserve erreichen. Aus diesem Grunde möchte ich für Fernämter weder eine Stromversorgung mit direkter Maschinenspeisung noch eine Anlage mit Pufferbetrieb, sondern eine solche mit der ausschließlichen Stromentnahme aus den Zellen einer Sammlerbatterie in Vorschlag bringen. Die Kapazität dieser Batterie müßte dabei so groß gewählt werden, daß sie ohne Aufladung während zweier Betriebstage den nötigen Strom restlos abgeben kann. Eine gleichgroße zweite Sammlerbatterie, die jeweils nach Entladung der im Betrieb stehenden Batterie im aufgeladenen Zustande als Vorratsstromquelle bereitsteht, erhöht die Betriebssicherheit eines Fernamtes auf ein Maß, das als vollkommen ausreichend zu bezeichnen ist. Die Kapazität dieser Batterie hängt von dem Verkehrsumfange, in erster Linie also von der Größe eines Fernamtes ab und hat der innerhalb zweier Betriebstage zu entnehmenden Strommenge zu entsprechen. Die für eine Umschalteeinrichtung nötige Stromlieferungsanlage genügt den zu stellenden Bedingungen, wenn die Strombilanz erfüllt ist, d. h. wenn der Stromzufluß einer Anlage, in Amperestunden gemessen, der Stromentnahme das Gleichgewicht hält. Die Strombilanz findet demnach in dem Produkte, das aus der Stromstärke in Ampère und aus der Dauer der Entnahme in Stunden gebildet wird, ihren Ausdruck. Es ist daher zunächst notwendig, die Grundlagen für die Stromentnahme in einem Fernamte bestimmter Größe zu entwerfen. Diese Aufgabe wäre einfach zu lösen, wenn jedes Fernamt die einmal bestimmte Größe jederzeit unveränderlich beibehalten würde. Diese Voraussetzung trifft aber in der Praxis nicht zu, denn jedes Fernamt ist dauernd mehr oder weniger Änderungen unterworfen und erweitert sich im allgemeinen entsprechend dem wachsenden Verkehrsbedürfnisse stetig. Um allen auftretenden Bedürfnissen gerecht zu werden, könnte man sich nun auf den Standpunkt stellen, die Kapazität der Sammlerbatterie schon beim ersten Ausbau eines Amtes so groß zu wählen, daß sie dem Stromverbrauch des gesamten Amtes nach vollem Ausbau entsprechen würde. Nach meiner Abhandlung über den Bau großer Fernämter (I. Teil) soll die Umschalteeinrichtung für ein neuzubauendes Amt dreimal so groß gewählt werden, als der derzeitige Stand an Fernleitungen dies erheischt. Es würde nach dieser Annahme die gewählte Sammlerbatterie ebenfalls eine dreimal größere Stromentnahme zulassen, wie es der Verkehrsumfang vorerst tatsächlich erfordert, d. h .der Ampèrestundenvorrat würde in den ersten Betriebsjahren der Stromentnahme von fast einer Betriebswoche genügen. Ein derart großer Überschuß läßt sich nun weder wirtschaftlich noch technisch rechtfertigen. Nach der bisherigen Entwicklung des Fernverkehrs wäre ein Ausgleich dieses Überschusses erst nach Ablauf von Jahrzehnten zu erwarten, also erst zu einer Zeit, innerhalb der die aufgestellten Sammlerzellen wegen der unvermeidlichen Abnützung vielleicht schon zwei- bis dreimal auswechslungsbedürftig geworden wären. Da nun des weiteren noch eine nicht voll beanspruchte Sammlerbatterie leicht sulfatiert und damit vorzeitig unbrauchbar wird, empfiehlt es sich, die Größenbemessung einer Sammlerbatterie für ein Fernamt nach dem erwähnten Gesichtspunkte durchzuführen. Meines Erachtens liegt die Lösung der Frage darin, die Kapazität einer Sammlerbatterie beim ersten Ausbau zunächst nur auf die Hälfte des vorgenannten Ampèrestundenvorrates zu bemessen und damit die Strombelastung nach vollem Ausbau, die Kapazität aber nur für einen Betriebstag anzunehmen.

Mit dieser Annahme wird auch die Sammlerbatterie halber Größe eine Reihe von Jahren bedingungsgemäß den Strombedarf zweier Betriebstage vollauf decken. Wächst nun im Laufe der Jahre der Stromverbrauch auf eine Höhe, die die Aufstellung einer größeren Batterie rechtfertigt, so wird zweckmäßig eine neue größere Batterie, für die der Platz schon beim ersten Ausbau freizuhalten ist, vorgesehen. Diese Ausführungen gelten nicht allein für die 24 Vollbatterie, sondern auch für alle in einem neuzeitlichen Fernamte notwendigen Batterien, d. s. die 8—10 Voltbatterie für die Heizspannung der Schnurverstärkereinrichtung und die 60 Voltbatterie für den Gruppenwählerbetrieb. Die übrigen Gleichstromspannungen für den Schnurverstärkerbetrieb, wie die Spannungen mit 2 und 6 Volt für die Gitterbatterien und mit 200 Volt für die Anodenbatterien werden aus Schwachstromquellen geschöpft, deren Raumbemessung keine ausschlaggebende Rolle spielt. Hierzu möchte ich noch allgemein bemerken, daß Schnurverstärkereinrichtungen nur in jenen Fernämtern vorgesehen werden, in denen Fernleitungen I. Klasse endigen. Es werden vermutlich solche Einrichtungen in den kleineren und in manchen mittleren Ämtern kaum zur Aufstellung kommen.

In der Regel wird daher für ein Fernamt der Raum zur Aufstellung von 3 größeren Batterien in doppelter Ausführung vorzusehen sein. Dieser Batterieraum muß von den übrigen Räumen getrennt sein. Er soll wo möglich unterhalb der Mitte des Fernsaales, am besten im Kellergeschoß liegen. Durch eine Lüftungsanlage bezw. durch eine einfache Lüftungsöffnung ist im Batterieraum, dessen Wände mit säurebeständigen Farben getüncht, unter Umständen getäfelt und dessen Boden mit Asphalt belegt wird, für die Absaugung der auftretenden Gase entsprechende Vorsorge zu treffen. Es empfiehlt sich zum Waschen der Zellen bei etwaiger Instandsetzung in dem Batterieraum einen Waschtrog, wenn angängig in der Nähe des Raumes mit Wasseranschluß einzubauen und zur Beleuchtung der Räume Akkumulatorenraumlampen in Aussicht zu nehmen.

Der Maschinenraum zur Aufnahme der Schalttafel und der für die Stromlieferungsanlage nötigen Lade-, Ruf- und Wechselstrommaschinen wird wegen der Führung der Leitungen am besten neben dem Batterieraum oder in unmittelbarer Nähe desselben vorzusehen sein. Übergehend auf die Größenbestimmung der für ein neuzeitliches Fernamt nötigen Sammlerbatterien, will ich in der folgenden Zusammenstellung den Stromverbrauch eines Normalamtes für 250 Fernleitungen entwickeln und der Stromberechnung an der Hand der erläuterten Schaltbilder folgende Annahmen zu Grunde legen:

Zahl der Ferngespräche pro Fernleitung an einem Betriebstag rund 100; hiervon 15% im Durchgangsverkehr, 40% im abgehenden und 60% im ankommenden Fernverkehr; die Gesprächsdauer $3^3/_4$, rd. 4', die Vorbereitungszeit $2^1/_4$ rd. 2', die Entgegennahme einer Anmeldung im Maximum zu 2'; die Dauer der Abnahme einer Verbindung und die Dauer der

Auflösung einer Verbindung je 6", die dauernde Belegung eines Arbeitsplatzes zu 9h; der Stromverbrauch der übrigen, minderwichtigen, nur zeitweise eingeschalteten Stromläufe beruht auf Schätzungen.

a) Stromentnahme eines Normalamtes aus der 24 Voltbatterie:

	Dauer in Stunden	Stromstärke der einzelnen Stromläufe (aufgerundet)	Stromverbrauch in Ampèrestunden	
			im Einzelnen	insgesamt Amp.-Std.
1.) Haltestrom, Anruf- und Kontrollampenstrom für den Fernanruf bei 60% der Gespräche	$\frac{6}{60\times60}$	0,4 A	$\frac{250\times100\times0,4\times6\times60}{60\times60\times100}$	10
2.) Ferndienstanruflampenstrom, 15% Durchgangsverkehr	$\frac{6}{60\times60}$	0,1	$\frac{250\times100\times0,1\times6\times15}{60\times60\times100}$	0,6
3.) Transitlampenstrom im Durchgangsverkehr	desgl.	desgl.	desgl.	0,6
4.) Strom über die Haltewicklung des AR-Relais zur Einleitung eines Durchgangsgespräches bis zum Drücken des Transitkippers m. Transitlampenstrom	$\frac{6}{60\times60}$	0,3	$\frac{250\times100\times0,3\times6\times15}{60\times60\times100}$	rd. 2,0
5.) Strom über die Linienwicklung des AR während der Dauer einer Durchgangsverbindung	$\frac{6}{60}$	0,016	$\frac{250\times100\times0,016\times6\times15}{60\times100}$	6,0
6.) Schlußlampenstrom u. Haltestrom d. beiden Schlußlampen n. Beendigung eines Gespräch.	$\frac{6}{60\times60}$	$2\times0,3$	$\frac{250\times100\times0,6\times6}{60\times60}$	25,0
7.) Dienstbetriebsanruflampen rd. 10% des Verkehrs	$\frac{6}{60\times60}$	0,1	$\frac{250\times100\times0,1\times6\times10}{60\times60\times100}$	rd. 0,4
8.) Rufkontrollampe 40% abgehender Verkehr	$\frac{2}{60\times60}$	0,1	$\frac{250\times100\times0,1\times2\times40}{60\times60\times100}$	rd. 0,6
9.) Wechselrelaisstrom für den Schnurverstärkerbetrieb 5% des Verkehrs während des Durchgangsverkehrs	$\frac{6}{60}$	$2\times0,04$	$\frac{250\times100\times0,08\times6\times5}{60\times100}$	10,0
10.) Klopferbetrieb 50%	$\frac{12}{60\times60}$	0,02	$\frac{250\times100\times0,02\times4\times50}{60\times60\times100}$	rd. 0,8
11.) Zeitrelaisstrom m. 10 Sekundenkontakt. Dauer 1" in 4' = $\frac{4\times60"}{10}$ = 24 Impulse pro Gespr. 40% abgehend. Verk.	$\frac{24}{60\times60}$	0,1	$\frac{250\times100\times0,1\times24\times40}{60\times60\times100}$	rd. 7,0
12.) Strom 40+4 = 44 Zeit- und Datumstempel. Ununterbr. Betrieb. Alle 5" ein Stromimpuls mit 1 Sek. Dauer	$\frac{60\times60\times24}{5}$ $\frac{60\times60}{=4,8}$	0,05	$44\times0,05\times4,8$	rd. 10,5
13.) Amtsmikrophone: 80 Fern-, 16 Anmeldeplätze, 4 Auskunftsplätze	9	0,05	$100\times0,05\times9$	45,0
14.) Für die Signalstromkreise der K. U. der Ue Schr und der Auskunftsschränke	schätzungsweise			1,5
			zusammen:	120 A.St.

176

Außerdem belastet auch noch der Haltestrom von 0,12 A für die Solenoïde jeder der 2×20 Sendestellen eines Normalamtes, durch die 60 m langen mit einer Geschwindigkeit von 0,5 m pro Sek. betriebenen 2 Förderbänder veranlaßt, in dauernder aber unterbrechender Folge die 24 Voltbatterie. Die Dauer der Batteriebeanspruchung rechnet sich unter der Annahme, daß während eines Umlaufes die Solenoïde an der Zentrale 2", jene an den Sendestellen 3", zusammen also 5" lang in Arbeitsstellung gehalten werden, zu

$$\frac{2 \times 20 \times 12 \times 60' \times 60'' \ (= \text{Zahl der Umläufe}) \times 5''}{\dfrac{60 \text{ m}}{\dfrac{0,5 \text{ m}}{60' \times 60''}}} = 20 \text{ Stunden}$$

Daraus bestimmt sich der Strombedarf für die Solenoïde zu 20×0,12 A = 2,4 Amp.-Std. Rechnet man noch 2,6 Amp.-Std. für die Uhrenlage, für sonstige Zwecke und zur Abrundung hinzu, so ergibt sich der Strombedarf eines Normalamtes an einem Betriebstage, soweit die Stromentnahme aus der 24 Voltbatterie erfolgt, zu *125 Amp.-Std.*, für die Batteriebemessung daher beim ersten Ausbau zu ½ Amp.-Std. und beim vollen Ausbau zu 1 Amp.-Std. pro Fernleitung.

Nach dieser allgemeinen Feststellung bietet die Größenbemessung einer 24 Voltbatterie in den verschieden großen Fernämtern keine Schwierigkeiten mehr. Es sind demnach in den verschiedenen Fernämtern für die 24 Voltspannung folgende Sammlerzellen vorzusehen:

In einem Fernamte mit:

Fern-leitungen	beim ersten Ausbau			nach vollem Ausbau			Steigleitung Durchm. in mm bei einer Länge von	
	Kapazität in Ampère-stunden	Sammler-typen	Höchst-zulässige Entlade-Stromstärke	Kapazität in Ampère-stunden	Sammler-typen	Höchst-zulässige Entlade-Stromstärke	10 m	50 m
1000	500	J₁₄	126	1000	J₂₈*	252	7[2])	15[2])
750	375	J₁₂	108	750	J₂₂*	198	6[2])	14[2])
500	250	J₈	72	500	J₁₄	126	5[2])	11[2])
250	125	J₄	36	250	J₈	72	4[1])	8[1])
120	60	J₂	18	120	J₄	36	3[1])	6[1])
60	30	J₁	9	60	J₂	18	2[1])	4[1])

Mit Ausnahme der mit * bezeichneten Sammlertypen, die in Doppelgefäßen ausgeführt werden, bestehen die Gefäße der Sammler aus Einzelgläsern.

Die Querschnitte der aus Kupfer herzustellenden Steigleitungen für die Verbindung der Zellen mit den Apparatenteilen eines Fernamtes, werden nach der höchstzulässigen Stromstärke bei vollem Ausbau nach der Formel Spannungsverlust $E = J \times W$ so bemessen, daß kein höherer Spannungsverlust als 2% auftreten kann. Die mit dem Index 1.) bezeichneten Leitungen werden dabei in Peschelröhren (bis einschl. 40 Amp.), die mit dem Index 2.) bezeichneten in isolierten Kupferleitungen auf Porzellansockeln, für den Fall aber, daß die Steigleitungen in einem abgeschlossenen, von allen übrigen Leitungen getrennten Schacht geführt werden können, in blanken Kupferschienen ebenfalls auf Porzellanglocken, verlegt. Der Querschnitt der Steigleitungen ist für eine Spitzenleistung von 40% höchzuläßiger Stromstärke entsprechend von Fall zu Fall gesondert zu bestimmen.

Diese allgemeine, eindeutige Art der Größenbemessung einer 24 Volt-batterie ist für die 60 Vollbatterie eines Fernamtes nicht durchführbar, denn es wird nur in wenigen Ortsnetzen — in Bayern zunächst nur in Regensburg — der Fall vorkommen, daß ein Fernamt ohne Angliederung an eine Umschalte-Einrichtung errichtet werden wird. Im allgemeinen bildet die Vereinigung des Fernamtes mit einer der SA.-Umschaltestellen eines Ortsnetzes die Regel. Tritt in irgend einer Anlage dieser Fall ein, so ist die Stromlieferungsanlage, soweit die Größenbemessung der 60 Volt-batterie in Frage kommt, für die beiden Stellen gemeinsam nach dem ge-samten Strombedarf der beiden Einrichtungen festzulegen.

Um nun trotz der Verschiedenheit der Fälle auch für die Größe der 60 Voltbatterie allgemeine Anhaltspunkte zu gewinnen, will ich wenigstens, soweit der Anteil der Fernamtseinrichtung für die Stromentnahme aus dieser Batterie in Frage kommt, die Richtlinien entwickeln.

Aus der 60 Voltbatterie eines neuzeitlich zu bauenden Fernamtes wird der Strom für die Betätigung der I. FGW., der II. G.W., für die Anmelde- und Auskunftsstelle, sowie für die Schaltvorgänge an der Anmeldestelle entnommen.

b) Stromentnahme eines Normalamtes aus der 60 Voltbatterie während eines Betriebstages:

	Dauer in Stunden	Stromstärke der einzelnen Stromläufe (aufgerundet)	Stromverbrauch in Ampèrestunden	
			im Einzelnen	insgesamt Amp.-Std.
1.) Haltestrom der I. FGW für $100\% - 15\% = 85\%$ Ferngespräche in der Dauer von 4'. Hiezu 30% von 85% mit einer Dauer von 2' für die Vorbereitung der Ferngespräche, ergibt im Mittel rd. 60%	$\dfrac{6}{60}$	0,1	$\dfrac{250\times100\times6\times0,1\times60}{60\times100}$	150
2.) Haltestrom der II. GW für den Anmelde- und Auskunftsverkehr 40% Anmelde-, 10% Spitzen- und 10% Auskunftsverkehr, zusammen 60%	$\dfrac{2}{60}$	0,1	$\dfrac{250\times100\times2\times0,1\times60}{60\times100}$	50
3.) Für die Mischwähler und für den Haltestrom der C_1 und T_1 Relais im Anmeldeverkehr 60%	$\dfrac{2}{60}$	0,05	$\dfrac{250\times100\times2\times0,05\times60}{60\times100}$	25
4.) Desgleichen für die C_2 und T_2 Relais, für den Fall der Belegung der ersten Anrufe	schätzungsweise			11
5.) Anruflampen der 1. Reihe einschl. Kontrollrelais 40%	$\dfrac{6}{60\times60}$	0,1	$\dfrac{250\times100\times6\times0,1\times40}{60\times60\times100}$	rd. 2
6.) Desgl. der 2. Reihe mit Wartezeit rund 10%	$\dfrac{1}{60}$	0,1	$\dfrac{250\times100\times1\times0,1\times10}{60\times100}$	rd. 4
7.) Amtsmikrophone und Melderelais für 16 Anmeldeplätze	9	0,05	$16\times0,05\times9$	7,0
8.) Zur Abrundung				1,0
			zusammen:	250 A.-St.

Nach dieser Zusammenstellung hat man beim ersten Ausbau eines Fernamtes für jede Fernleitung einen Stromverbrauch von 1 Amp.-Stunde zu Grunde zu legen. Nach dem vollen Ausbau verdoppelt sich dieser Betrag.

Die Größenbestimmnug einer 60 Voltbatterie für die verschieden großen Fernämter läßt sich nur durchführen, wenn man im Hinblick auf die Angliederung an eine SA.-Umschalteeinrichtung wirkliche, auszuführende Fälle heranzieht. Zur Lösung der Aufgabe nehme ich daher an, daß ein Fernamt mit 1000 Fernleitungen mit einer SA.-Hauszentrale für zunächst 500 Anschlüsse (siehe Fernamt München), ein 500er Amt mit einer SA.-Umschaltestelle für zunächst 3600 Anschlüsse (siehe Nürnberg), ein 250iger Amt mit einer SA.-Anlage für zunächst 2600 Anschlüsse (siehe Würzburg), das gleiche Amt als reines Fernamt ohne Angliederung an eine SA.-Einrichtung (siehe Regensburg), ein 120iger Amt mit einer SA.-Umschalteeinrichtung für zunächst 1500 Anschlüsse (siehe Hof) und ein 60iger Amt mit zunächst 400 Teilnehmeranschlüssen (siehe Weiden) vereinigt werden soll. Zu dem Strombedarf des Fernamtes kommt in den angezogenen Fällen der Strombedarf für die SA.-Umschalteeinrichtung hinzu. Der letztere Bedarf hängt neben der Größe einer Umschalteeinrichtung von der durchschnittlichen Belegungszahl und von der Belegungsdauer eines Teilnehmeranschlusses, d. h. von dem TC Wert der betreffenden Anlage ab. Um über die vorstehenden allgemeinen Betrachtungen zum Ziele zu kommen, nehme ich des weiteren den durchschnittlichen Stromverbrauch eines Teilnehmeranschlusses, bei einer Belegungszahl von 3,5 zu $3,5 \times 0,035 =$ rd. $^{1}/_{8}$ Amp.-Stunde pro Tag an. Die Belegungszahl von 3,5 stellt jedenfalls einen Mindestwert dar und möchte ich hier ausdrücklich bemerken, daß dieser Verbrauch für jede einzelne Anlage der gegebenen Gesprächsziffer entsprechend gesondert festgelegt werden muß.

Für die im Gebiete der vormaligen bayer. Telegraphenverwaltung zunächst in Frage kommenden neuen Fernämter würden sich nach dieser Annahme, die sich auf keine statistische Unterlage gründet, folgende Abstufungen in der Größe der 60 Voltbatterie ergeben:

In den Fernämtern zu	beim ersten Ausbau				nach vollem Ausbau				
	Kapazität in Amp.-Std.			zu wählende Akkumulatorentype	Kapazität in Amp.-Std. doppelt	Akkumulatorentype	Höchstzulässige Stromstärke	Steigltg. Durchm. in mm	
	für das Fernamt	für das Ortsamt in 2 Tagen	zus.					bei 10 m	bei 50 m
München mit 1000 Fernltg.	1000	130	1130	J44**	2260	J84**	756	11	24
Nürnberg mit 500 Ltgn.	500	900	1400	J52**	2800	J104**	936	12	27
Würzburg mit 250 Ltgn.	250	650	900	J26**	1800	J68**	612	10	21
Regensburg mit 250 Ltgn.	250	—	250	J10	500	J20*	180	5	12
Hof mit 120 Ltgn.	120	400	520	J20*	1040	J40**	360	7	16
Weiden mit 60 Fernltg.	60	100	160	J6	320	J12	108	4	9

Die Steigleitung ist für eine Spitzenleistung von 40% der höchstzulässigen Stromstärke bemessen.

Die mit **) bezeichneten Akkumulatorentypen werden in mit Blei ausgeschlagenen, säurebeständig gestrichenen Holzgefäßen, die mit *) bezeichneten in Doppelgefäßen, die übrigen Zellen in Einzel-Glasgefäßen ausgeführt.

Um den Einfluß, den die Länge einer Steigleitung auf den Durchmesser derselben ausübt, klar in die Erscheinung treten zu lassen, habe ich in den beiden letzten Reihen obiger Zusammenstellung, bei einem zulässigen Spannungsverlust von 1% für die 60 Voltbatterie, den Durchmesser einer Steigleitung mit 10 m und einer solchen mit 50 m gerechnet. Daraus geht hervor, daß man die Stromlieferungsanlage möglichst nahe an der Verbrauchsstelle anordnen muß, um den Querschnitt der Steigleitung klein halten zu können.

c.) Stromentnahme eines Normalamtes aus der 10 Voltbatterie.

Diese Batterie dient lediglich dazu, den Heizstrom für die Schnurverstärkerröhren und jenen für die Verstärkerröhren der Überwachungsplätze zu liefern. Zur Zeit fehlt noch jeglicher Anhaltspunkt über den Umfang, den der Schnurverstärkerbetrieb mit der Ausdehnung des Fern- und Bezirkskabelnetzes annehmen wird. Diese Einrichtung soll nur im Durchgangsverkehr, und zwar hier wieder nur im Verkehr zwischen zwei Fernleitungen I. Klasse oder einer Leitung I. und einer solchen II. Klasse Anwendung finden. Der Umfang dieses Verkehrs kann, gleichgültig wie sich auch die Entwicklung gestalten mag, nur von folgenden 3 Faktoren abhängen:

1.) Von der Größe eines Fernamtes,

2.) von dem prozentualen Anteil der Fernleitung I. Kl. zu der Zahl der Leitungen II. Kl. eines Amtes und

3.) von dem prozentualen Anteil des Durchgansverkehrs am Gesamtverkehr. Diese 3 Faktoren sind in jedem Fernamte verschieden. Um nun trotz dieser Verschiedenheit mit einiger Wahrscheinlichkeit zum Ziele zu kommen, nehme ich den Durchgangsverkehr eines Fernamtes im Mittel zu 15%, die Zahl der Fernleitungen I. Kl. zu rund $^1/_3$ der Gesamtzahl an. Aus dieser Annahme ergibt sich dann der Umfang dieses Verkehrs zu rund 5% des Gesamtverkehrs. Wenn nun auch z. Z. noch keine Schnurverstärkereinrichtungen in den einzelnen Fernämtern im Betrieb stehen, so ist wenigstens die Stromlieferungsanlage für die 10 Voltbatterie in allen Fernämtern vorzusehen, die einen Überwachungsbetrieb einführen wollen und in allen Fernämtern mit Fernleitungen I. Klasse. In den übrigen Fernämtern kann die Aufstellung dieser Einrichtung unterbleiben. Der Platz für die Unterbringung der Batterie und der Maschinenanlage muß jedoch in jedem Fernamt freigehalten werden, um jederzeit die Einrichtung nach Bedarf einbauen zu können. Mit einiger Wahrscheinlichkeit darf man daher für die Bemessung einer 10 Voltbatterie den aus nachstehender Zusammenstellung ausgewiesenen Stromverbrauch annehmen:

	Dauer in Stunden	Stromstärke der einzelnen Stromläufe (aufgerundet)	Stromverbrauch in Ampèrestunden	
			im Einzelnen	insgesamt Amp.-Std.
1.) Heizstrom für die Schnurverstärkerröhren 4' Dauer 5%	$\frac{4}{60}$	1,1	$\frac{250 \times 100 \times 4 \times 1,1 \times 5}{60 \times 100}$	rd. 90
2.) Desgl. für die Verstärkerröhren des Ueberwachungsbetriebes	9	2×0,55	9×1,1	rd. 10
			zusammen:	100

oder im Tage für jede Fernleitung beim ersten Ausbau 0,4 Amp.-Std.
„   „   „   nach dem vollen   „   0,8   „   „

180

Hiernach wären gegebenfalls in einem Fernamte folgende Sammlertypen vorzusehen:

mit	beim ersten Ausbau		nach vollem Ausbau		Höchstzulässige Stromstärke	Durchmesser der Steigleitung in mm bei	
	Kapazität in Amp.-Std.	Akkumulatorentype	Kapazität in Amp.-Std.	Akkumulatorentype		10 m	50 m
						Länge	
1000 Fernleitungen	400	J_{14}	800	J_{28}**	252	7	15
750 „	300	J_{10}	600	J_{20}*	180	6	13
500 „	200	J_8	400	J_{14}	120	5	11
250 „	100	J_4	200	J_8	72	4	8
120 „	50	J_2	100	J_4	36	3	6

60; Ämter in dieser Größe erhalten mit aller Wahrscheinlichkeit keine Verstärkereinrichtgn.

**) bedeutet Sammler in Holzgefäßen und *) = Sammler in Doppelgefäßen. Die Steigleitungen sind auch hier wieder wie unter a) und b) für eine Spitzenleistung von 40% der höchstzuläßigen Stromstärke bemessen.

d) Zur Stromentnahme aus der Gleichstromquelle für die 200 Volt Anodenspannung der Verstärkereinrichtung, der 6 und 2 Volt Gitterspannung für die gleiche Einrichtung und der übrigen Meßspannungen für den K.U. sind 2×100 Zellen, 2×8 Zellen und 2×50 Zellen der Type Qto für die Fernämter mit 60 und 120 Fernleitungen, in den übrigen größeren Fernämtern die gleiche Zahl von Zellen der Type Vtg. vorzusehen. Diese Zellen, deren Zahl so groß bemessen ist, daß eine Reihe immer aufgeladen werden kann, werden jeweils zur Ladung aus der 60 Voltbatterie in Gruppen zu 20 Zellen parallel, während der Entladung in Reihe geschaltet. Die Stromentnahme aus diesen Batterien, die für das größte der Untersuchung unterworfene Fernamt nur

$$\frac{4 \times 250 \times 100 \times 0,006 \times 4 \times 5}{60 \times 100} = 2,0$$

Amp.-Std. beträgt, ist so gering, daß eine weitere Ermittlung des Strombedarfes sich erübrigen dürfte.

Nach Abschluß dieser Untersuchung läßt sich nunmehr der Grundriß des Batterieraumes für jedes Fernamt auf folgende Weise entwickeln. Der Raum und die Aufstellung der Batterien ist stets für die Aufnahme der Zellen nach dem vollen Ausbau zu bemessen, zunächst jedoch die Zellengröße nur für den ersten Ausbau vorzusehen, wobei die Zwischenräume für die Gänge der meist parallel zur Umfassungsmauer anzuordnenden Zellen stets so groß zu wählen sind, daß man später jeder Zeit die größeren Zellen bequem aufstellen und die aufgebrauchten, kleinen Zellen ebenso bequem abbauen kann. Ich habe nun nach diesen Gesichtspunkten in den Abb. 50—52 II. Teil für die verschieden großen Fernämter die einzelnen Grundrisse nach dem kleinsten Raumbedarf, der nicht unterschritten, aber gegebenenfalls dem Gebäudegrundriß entsprechend größer gehalten werden darf, entwickelt.

Wie man aus den verschiedenen Grundrißlösungen ersehen kann, wird der Batterieraum eines neuzeitlichen Fernamtes weniger von der Größe der 24 Voltbatterie, als vielmehr von der Größe der 60 Volt-Batterie beherrscht, deren Ausmaße davon abhängig sind, ob an das Fernamt eine andere SA.-Umschalteeinrichtung angegliedert werden will. Aus diesem Grunde lassen sich für den Batterieraum der verschieden großen Fernämter keine eindeutigen Ausmaße festlegen. Aber selbst in den Ämtern für den reinen Fernverkehr ändert sich die Größe des Batterieraumes nicht ohne weiteres mit der Größe des Fernamtes, weil die Länge einer

Batteriereihe mit der Größe einer Zelle nicht proportional, sondern nur stufenweise und dann auch nur in mäßigen Grenzen zunimmt. Die Kapazität einer Zelle hängt bekanntlich von der Oberfläche der beiden Platten und damit vom Kubikinhalt des Gefäßes ab. Die Erhöhung der Kapazität wird der Hauptsache nach durch eine Vergrößerung der Breite und Höhe einer Zelle erzielt, während die Länge einer Zelle innerhalb weiter Grenzen beispielsweise bei den Tpen von J_4—J_{28} 215 mm, von J_{30}—J_{38} 455 mm, von J_{40}—J_{44} 465 mm sich überhaupt nicht und zwischen diesen 3 Gruppen sich nur in ganz mäßigen Grenzen ändert. Es empfiehlt sich daher bei der Planung eines Batterieraumes für ein neuzeitliches Fernamt mit selbsttätiger Fernvermittlung und Fernwählung die Größe des Raumes nicht in seinem Flächenausmaß, sondern im Hinblick auf die übliche Breite eines normalen Gebäuderaumes, die im Mittel das Ausmaß von 5 m wenig unter- oder überschreitet, in seiner Längenentwicklung anzugeben.

Hiernach erfordert der Batterieraum

für das Fernamt	München	eine Längenentwicklung von	18,5 m
„ „ „	Nürnberg	„ „ „	21 m
„ „ „	Würzburg	„ „ „	20,5 m
„ „ „	Regensburg	„ „ „	11 m
„ „ „	Hof	„ „ „	11,5 m
„ „ „	Weiden	„ „ „	9,5 m

Bei der kritischen Betrachtung dieser Ergebnisse überrascht die Regellosigkeit und die große Längenentwicklung der Batterieräume für die verschieden großen Fernämter. Die Untersuchung lehrt aber auch, daß die Planung des Batterieraumes für ein Fernamt, der im Zusammenhang mit einer SA.-Umschalteeinrichtung gebaut werden will, nicht nach festgelegten Richtlinien ohne weiteres durchgeführt werden kann, sondern von Fall zu Fall gesondert behandelt werden muß.

Ebenso wichtig nun wie die Vorkehrungen für eine genügende und sichere Energieaufspeicherung in den Sammlerbatterien eines Fernamtes erachte ich auch die richtige Wahl einer Maschinenanlage, die den Strom für die Ladung der Zellen liefert. Die erforderliche Elektrizitätsmenge kann entweder aus dem öffentlichen Starkstromnetz oder aus eigenen Stromerzeugungsanlagen bezogen werden. Mit der Ausdehnung des öffentlichen Starkstromnetzes auf das ganze Land wird in Zukunft wohl kaum mehr der Fall eintreten, daß ein Fernamt in einem Orte ohne Starkstromanschluß errichtet werden wird. Beim Neubau eines Fernamtes wird deshalb die Stromentnahme aus dem öffentlichen Starkstromnetz mit Drehstrom, als der gebräuchlichsten Stromart, die Regel bilden. Die Verwendung von Drehstrom zur Aufladung von Sammlerbatterien ist aber ohne Umformung der Stromart nicht möglich. Zu diesem Zwecke müssen für die Stromlieferungsanlage eines Umschalteamtes entsprechende Umformereinrichtungen, die den technischen Drehstrom in Gleichstrom passender Spannung verwandeln, in Aussicht genommen werden. Man kann nun diese Umformung entweder unter Anwendung eines Quecksilberdampf-, eines mechanischen Gleichrichters oder eines rotierenden Umformers vornehmen. Bei dem relativ geringen Energiebedarf für den Betrieb eines Fernamtes mit etwa $^1/_3$ KW.-Std. (siehe Schluß dieses Abschnittes) pro Fernleitung und Tag spielt die Frage der wirtschaftlich günstigsten Art der Umformung keine entscheidende Rolle, weshalb ich für die Beurteilung dieser Frage die Betriebssicherheit einer Stromlieferungsanlage in den Vordergrund der Betrachtung stellen möchte. Von diesem Standpunkte aus beurteilt, gewähren m. E., unter der Voraussetzung einer ständigen Beaufsichtigungsmöglichkeit, rotierende Maschinen zur Umformung der

Stromart den sichersten Betrieb. Außerdem haben Maschinenumformer den weiteren Vorteil, daß sie für jede Stromart, auch für Gleichstrom, d. h. also für jede Stromart des Netzes, der betreffenden Umschaltestelle in einheitlicher Weise zum Betriebe herangezogen werden können. Der Maschinenumformer allein bietet aber immer noch nicht die Sicherheit, die ich im Interesse des Betriebes einer Stromlieferungsanlage in Fernämtern für geboten erachte, denn auch ein Maschinenumformer ist Störungen unterworfen. In der Bereitstellung eines zweiten gleichgestalteten Umformersatzes erblicke ich ein Mittel, Betriebsunterbrechungen bei gestörten Maschinen vorzubeugen. Aber selbst die Aufstellung einer zweiten Umformermaschine gibt noch keine absolute Gewähr für die vollkommene Betriebssicherheit einer Stromlieferungsanlage, denn auch das öffentliche Starkstromnetz kann infolge von elementaren Naturereignissen, Generalstreiks und dergl. über den Zeitraum, für den der Energievorrat der aufgestellten Sammlerbatterien ausreicht, hinaus versagen. Für diesen vielleicht unwahrscheinlichen, aber immerhin möglichen Fall schlage ich vor, in jeder Stromlieferungsanlage eines größeren Fernamtes, dessen Betriebssicherheit als der oberste Grundsatz zu gelten hat, eine gekuppelte Benzindynamomaschine, die die herrschende Stromart des betreffenden Netzes erzeugt, als primäre, jederzeit verfügbare Stromquelle vorzusehen.

Nach diesen allgemeinen, von der Betriebssicherheit vorgeschriebenen Richtlinien bietet der Entwurf einer Maschinenanlage für die Stromversorgung von Fernämtern keine Schwierigkeit. Aus dem Produkte, dessen einer Faktor die höchstzulässige Stromstärke des gewählten Sammlertyps und dessen anderer Faktor die Spannung der aufzuladenden Batterien darstellt, läßt sich für eine ziemlich genaue Überschlagsrechnung die K.W.-Leistung der Generatormaschine und dann durch einfache Division dieses Wertes mit der Zahl 600 die Leistung des Motors in PS bestimmen. Die eingeführte, vom Wirkungsgrad der Maschine abhängige Zahl 600 entsteht aus dem Quotient

$$\frac{736 \text{ (Volt Ampère einer PS)} \times 81{,}5}{100}$$

Die Zahl 81,5 entspricht dem durchschnittlichen Wirkungsgrad einer Maschine. Diese Zahl ist veränderlich; sie darf aber hier unbedenklich als Mittelwert in die Rechnung eingeführt werden. Je größer irgend eine Maschine gewählt werden will, desto größer ergibt sich neben der Mehrausgabe auch deren Leerlaufverlust. Es erscheint daher ebensowenig wie bei der Größenbemessung einer Sammlerbatterie angängig, die Größe der zur Aufladung der Zellen notwendigen Maschinen schon beim ersten Ausbau eines Fernamtes für die gesamte nach dem vollen Ausbau erforderliche Leistung zu bemessen; es genügt vielmehr auch die Maschine der halben Leistung, sonach der höchstzulässigen Stromstärke der kleineren Akkumulatorentype anzupassen. Entwickelt sich nun im Laufe der Zeit der Fernverkehr derart, daß die kleinere Batterie gegen eine größere mit doppelter Kapazität ausgewechselt werden muß, so kann man den nunmehr doppelt so hohen Strombedarf durch Inbetriebnahme eines weiteren dritten Maschinensatzes, der mit einem der vorhandenen beiden in Parallelschaltung arbeitet, decken. Mit dieser Maßnahme bleibt für den Störungsfall nach wie vor eine der 3 Maschinen in Vorrat.

Die Größenbemessung der Umformersätze, bestehend aus einem Generator als Gleichstromquelle zur Aufladung der Sammler für die verschiedenen Gebrauchsspannungen eines Fernamtes und einem der Stromart des betreffenden Ortes angepaßten, mit dem Generator gekuppelten Netzstrommotor, kann aus den folgenden Zusammenstellungen entnommen werden:

a) Maschinensätze für eine Gebrauchsspannung von 60 Volt:

Für ein Fernamt mit	Generatormaschine		Netzstrommotor in PS	Flächen-ausmaße der Funda-mente
	Volt — Ampère	zu liefernde K. W. Leistung		
1. 1000 Fernltgn. und einer Haus-zentrale mit 500 Anschlüssen (München)	60×396 (J$_{44}$)	23,760	$\frac{23760}{600}=$ rd. 39	1,9/0,9
2. 500 Fernltgn. und einer SA Um-schaltestelle mit 3600 Anschl. (Nürnberg)	60×468 (J$_{52}$)	28,080	$\frac{28080}{600}=$ rd. 47	2,0/1,0
3. 250 Fernltgn. und einer SA Um-schaltestelle mit 2600 Anschl. (Würzburg)	60×324 (J$_{36}$)	19,440	$\frac{19440}{600}=$ rd. 32	1,9/1,0
4. 250 Fernltgn. ohne Angliederung (Regensburg)	60×90 (J$_{10}$)	5,400	$\frac{5400}{600}=$ rd. 9	1,25/0,75
5. 120 Fernltgn. und einer SA Um-schaltestelle mit 1500 Anschl. (Hof)	60×180 (J$_{20}$)	10,800	$\frac{10800}{600}=$ rd. 18	1,8/0,9
6. 60 Fernltgn. und einer SA Um-schaltestelle mit 400 Anschlüssen (Weiden)	60×54 (J$_6$)	3,240	$\frac{3240}{600}=$ rd. 5	1,25/0,65

b) Eine Benzindynamo für jedes Fernamt zur Selbsterzeugung des jeweiligen Netzstromes, die nur im Notfalle bei einer länger dauernden Unterbrechung des öffentlichen Starkstromnetzes in Betrieb genommen wird.

Die Größe dieser Maschine richtet sich nach dem größten Kraftaufwand für die Ladung der 60 Voltbatterie mit einem Zuschlag von etwa 10% für die unvermeidlichen Verluste bei der Energieumformung, so daß die unter Ziffer 1 bis 6 obiger Zusammenstellung aufgeführten Anlagen Benzindynamos mit etwa 43, 52, 35, 10, 20 und 6 PS erhalten müßten. Die Flächenausmaße für die Fundamente dieser Maschinen dürften etwa zu 2,7/1,5; 2,7/1,4; 2,6/1,2; 2,1/1,2; 2,2/1,1; 1,0/0,8 angenommen werden.

c) Maschinensätze für eine Gebrauchsspannung von 24 Volt:

Für ein Fernamt mit	Generatormaschine		Netzstrommotor in PS	Flächen-ausmaße der Funda-mente
	Volt — Ampère	zu liefernde K. W. Leistung		
1. 1000 Fernleitungen	24×126	3,024	$\frac{3024}{600}=$ rd. 5	1,25/0,65
2. 750 Fernleitungen	24×108	2,592	$\frac{2592}{600}=$ rd. 4	1,25/0,65
3. 500 Fernleitungen	24×72	1,728	$\frac{1728}{600}=$ rd. 3	1,25/0,65
4. 250 Fernleitungen	24×36	0,864	$\frac{864}{600}=$ rd. 1,5	1,1/0,6
5. 120 Fernleitungen	24×18	0,432	$\frac{432}{600}=$ rd. 0,7	0,8/0,5
6. 60 Fernleitungen	24×9	0,216	$\frac{2160}{600}=$ rd. 0,4	0,65/0,4

d) Maschinensätze für eine Gebrauchsspannung von 10 Volt:

	Für ein Fernamt mit	Generatormaschine			Netzstrommotor in PS	Flächenausmaße der Fundamente
		Volt — Ampère	zu liefernde K. W. Leistung			
1.	1000 Fernleitungen	10×116 (J 14)	1,260	$\frac{1260}{600}$ = rd. 2		1,25/0,6
2.	750 Fernleitungen	10×90 (J 10)	0,900	$\frac{900}{600}$ = rd. 1,5		1,25/0,6
3.	500 Fernleitungen	10×72 (J 8)	0,720	$\frac{720}{600}$ = rd. 1,0		1,25/0,6
4.	250 Fernleitungen	10×36 (J 4)	0,360	$\frac{360}{600}$ = rd. 0,6		0,8 / 0,5
5.	120 Fernleitungen	10×18 (J 2)	0,180	$\frac{180}{600}$ = rd. 0,3		0,7 / 0,4
6.	60 Fernleitungen	—	—	—		—

e) Maschinensätze:
α) für den Rufstrom mit Doppelantrieb,
β) für den Wählstrom mit Doppelantrieb.

Für den Betrieb eines neuzeitlichen Fernamtes benötigt man außer den Gleichstromquellen zum Laden der Sammler auch noch Wechselstromquellen, und zwar:

α) 25 periodigen Rufstrom mit einer Spannung von etwa 100 Volt, sowie

β) 50 periodigen Wechselstrom mit einer Spannung von etwa 150 Volt für die selbsttätige Fernvermittlung und für die Fernwählung auf größere Entfernungen.

Für die Betriebssicherheit dieser beiden Maschinengattungen gelten mindestens die gleichen, wenn nicht noch schärfere Bestimmungen, wie für die Lademaschinen einer Stromlieferungsanlage. Während nämlich die letztgenannten Maschinen nur vorübergehend, d. h. nur innerhalb der Aufladezeit im Betrieb stehen, laufen die Ruf- und Wechselstrommaschinen in jedem großen oder mittleren Fernamte ununterbrochen, Tag und Nacht, ohne jegliche Pause. Es sind daher auch bei diesen betriebswichtigsten Maschinen, die im Störungsfalle keinen Ersatz aus dem vorhandenen Gleichstromvorrat finden, zur Vermeidung der geringsten Betriebsunterbrechung die möglichen Vorbeugungsmaßregeln geboten. Auch hier wird die Bereitstellung eines zweiten Maschinensatzes für jede der beiden Wechselstromarten die genügende Betriebssicherheit bieten. Im Falle einer Netzstromstörung, die hier viel unangenehmere Weiterungen, nämlich die volle Betriebsunterbrechung zur Folge hat, möchte ich vorschlagen, bei diesen den Netzstromersatz für Wechselstrommaschinen, die gegenüber den großen Umformermaschinen relativ klein gehalten werden können, nicht aus den großen Benzindynamos, die selbst bei einer Unterbrechung von wenigen Minuten in Betrieb gesetzt werden müßten, zu beziehen. Es ist vielmehr wirtschaftlicher, jeden in Vorrat zu haltenden Maschinensatz für Doppelbetrieb einzurichten in der Weise, daß die Welle der Generatormaschine an dem einen Ende wie üblich mit einem Netzstrommotor, an dem anderen Ende aber mit einem nach Bedarf einzuschaltenden Gleichstrommotor, der seinen Strombedarf aus den vorhandenen 60 Voltbatterien schöpft, gekuppelt werden kann. Über die Größenverhältnisse dieser Maschinen dürfte folgende Überlegung zum Ziele führen:

α) Eine Rufstrommaschine muß gleichzeitig Rufstrom für sämtliche Fernarbeitsplätze eines Amtes liefern. Nimmt man den Gleichzeitigkeitsverkehr an den verschiedenen Arbeitsplätzen mit rund 40%, die Zahl der Plätze eines Normalamtes mit 80 und den Stromaufwand für einen Anruf mit rund 0,05 A an, so schnellt der von der Maschine zu liefernde Strom auf eine Höhe von $80 \times 0,4 \times 0,05 = 1,6$ A, der an der Generatormaschine eine Leistung von $\dfrac{(1,6 \times 100 \text{ V.})}{1000} = 0,16$ KW. erfordert. Hiefür genügt ein Antriebsmotor mit $1/4$ PS., den man auch in den kleineren Fernämtern mit 120 und 60 Fernleitungen, ohne dabei einer Verschwendung geziehen zu werden, in der gleichen Größe halten kann. Für Fernämter mit 500 Fernleitungen dürften zum Antrieb der Rufmaschinen zwei Netzstrommaschinen mit je $2/3$ PS, für 1000 Fernleitungen zwei solche mit je $1^1/3$ PS den auftretenden Bedürfnissen genügen. Ein Maschinensatz hievon hätte außer dem Netzstrommotor auch noch einen nur im Notfalle einzuschaltenden, gleich großen Gleichstrommotor für 60 Volt Spannung zu erhalten.

β) Die gleichen Erwägungen wie unter α) gelten sinngemäß auch für die Wechselstromwählmaschinen, jedoch mit dem Abmaße, daß die Größenbemessung der Maschinen infolge der höheren Spannungen die nachstehenden Abstufungen ergibt:

In einem Fernamte mit:

1000 Fernleitungen wird eine Wechselstrommaschine zu 2 PS,
mit 500 „ „ „ solche zu 1 PS,
„ 250 „ „ „ „ „ $1/2$ PS, in den übrigen Fernämtern eine solche mit $1/3$ PS benötigt.

Nach Festlegung der Maschinengrößen kann nunmehr die Gruppierung innerhalb des gegebenen oder neuzuschaffenden Maschinenraumes ins Auge gefaßt werden. Im allgemeinen darf man in den für ein Fernamt in Aussicht zu nehmenden Gebäuden mit einer mittleren Raumtiefe von etwa 5 m rechnen. Die günstigste Lösung für die Aufstellung der Maschinen ist bei dieser Raumtiefe die Anordnung der Maschinenfundamente parallel zur Umfassungsmauer, wie ich sie in den Abb. 53—55 II. Teil zur Darstellung gebracht habe. Dabei werden die 3 größten Maschinen in die Mittellinie der Bodenfläche, von den übrigen 10 Maschinen, je 5 parallel zu diesen, links und rechts so aufgestellt, daß auf jeder Seite der großen Maschinen ein Gang mit etwa 1 m Breite verbleibt. Die Benzindynamo findet am Ende des Raumes senkrecht zur Mittellinie, die Schalttafel am anderen Ende, der Benzindynamo gegenüber, in 1,5 m Entfernung von den Fundamentsockeln der nächstgelegenen Maschinen, ihre Aufstellung. Drei parallel zur Umfassungsmauer geführte, in den Boden versenkte, entsprechend breite und mit Rippenblech abgedeckte Kanäle dienen zur Aufnahme von Zuführungsleitungen zwischen der Schalttafel und den Maschinensätzen.

Die Schalttafel als Zwischenglied und Endpunkt der Maschinen- und Batteriezuleitungen, sowie der Steigleitungen zu den Amtseinrichtungen wird für die größeren Anlagen in 4 Abteilungen und für die kleineren Abteilungen in 3 eingeteilt und wie jede andere Schalttafel in normaler Weise nach den Verbandsvorschriften aufgestellt. Das Schaltbild dieser Tafel in ihrem Zusammenhang mit den zugehörigen Maschinen und Akkumulatoren ist aus der Abb. 63 II. Teil zu ersehen. Es zeigt gegenüber den sonst im Fernsprechbetrieb gebräuchlichen Schalttafeln keine besonderen Abweichungen, weshalb ich hier auf eine weitere Erklärung verzichte. Von den 4 Abteilungen nehmen die ersten drei die Zusatzapparate und Schaltteile für die 3 Gebrauchsspannungen auf, die vierte jene für die Ruf- und Wechselstrommaschinen und die Schalter für die Auf- und Entladung der zu Meßzwecken und für den Anoden- und Gitterstromkreis der Verstärkerröhren dienenden kleinen Zellen, deren Ladung in Parallelschaltung mittels Vorschaltewiderständen aus der vorhandenen 60 Voltbatterie erfolgt.

Aus den Grundrißplänen Abb. 53—55 II. Teil kann ersehen werden, daß auch der Maschinenraum, ebenso wie der Batterieraum eine ziemlich große Längenentwicklung aufweist, nämlich von 11,3; 12,0; 10; 9; 9,3 u. 7,5 m für die entsprechend großen Fernämter. Deshalb wird in vielen Fällen der Maschinenraum nicht unmittelbar neben dem Batterieraum und im Zuge desselben vorgesehen werden können. Er muß dann parallel zu demselben, entweder seitlich anstoßend oder durch einen Verbindungsgang getrennt von diesem, jedoch in dessen nächster Nähe in Aussicht genommen werden.

f) Einzelantriebsmotoren in einem Fernamte:

Ich möchte diesen Abschnitt nicht schließen, ohne vorher noch den Strombedarf und die Größe der übrigen, bereits in den vorhergehenden Abschnitten erwähnten Antriebsmotoren eines Fernamtes zusammengefaßt zu haben. Wenn diese Motoren auch nicht dazu dienen, betriebswichtige Teile einer Amtseinrichtung zu betreiben, so kann der Fernbetrieb im Falle einer Störung dieser Motoren immerhin Verzögerungen oder sonstige Schäden erleiden, die zu vermeiden mindestens anstrebenswert erscheint.

Solche Motoren sind in einem Fernamte notwendig:
1.) zum Antriebe der Förderbandanlagen einer selbsttätig wirkenden Zettelverteilung mit etwa 0,3 KW.-Leistung,
2.) zum Antriebe der Sammelbänder an der Anmelde-, Verteilungs- und Auskunftsstelle mit der gleichen Leistung,
3.) zum Antrieb der Gehörschutzapparate mit etwa 0,15 KW.-Leistung,
4.) zum selbsttätigen, jedoch nur zeitweise nötigen Aufziehen des Gewichtes der Impulsgeberapparate mit etwa 0,1 KW.-Leistung und
5.) in Anlagen mit SA.-Umschalteeinrichtungen älterer Systems, Motorunterbrechermaschinen für den Betrieb der Gruppenwähler mit etwa 0,2 KW.-Leistung.

Die Zahl der für die verschieden großen Fernämter nötigen Antriebsmotoren nach vollem Ausbau zeigt die folgende Zusammenstellung:

In einem Fernamte mit	Antriebsmotoren für die				
	1.) Förderbänder	2.) Sammelbänder	Gehörschutzapparate	den Gewichtsaufzug	den Motorunterbrecher
1000 Fernleitungen	8	6	2	8	4
500 Fernleitungen	4	4	1	4	—
250 Fernleitungen	2	2	1	2	—
120 Fernleitungen	1	1	1	1	—
60 Fernleitungen	1	—	1	1	—

Die Betriebssicherheit eines Fernamtes bleibt genügend gewahrt, wenn für die 3 erst erwähnten Antriebsmotoren je ein weiterer Motor zur sofortigen Auswechselung im Falle einer Störung als Vorrat bereit steht.

Um vorweg allenfallsigen Einwendungen und Gegenvorschlägen über die gewählte Art der Stromversorgung die Spitze zu brechen, möchte ich zum Schluße dieses Abschnittes den Gesamtstromverbrauch eines Normalamtes an einem Tage nach vollem Ausbau zusammenstellen, aus dem dann für einen Vergleich mit anderen Anlagen die laufenden Stromkosten gebildet werden können.

Ausnahmlich des Stromes für die Beleuchtung, Entstaubung usw. werden in einem Normalamte für alle mit elektrischer Energie zu betreibenden Teile einer Einrichtung folgende Arbeitsleistungen erforderlich:

1.) Aus der 24 Voltbatterie	2×125 A St. 24 V =	6000	W Std.
2.) „ „ 60 „	$2 \times 250 \times 60$ =	30000	„ „
3.) „ „ 10 „	$2 \times 100 \times 10$ =	2000	„ „
4.) Für den Rufstrommotor	$24 h \times 300$ W =	7200	„ „
5.) „ „ Wählstrommotor	$24 h \times 450$ „ =	10800	„ „
6.) „ „ Antriebsmotor des Förderbandes der Tagesschrankreihe	$12 h \times 300$ „ =	3600	„ „
7.) desgl. der Sammelschrankreihe	$24 h \times 300$ „ =	7200	„ „
8.) desgl. für 2 Sammelbänder	$2 \times 12 h \times 300$ W =	7200	„ „
9.) für den Antriebsmotor der Gehörschutzapparate	24×60 W =	1440	„ „
(der übrige Strombedarf ist so geringfügig, daß er hier keine Rolle spielt) zur Abrundung		560	„ „
	zusammen:	76000	W Std.

Nimmt man den Kraftstrompreis zu rund 0,1 Mk. für die K.W.St. an — in München beträgt er beispielsweise nicht ganz 0,06 Mk. — so belaufen sich die Gesamtstromkosten eines Normalamtes mit 250 Fernleitungen an einem Betriebstag zu 7.60 Mk. oder für eine Fernleitung und 1 Betriebstag rund 0,3 KWSt. zu 3 Pfg.

Eine totale Betriebsstörung des gesamten Amtes, die bei einer vollkommenen Stromunterbrechung eintreten würde, hätte während der Zeit des Höchstbetriebes innerhalb 90 Minuten einen größeren Gebührenausfall zur Folge, als die gesamten Stromkosten eines Jahres betragen. Die einmaligen Anlagekosten einer mit all den erwähnten Sicherheitsmaßnahmen ausgerüsteten Stromlieferungsanlage betragen dabei noch nicht $^2/_3$ von den Einsparungen, die in einem Fernamte erzielt werden, wenn man an Stelle der bisher im Fernbetrieb gebräuchlichen pneumatischen Zettelpostanlage eine selbsttätig wirkende Förderbandanlage für die Verteilung und Sammlung der Anmeldezettel vorsieht.

Damit dürfte der untrügliche Beweis erbracht sein, daß alle auf die Verminderung der Anlage- und Betriebskosten abzielenden Vorschläge für den Bau von Stromlieferungsanlagen, wie direkte Maschinenspeisung zur Minderung der Akkumulatorengrößen oder Pufferbetrieb mit Gleichrichtern verschiedenster Ausführungsformen und dergl. mehr, wirtschaftlich im Vergleich zu den Gesamtausgaben eines Amtes einen kaum nennenswerten Einfluß ausüben können und daß diese Vorschläge unter allen Umständen zu verwerfen sind, wenn sie die Betriebssicherheit nur im geringsten herabdrücken.

F) Die Planung neuzeitlicher Fernämter.

In fast allen Abschnitten der vorstehenden Abhandlung wurde schon jeweils auch die Planung der Einzeleinrichtungen eines Fernamtes, sowohl ihrer Zahl, wie ihrer Aufstellungsart nach eingehend berührt und in meiner früheren Abhandlung im I. Teil „Allgemeine Betrachtungen und Vorschläge über den Bau großer Fernämter" die Grundrißlösung eines Fernamtes entwickelt. Wenn ich nun trotzdem in dem nachfolgenden Abschnitte nochmals auf diese Angelegenheit zurückkomme, so geschieht es deshalb, um das gesamte, umfangreiche Material einheitlich und übersichtlich zusammenzufassen, die für die Planung eines Amtes wesentlichen Teile nach Zahl und Größe herauszuschälen und den Flächenbedarf für jedes der Untersuchung unterworfene Fernamt festzulegen. Ich habe dabei das eine Ziel im Auge, jedem Beteiligten, der nach eingehendem Studium sich mit den technischen Richtlinien vertraut gemacht hat und dem später die Aufgabe übertragen werden wird, ein neuzeitliches Fernamt zu projektieren und auszuführen, ein Mittel an die Hand zu geben, die ihm übertragene Arbeit ohne weitläufige Vorerhebungen rasch und sicher zu erledigen.

Nach den von der Abteilung VI des Reichspostministeriums in München geplanten Richtlinien über die künftige technische Ausgestaltung der im Gebiete der vormaligen bayerischen Telegraphenverwaltung gelegenen Ortsfernsprechanlagen, sollen die manuell betriebenen Anlagen allmählich mit selbsttätig wirkenden Umschalteeinrichtungen ausgerüstet und an den Verkehrszentren in einem Umfange, der ein Gebiet mit einer Fläche von etwa 300—500 qkm umfaßt, Netzgruppen gebildet werden. Innerhalb dieser Netzgruppen sollen nun alle kleineren Ortsfernsprechanlagen in sogenannten Verbundämtern mit Zeit- und Zonenzähleinrichtungen zusammengefaßt und auch der in dieser Gruppe anfallende Fernverkehr ebenfalls selbsttätig betrieben werden. Damit entfällt in jeder dieser kleinen Anlagen die handbetriebsmäßige Abwicklung des Fernverkehrs mit all seinen Weitläufigkeiten und nur im Mittelpunkt jeder Netzgruppe wird ein eigenes, den vorstehenden Richtlinien angepaßtes Fernamt errichtet. Mit der Verwirklichung dieses Planes entkleidet man der Mehrzahl nach die in Bayern zurzeit vorhandenen 1200 selbständigen Ortsfernsprechanlagen mit eigener Bedienung, von denen jede Anlage mindestens mit 1 Fernleitung in das interurbane Fernleitungsnetz einbezogen ist, wenn auch nicht administrativ, so doch technisch und betrieblich ihres Charakters als Fernamt und nur mehr in wenigen, vielleicht in etwa 50 Fernämtern werden sich die übrigen Fernleitungen zusammenschließen. Einzeln betrachtet werden nun diese Fernämter wesentlich größer gehalten werden müssen, als dies heute bei der Mehrzahl aller Fernämter der Fall ist und erhöhte Projektierungsarbeit für diese Ämter wird die Folge dieser Maßnahme sein.

Bevor man nun an die Ausarbeitung eines solchen Planes herantritt, wird man zunächst den Umfang der jetzigen Anlage in dem zu projektierenden Gebiete im Zusammenhang mit den übrigen, in die Netzgruppe einzubeziehenden Fernleitungen feststellen und nach freiem Ermessen entsprechend den gegebenen Richtlinien die Größe des Amtes auswählen. Nach meinen Ausführungen über den Bau großer Fernämter I. Teil soll man die Größe eines neuzubauenden Fernamtes mit Einschluß der vorhandenen Sp-Leitungen etwa in der dreifachen Aufnahmefähigkeit des jetzigen Bedarfes halten. Es wäre reiner Zufall, wenn sich der hieraus gerechnete Bedarf ohne weiteres in eines der beschriebenen Fernämter eingliedern würde. Die folgende Zusammenstellung gibt nun einen Maßstab darüber, in welcher Weise man ein Fernamt mit einer bestimmten Anzahl vorhandener Fernleitungen zweckmäßig seiner Größe nach in eine der gewählten Fernamtstypen einstuft.

Bei einer Zahl von etwa

1.) 15—32 Fernleitungen (ohne Vorortsleitungen) wird man
         ein Fernamt mit einer Aufnahmefähigkeit von   60 Fernleitgn.
2.) 33—62 Fernleitungen mit einer   "   "   120   "
3.) 63—125   "   "   "   "   "   250   "
4.) 126—255   "   "   "   "   "   500   "
5.) 256—370   "   "   "   "   "   750   "
6.) 371—500   "   "   "   "   "   1000   "

in Aussicht nehmen. Es kann somit jedes beliebige Fernamt in eines der 6 beschriebenen Fernämter eingegliedert werden. Von den wenigen Fernämtern, die bisher ausschließlich als solche gebaut wurden, haben vielleicht nur einzelne eine Lebensdauer von 20 Jahren überschritten. Bei dem raschen Fortschritt der Fernsprechtechnik, der die getroffenen Maßnahmen in kürzester Zeit überholt hat, war es nicht ratsam, die Lebensdauer einer Umschalteeinrichtung für eine längere Zeitdauer anzunehmen. Nach dem gegenwärtigen Stand der technischen Entwicklung im Fernsprechbetrieb dagegen liegen die Verhältnisse wesentlich anders, denn eine solch grundsätzliche Änderung, wie sie die Einführung des selbsttätigen Umschaltebetriebes auf den Bau der Umschalteeinrichtungen mit sich gebracht hat, wird wohl kaum mehr eintreten. Aus diesem Grunde darf man den Bestand eines Fernamtes, das nach den vorstehenden Richtlinien gebaut wird, auf eine Dauer von mehreren Jahrzehnten annehmen, ohne eine rasche Veralterung befürchten zu müssen. Entwickelt sich der Fernsprechbetrieb nicht in dem Maße, wie ursprünglich angenommen wurde und bemißt man demnach die Aufnahmefähigkeit eines Fernamtes etwas zu reichlich, so birgt diese Maßnahme keinen wirtschaftlichen Nachteil in sich, denn die erste Bauausführung eines Amtes hat sich immer nur dem vorhandenen Bestand an Fernleitungen mit einem Zuschlag für die Erweiterung der nächsten 3 Jahre anzupassen. Ein Vorgriff im Projekte verlängert nur bei gleicher Entwicklung die Lebensdauer eines Amtes, die man sicherlich auf mehrere Jahrzehnte schätzen darf.

Soweit der R a u m b e d a r f i n F r a g e k o m m t, umfassen die Projekte für die verschieden großen Fernämter

a) folgende apparatentechnischen Einrichtungen:

Vortrag	Ein Fernamt mit						Flächen-ausmaß nach Länge und Breite in m
	1000	750	500	250	120	60	
	Fernleitungen						
1.) Hauptverteiler (ohne Eisenbahn-leitungen) — a) für 250 Leitgn.	4	3	2	1	—	—	3,05/0,85
b) für 120 Leitgn.	—	—	—	—	1	—	1,65/0,7
c) für 60 Leitgn.	—	—	—	—	—	1	1,25/0,6
2.) Nachtverteiler a) für 500 Leitgn.	2	1	1	—	—	—	1,6/0,6
b) für 250 Leitgn.	—	1	—	1	—	—	1,2/0,5
c) für 120 Leitgn.	—	—	—	—	1	—	0,8/0,4
d) Lötösenbrett	—	—	—	—	—	1	1,0/1,0

Vortrag	Ein Fernamt mit						Flächen-ausmaß nach Länge und Breite in m
	1000	750	500	250	120	60	
	Fernleitungen						

Vortrag	1000	750	500	250	120	60	Fläche in m
3.) Ortsverteiler, insoweit das Fernamt in dem Gebäude einer SA-Umschalteeinrichtung untergebracht wird, ist der O.V. mit diesem zu vereinigen, dabei sind folgende Lötösenstreifen notwendig:							
a) 20''' Streifen in den horizontalen Buchten	147	103$^1/_2$	64	30$^1/_2$	14$^1/_2$	7$^1/_2$	—
b) 20'' Streifen in den horizontalen Buchten	8	6	4	2	1	$^1/_2$	—
c) 20''' Streifen in den vertikalen Buchten	217	156	99	48	23$^1/_2$	13	—
d) 20'' Streifen in den vertikalen Buchten	180	135	90	45	23	12	—
4.) Spulengestell mit Schnurverstärkereinrichtungen und zwar:							
a) Gestelle zu je 14 Buchten	2	2	—	—	—	—	3,28/0,4
b) ,, ,, ,, 12 ,,	—	—	2	1	—	—	2,88/0,4
c) ,, ,, ,, 7 ,,	—	—	—	—	1	—	1,64/0,4
d) ,, ,, ,, 4 ,,	—	—	—	—	—	1	0,95/0,4
5.) Klinkenumschalter:							
a) größerer Form mit 2 Arbeitspl.	4	3	2	1	—	—	2,4/1,00
b) mittlerer Form mit 1 Arbeitspl.	—	—	—	—	1	—	1,40/1,00
c) kleiner Form mit 1 Arbeitspl.	—	—	—	—	—	1	1,40/1,00
6.) Überwachungs- oder Kontrollschränke:							
a) mit 2 Arbeitsplätzen	4	3	2	1	—	—	1,4/0,84
b) mit 1 Arbeitsplatz	—	—	—	—	1	1	0,70/0,84
7.) Fernschränke, hievon sind $^1/_4$ als Sammelschränke auszurüsten	160	120	80	40	20	10	1,40/0,95
8) Anmeldetische	64	48	32	16	8	4	0,70/0,65
9.) Auskunftsschränke	6 (gesondert)	4	3	2 (in der Schrankreihe)	1	$^1/_2$	1,40/0,95
10.) Aufsichtstische:							
a) Oberaufsichtstische	2	2	1	1	1	1	1,50/0,76
b) Saalaufsichtstische	7	6	4	2	1	—	1,50/0,76
c) Schrankaufsichtstische	30	22	15	8	4	2	0,75/0,76
d) Störungsaufsichtstische	4	3	2	1	—	—	1,50/0,76
11.) Verteiler oder Leittische:							
a) für 2 Förderbänder	4	3	2	—	—	—	1,8/1,0
b) für 1 Förderband	—	—	—	2	1	1	1,8/0,80
12.) Wähler- und sonstige Gestelle:							
a) Gestelle für I. FGW	92	69	46	23	12	6	1,60/0,30
b) ,, ,, II. GW	5	4	3	2	1	$^1/_2$	1,60/0,30
c) ,, ,, Mischwähler	4	3	2	1	$^1/_2$	$^1/_4$	1,60/0,30
d) ,, ,, Motorunterbrecher nur in Anlagen mit Erdsystem	4	—	—	—	—	—	1,60/0,30
e) Gestelle für Schnurverstärkereinrichtungen	20	15	10	5	3	—	0,70/0,30

| Vortrag | Ein Fernamt mit | | | | | | Flächenausmaß nach Länge und Breite in m |
| | 1000 | 750 | 500 | 250 | 120 | 60 | |
	Fernleitungen						
13.) Gehörschutzapparate	34	25	17	8	4	2	0,35/0,30
14.) Impulsgeberapparate:							
a) mit 12 Kontaktkränzen	4	2	2	—	—	—	0,70/0,20
b) „ 6 „	—	2	—	2	—	—	0,50/0,20
c) „ 3 „	—	—	—	—	2	2	0,35/0,20
15.) Sammeltische	1	1	1	—	—	—	2,0/0,7
16.) Fächergestelle: a) 1000	1	—	—	—	—	—	2,30/0,50
b) 750	—	1	—	—	—	—	2,30/0,40
c) 500	—	—	1	—	—	—	1,20/0,50
17.) Störungsanzeiger:							
große	4	3	3	—	—	—	1,80/0,60
mittlere	—	—	—	2	—	—	1,00/0,60
kleinere	—	—	—	—	1	1	0,60/0,60
18.) Aktenhunde für die Leitstelle	4	3	2	2	1	1	0,68/0,40
19.) Kabelkästen zum Abschluß der Schrankreihe	16	12	8	4	2	2	0,55/0,95
20.) Abschlußtüren	4	3	2	2	—	—	—
21.) Armstühle für das Aufsichtspersonal	43	33	22	12	6	3	—
22.) Drehstühle für das Bedienungspersonal	424	317	212	106	53	27	—
23.) 2×12 Zellen für 24 Voltbatterie	J 28	J 22	J 14	J 8	J 4	J 2	Flächenbedarf siehe die Abb. 50—52
24.) 2×30 Zellen für 60 Voltbatterie	J 84	J 90	J 104	J 68	J 40	J 12	
25.) 2×10 Zellen für 10 Voltbatterie	J 28	J 20	J 14	J 8	J 4		
26.) 2×100 Meßzellen	<———— Vto ————>				<— Qto —>		
27.) Maschinensätze für die Aufladung der 24 Voltbatterie	5 PS	4,3PS	3 PS	1,5 PS	0,7 PS	0,4 PS	Flächenbedarf siehe Abb. 53—55.
28.) desgl. für 60 Voltbatterie	39 PS	—	47 PS	18 PS	9 PS	5,4 PS	
29.) desgl. für 10 Voltbatterie	2 PS	1,5PS	1,2 PS	0,6 PS	0,3 PS	—	
30.) Rufstrommaschine mit 1 Motor	1½ PS	1 PS	½ PS	¼ PS	¼ PS	¼ PS	
31.) desgl. mit 2 Motoren	—	desgl.				—	
32.) Wechselstrommaschine m. 1 Mot.	2 PS	1½ PS	1 PS	½ PS	½ PS	½ PS	
33.) Wechselstrommaschine m. 2 Mot.	—	desgl.				—	
34.) Benzindynamos	43 PS	—	52 PS	35 PS	10 PS	6 PS	
35.) Schalttafeln	1	1	1	1	1	1	

b) für den Aufenthalt des Personals außerhalb des Fernsaales folgende Räume:

Vortrag	Ein Fernamt mit					
	1000	750	500	250	120	60
	Fernleitungen					
	qm	qm	qm	qm	qm	qm
1.) Für die Oberaufsichts-beamten je 1 Zimmer mit etwa 15 qm	30	30	15	15	15	15
2.) für die techn. Betriebs-leiter	30	30	15	15	15	—
3.) Garderoben für das weib-liche Aufsichtspersonal (41, 31, 21, 11, 5 u. 2 Pers.)	80	60	40	30	20	15
4.) Garderoben für das weib-liche Bedienungspersonal mit 420, 315, 210, 105, 53 und 27 Arbeitsplätzen	500	360	240	120	60	40
5.) Erfrischungsraum	50	40	30	20	—	—
6.) Krankenzimmer	20	20	20	20	—	—
7.) Werkstätteräume: a) für die eigentliche Fern-amtseinrichtung (28, 21, 14, 7, 4 und 2 WM und Mechaniker)	100	80	60	40	30	20
b) für den selbsttätig wir-kenden Teil des Fern-amtes (20, 15, 10, 5, 3 u. 2 WM u. Mechaniker)	80	60	40	30	20	20
Flächeninhalt der Neben-räume:	890	680	460	290	160	110

Mit Hilfe der in obiger Zusammenstellung nachgewiesenen Zahlen und Flächen kann nunmehr an den Entwurf eines Fernamtes bestimmter Größe gegangen werden.

a) Entwurf des Fernsaales:

Den Grundriß eines Fernsaales beherrscht der Hauptsache nach die Längenausdehnung einer Fernschrankreihe, indem in der Regel einheitlich 20 Schränke aneinander gefügt werden; nur in dem kleinsten Fernamte mit 60 Fernleitungen vermindert sich diese Zahl auf 10.

Die verschiedenen, möglichen Fälle ergeben dabei folgendes:

1. Die Längenentwicklung eines Fernsaales:

Vorplatz	Kabel-Kasten	Länge der Schrankreihe, abhängig von der Zahl der Schränke	allenfalls Schrank-, Auskunfts-, Aufsichtsplätze im Zuge der Fernschrankreihe		Kabel-kasten	allenfalls Verteiler und Leittisch im Zuge der Fernschrankreihe	Vorplatz bezw. Zwischenraum bei 2 Reihen in einem Zuge	Mindest-Länge des Saales
			Maße in cm					in m
α) Fernschrankreihe für 20 Schränke ohne sonstige Zusätze:								
150	55	2800	—	—	55	—	150	32,1
β) desgleichen, in derem Zuge wegen der geringen Saalbreite die Schrankaufsichtsplätze miteingebaut werden:								
150	55	2800	280	—	55	—	150	34,9
γ) desgleichen, in derem Zuge die Auskunftsplätze und der Verteilertisch für die Bandanlage mitvorgesehen werden:								
150	55	2800	—	280	55	180	150	36,7
δ) wie unter γ) aber nur für 10 Fernschränke:								
150	55	1400	—	280	55	180	150	22,7

2. Breitenentwicklung eines Fernsaales:

Äußerer Arbeitsgang	Breite der 4. Fernschrankreihe	4. Stuhlreihe	Hauptgang bezw. äußerer Gang	Breite des Schrankaufsichtstisches	Hauptgang	3. Stuhlreihe	Breite der 3. Fernschrankreihe	Mittl. äußerer Arbeitsgang	Breite der 2. Fernschrankreihe	2. Stuhlreihe	Hauptgang (Auß. Gang)	Breite des Schrankaufsichtstisches	Hauptgang (Auß. Gang)	1. Stuhlreihe	Breite der 1. Fernschrankreihe	Auß. Krb.-Gang	Mindestbreite des Saales
							Maße in cm										in m
α) mit 4 Schrankreihen, die Schrankaufsichtstische in der Mitte der Hauptgänge:																	
80	95	50	140	75	140	50	95	80	95	50	140	75	140	50	95	80	15,3
β) desgleichen, ohne die Schrankaufsichten in der Gangmitte:																	
80	95	50	100	—	100	50	95	80	95	50	100	—	100	50	95	80	12,2
γ) mit 2 Schrankreihen in der Mitte des Saales:																	
—	—	—	50	75	140	50	95	80	95	50	140	75	50	—	—	—	9,0
δ) desgleichen an den beiden äußeren Umfassungsmauern:																	
80	95	50	140				Schrankaufsichtstisch 75						140	50	95	80	8,05
ε) mit 1 Fernschrankreihe:																	
—	—	—	—	—	—	—	—	—	—	—	50	75	140	50	95	80	4,9

Der Grundriß eines Fernsaales wird sich meist der Grundrißlösung des betreffenden Gebäudes anpassen müssen, die selbst in dem Entwurf eines Neubaues wegen der gegebenen Baufläche sich nicht immer den entwikkelten Grundzahlen anschmiegt. Die aufgeführten Maße stellen das Minimum an Fläche dar, das nicht unter-, aber recht wohl überschritten werden darf.

c) Entwurf der übrigen Räume eines Fernamtes:

1.) Die Ursprungsstelle eines Amtes mit H.V., KU., Sp. G., Ue. Schr. und Störungstisch, die, wie ich bereits im Abschnitt A I II. Teil näher ausgeführt habe, in kleinen Fernämtern bis etwa 250 Fernleitungen mit dem Fernsaal bodengleich, in den übrigen Fällen unter demselben an der Stirnseite, senkrecht zur Mittellinie der Schrankreihe, entweder seitlich oder im Zuge des Saales, untergebracht werden soll, habe ich in den 3 möglichen Fällen für 250, 120 und 60 Fernleitungen in der Abb. 57 II. Teil niedergelegt. Bei den Ämtern für 500, 750 und 1000 Fernleitungen werden diese Stellen in doppelter, dreifacher und vierfacher Zahl der erstgenannten Größe ausgeführt.

2.) Die Anmelde- und Auskunftsstelle wird in einem Amte mit 60 Fernleitungen mit dem Fernsaal vereinigt, in jenen bis zu 250 Fernleitungen bodengleich, in den übrigen Ämtern unterhalb des Saales, bis zu 500 Fernleitungen an der Stirnseite, in den beiden größten in der Mitte des Saales vorgesehen. Wegen der günstigeren Belichtung werden dabei die Anmeldetische senkrecht zur Umfassungsmauer aufgestellt. (Siehe Abb. 15—18 II. Teil.)

3.) Die Zusatzstelle eines Amtes, in der der NV., die Uhrenanlage mit den Impulsgeberapparaten, die Gehörschutzapparate und die Schnurverstärkergestelle zusammengefaßt werden, d. h. also alle jene apparatentechnischen Zusätze, deren Zuführungsleitungen nicht am Anfang einer Schrankreihe, sondern in der Mitte oder im ersten Viertel derselben einmünden, findet, wenn möglich, unterhalb des Saales, sonst aber mit dem Saal bodengleich, senkrecht zur Schrankreihe, in der verlängerten Mittellinie des Kabeleinführungspunktes ihre Aufnahme. Der Flächenbedarf für diese Stelle, sowie die Aufstellungsart der Apparate kann aus der Darstellung in Abb. 56 II. Teil ersehen werden.

4.) Die Wählergestelle für die Gruppenwähler eines neuzeitlichen Fernamtes werden ebenfalls vom Fernsaal getrennt unterhalb desselben, allenfalls auch unterhalb des Nebensaales, in Anlagen mit SA.-Umschalteeinrichtungen mit diesen vereinigt aufgestellt. Über den Flächenbedarf des Gestellraumes und die Aufstellung der Gestelle in den verschieden großen Fernämtern siehe die Abb. 58 II. Teil.

5.) Über die Größe eines Batterieraumes und

6.) eines Maschinenraumes und über dessen Einteilung habe ich mich bereits im Abschnitt E) II. Teil eingehend geäußert und verweise ich auf die dort niedergelegten Angaben.

7.) Die Gruppierung der sonstigen Räume eines Fernamtes, wie Garderoben, Werkstätten usw. (siehe Buchstabe b am Eingang dieses Abschnittes) im Zusammenhang mit dem Fernsaal bleibt Ermessenssache und wird sich dem gegebenen Gebäudeplan anpassen müssen.

Die nach den vorstehenden Richtlinien entworfenen Grundrisse über die im Gebiete der vormaligen bayerischen Telegraphenverwaltung zum Bau zunächst in Aussicht genommenen Fernämter in München, Nürnberg, Würzburg, Regensburg, Hof und Weiden, wie sie aus den Abb. 17—18

und 59—62 II. Teil ersehen werden wollen, stellen mit Ausnahme eines
Amtes zu 750 Fernleitungen die praktische Lösung aller in der vorstehenden Abhandlung besprochenen Fälle des Baues von Fernämtern dar.

Aus diesen Entwürfen ergibt sich für die einzelnen Fernämter folgender Flächenbedarf:

In dem Fernamte zu:

	München mit 1000	Nürnberg mit 500	Regensburg mit 250	Würzburg mit 250	Hof mit 120	Weiden mit 60 Fernleitgn.
	qm	qm	qm	qm	qm	qm
			nach vollem Ausbau			
1.) Für die Ursprungsstelle	228	77	—	25	18	—
2.) Für den Fernsaal	900	546	518	368	204	120
3.) Für den Nebensaal oder für die Anmeldestelle	268	241	—	—	—	—
4.) Für die Zusatzstelle	98	29	24	24	16	10
5.) Für den Wählerraum	228	146	77	77	42	27
6.) Für den Batterieraum	92	105	55	102	55	53
7.) Für den Maschinenraum	57	60	40	50	42	32
8.) Für Garderoben und Aufsichtszimmer	710	360	220	220	110	70
9) Für Werkstätten	180	100	70	70	50	40
zusammen:	2761	1664	1004	936	537	332

Hiernach berechnet sich für die einzelnen Fernämter zu 1000, 500,
250, 120 und 60 Fernleitungen eine Grundfläche von 2,7; 3,3; 4,0—3,7; 4,5
und 5,5 qm für 1 Fernleitung. Daraus geht hervor, daß der Flächenbedarf
nicht mit der Zahl der Fernleitungen proportional wächst, sondern mit der
Größe eines Fernamtes verhältnismäßig abnimmt.

An den Bau eines derartigen Fernamtes bezw. an dessen Inbetriebnahme kann erst nach vollständiger Automatisierung des betreffenden
Ortsnetzes einschließlich der zurzeit noch nach dem Ferngruppensystem
betriebenen Vorortsnetze gedacht werden, denn es wäre wirtschaftlich nicht
vertretbar, ein neues Fernamt mit den alten, für den jetzigen Betrieb noch
notwendigen ziemlich kostspieligen Amtseinrichtungen auszurüsten, um
diese Behelfsmaßnahmen in kürzester Zeit wieder abzubrechen.

Die Kosten eines nach diesen Richtlinien gebauten Fernamtes sind
mit Hilfe eines Leistungsverzeichnisses einfach zu erheben. Schätzungsweise darf man die ersten Kosten für den Ausbau eines Normalamtes einschließlich der Kosten für die FGW. ungefähr ebenso hoch annehmen, wie
die Anlagekosten eines 8—9 km langen 98 paarigen Fernkabels. Welchen
geringen Anteil die Kosten der Amtseinrichtung gegenüber den Gesamtausgaben eines Fernamtes betragen, möge daraus ersehen werden, daß
der Gebührenanfall dreier Betriebstage eines gleich großen Fernamtes
allein schon die jährlich anfallenden Verzinsungs- und Tilgungskosten für
das Anlagekapital eines derart neuzeitlich ausgerüsteten Fernamtes deckt.

Schlußbemerkung.

Nach dem eingehenden Studium der vorstehenden Abhandlung, die mit der fortschreitenden Vertiefung in die Materie einen Umfang angenommen hat, den ich beim Beginn dieser Arbeit nicht vorausgeahnt habe, wird man sich des Eindruckes nicht erwehren können, daß bau- und betriebstechnische Fragen in einer solchen Fülle wohl in keinem anderen Zweige der Schwachstromtechnik sich ergeben. Wenn ich als Verwaltungsingenieur mich mit Entwicklungsarbeiten befaßt habe und an Aufgaben herangetreten bin, die teilweise in das Gebiet des Ämterbaues selbst eingreifen, so bin ich dabei von der Ansicht ausgegangen, daß den Ingenieuren der beteiligten Schwachstromindustrie die nötigen statistischen Unterlagen über den Fernverkehr, vielleicht noch mehr über den Fernbetrieb fehlen, da für sie keine Möglichkeit besteht, im unmittelbaren Benehmen mit den verschiedenen beteiligten Betriebsämtern sich durch einfache, am besten fernmündlich zu klärende Anfragen die Auskünfte zu verschaffen, die zum Aufbau der Einzelteile eines Amtes erforderlich sind, ja daß vielfach jene Erfahrungen zu vermissen sind, die erst den tieferen, den ganzen Fragenkomplex aufrollenden Einblick in die schwierige Materie gewähren. Der Bau der in Aussicht genommenen Fernämter hat kein Vorbild, er kann sich deshalb auch nicht in ausgetretenen Bahnen bewegen. Für ihn war leitender Gedanke: Weitestgehende Mechanisierung der fernmündlichen Nachrichtenmittel, wie sie in den Selbstschlußämtern gegeben ist, zu dem Zwecke, die im gegenwärtigen Betriebe noch latenten technischen und wirtschaftlichen Vorteile der Automatik möglichst wirksam zu gestalten und damit die Bedeutung des Fernsprechers für die Verkehrswelt weiter zu heben. Aus den Erfahrungen jahrzehntelanger Beobachtungen und aus einer großen Reihe von Gedankenexperimenten entstanden, hat die Abhandlung die Aufgabe, diese Gedankengänge nicht allein den Umschalte- und Betriebsbeamten eines Amtes, sondern auch dem technischen Personal und nicht zuletzt den Erbauern der Amtseinrichtungen mitzuteilen, um so das daraus entstehende Gebilde nach den auftretenden Bedürfnissen in die Wirklichkeit umzusetzen.

Ich möchte nur wünschen, daß die neuzubauenden Fernämter tatsächlich auch die Hoffnungen erfüllen werden, die sich auf Grund der vorliegenden umfangreichen Arbeit an ihre Technik und Wirtschaftlichkeit knüpfen.

München, im August 1924.

Dipl.-Ing. Wilhelm Schreiber
Oberregierungsrat
Vorstand des Telegraphenkonstruktionsamtes
der Abt. München des Reichspostministeriums.

Anhang
zum II. Teil

Die Wechselstromfernwählung

nach dem Vorschlage des Postreferendars Dipl.-Ing. Hebel, die z. Zt. zwischen Weilheim und München bereits praktisch durchgeführt ist.

(Siehe die Abbildg. 29 u. 29a der Plansammlung).

Einleitung.

Nachdem mit Einführung der Zeitzonenzählung und des Überbrückungsverkehrs die automatische Vermittlung den Ortskreis der Städte überschritten und zur Netzgruppenbildung geführt hat, lag es nahe, den Zusammenschluß der einzelnen Netzgruppen durch eine selbsttätige Fernwählung anzustreben. Probeversuche, die auf der Strecke München-Augsburg gemacht wurden, hatten ergeben, daß bis zu einer Entfernung von 100 km eine zuverläßige Impulsgabe möglich ist. Mit der geplanten Elektrisierung der Bahnen trat zu der Forderung einer möglichst weitgehenden Ausnützung der Leitungen durch Kombination, Doppelkombination und Simultanschaltungen die Schwierigkeit, daß die Verwendung von Erde zur Impulsgabe wegfallen mußte. Damit ergab sich für eine Fernwählung als einziger allgemein gangbarer Weg die Benützung von Wechselstrom. Dabei muß 1.) jedes Überhören der Wechselstromgeräusche vermieden werden, was eine niedrige Spannung und niedrige Periodenzahl erfordert. Anderseits sollen die mit Wechselstrom betätigten Relais gleichförmig vibrationsfrei ansprechen und hiezu ist eine höhere Periodenzahl erforderlich. Als günstigster Kompromiß aus diesen widerstrebenden Forderungen ergab sich die Verwendung von 50 periodigem technischem Wechselstrom von 110 Volt. Für den Betrieb mit Wechselstrom mußte ferner darauf Bedacht genommen werden, daß er weder am Fernplatz noch an der Teilnehmersprechstelle in der Hörgarnitur vernehmbar werden könne. Dies ließ sich nur dadurch erreichen, daß das erstbetätigte Relais mit einer Ansprechzeit von äußerstenfalls 15 Millisekunden die zur Hörgarnitur führende Leitung auftrennt, ehe sich das Ohr des Geräusches bewußt wird. Tatsächlich läßt sich dieses bis auf ein leises Knacken reduzieren.

Für die Vorgänge im Ferngruppenwähler, Belegen, Steuern, Prüfen, Trennen, stehen zur Auslösung nur Wechselströme über Schleife zur Verfügung. Damit lassen sich die Vorgänge nur durch ihre zwangläufige zeitliche Aufeinanderfolge unterscheiden. Die Wählscheibe erhält einen beweglichen Anschlag und bringt so einen Vorkontakt, der erstmals das Belegen und in der Folge das Steuern veranlaßt. Da der c-Ast fehlt, muß das C-Relais des Gruppenwählers lokal gehalten und die Auslösung der Verbindung durch eine besondere Maßnahme vorgenommen werden.

Der Fernplatz ist nach dem Zweischnursystem aufgebaut und enthält je Steckerpaar zwei Kipper, einen Stöpselwähler, der in der Normalstellung bie beiden Schnüre durchverbindet und in der Außenlage den Abfragebezw. den Verbindungsstecker an die Einzelgarnituren des Fernplatzes legt, ferner einen Mitsprech-Mithörkipper. Zwischen a- und b-Ast liegt jeweils ein Schlußzeichen-Relais für Wechselstrom, in der Normalstellung des Stöpselwählers unmittelbar, in der Außenlage über Wählscheiben- und Prüfkipper-Ruhekontakt, damit der entsendete Wechselstrom nicht in das eigene Schluß-Relais gelangen kann. Der Wähl- und Rufschlüssel legt Rufstrom für OB. und ZB. Stationen an, der Prüfschlüssel, der zugleich Trennschlüssel ist, Wechselstrom zum Prüfen automatisch hergestellter Fernverbindungen. Zur raschen Entgegennahme der dadurch ausgelösten Signale ist in die Gegenlage des Prüfschlüssels eine Sprechstellung gelegt.

Der 1. Ferngruppenwähler hat die Aufgabe, die mit Wechselstrom über Schleife angeregten Vorgänge in Gleichstromvorgänge über a- und b-Ast umzusetzen. Zu diesem Zwecke erhält er neben den 4 Relais A B C P des normalen FGW. einen Übersetzer aus 4 Relais und eine Verzögerungskette. Eine besondere Rückstell-Einrichtung ermöglicht es, in jedem Augenblick das System in seine Null-Lage zu bringen.

Das Wechselstrom-Impuls-Relais und die Wechselstrom - Schlußzeichen-Relais sind als vibrationsfreie Relais ausgebildet. Sie enthalten zwei Spulen von 200 bezw. 300 Ohm Widerstand, die mit zwei getrennten Eisenschließungskreisen verkettet sind. Beide Magnetkreise wirken auf denselben Anker. Durch Vorschaltung eines Kondensators vor die niederohmige Spule gelingt es, eine Phasenverschiebung zu erzeugen, derart, daß der Strom und damit die Anziehungskraft der mit dem Kondensator in Reihe geschalteten Spule der anderen um zirka 85 Grad voraus eilt. Dadurch wird die resultierende Anziehungskraft des Relais nie Null und der Anker wie mit Gleichstrom dauernd und lautlos angezogen. Dieses Wechselstrom-Impuls-Relais, im Schema mit J bezeichnet, erhält einen Kontakt, der das Gleichstrom-Impuls-Relais J' betätigt. Letzteres zusammen mit einem verzögerten und einem unverzögerten Steuer-Relais bilden den Uebersetzer.

Die Signalgabe vom FGW. zum Fernplatz muß gleichfalls mit Wechselstrom erfolgen. Während er fließt, ist die Schaltung vom Fernplatz aus unzugänglich. Deshalb wird der Signalstrom durch ein Relaisspiel derart periodisch unterbrochen, daß jede Manipulation der Beamtin in den Intervallen ungehindert zur Betätigung gelangt.

Die Trennung einer Ortsverbindung wird mit Wechselstrom nur angereizt und dann mittels der Verzögerungskette lokal vorgenommen. Damit sind die Wechselstromgeräusche in der zu trennenden Verbindung vermieden.

Beschreibung
der vollständig selbsttätigen Fernwählung.

A) *Ein Ortsteilnehmer in einem automatischen Ortsnetz nach dem Erdsystem wünscht einen Teilnehmer des fernen Amtes.*
(Siehe Abb. 29 II. Teil).

Der Ortsteilnehmer wählt die Zahl 00. Der Anruf erreicht einen freien Anmeldeplatz. Die Beamtin erkennt den Anruf an dem Aufleuchten einer Lampe, schaltet sich mit ihrem Kipper auf die Leitung des rufenden Teilnehmers und nimmt die Anmeldung entgegen. Der ausgefüllte Gesprächszettel wandert mit Hilfe einer Förderband-Anlage an den Fernplatz und wird dort unter die bereits vorliegenden Zettel eingereiht. Kurz vor Beendigung des Gesprächs bereitet die Beamtin das gewünschte Ferngespräch durch die Herstellung der Ortsverbindung vor. Sie steckt zu diesem Zwecke den Verbindungsstecker eines freien Schnurpaares in eine der 5 in jeden Platz eingebauten Fernvermittlungsklinken, die durch Doppelleitungen unmittelbar mit FGW. verbunden sind. Durch Umlegen des Stöpselwählers auf VS und des Wählkippers auf „Wählen" schaltet die Beamtin die Wähl-Einrichtung auf den Stecker. Das Einbringen des Steckers und das Aufziehen der Wählscheibe löst vorerst in dem automatischen Amt keine Wirkung aus. Die Wählscheibe ist so ausgebildet, daß sie jeweils einen Impuls mehr gibt, als die Nummernscheibe anzeigt. Der erste Kontakt als Vorkontakt, der die gleiche Schließungs- und Unterbrechungsdauer hat wie die Impulskontakte, legt die volle Wechselspannung von 110 Volt über den Wählkipper, Stöpselwähler, a- und b-Ast des VS. an die Leitung und erregt dadurch das im FGW. dauernd zwischen a- und b-Ast liegende Impuls-Relais Imp. Dieses zieht an, schließt seinen Arbeitskontakt imp. und bringt damit das Gleichstrom-Impuls-Relais Imp'. Gleichzeitig wird das C 10 000 Relais erregt, welches sich über seinen Schleppkontakt lokal hält. Ein Wechselkontakt des Imp'-Relais legt Erde an das Steuer-Relais St., welches durch Einschalten seiner Kurzschlußwicklung sein Abfallen verzögert, mit seinem Wechselkontakt zum Zwecke der Steuerung Spannung an die abgehende b-Leitung legt und mit der Ruheseite des gleichen Kontaktes die abgehende b-Leitung gegen die Ausbreitung des Wechselstromes öffnet. Ein weiterer st-Arbeitskontakt legt ferner vorbereitend das Hilfssteuer-Relais- St'. an die Ruheseite des imp.'-Wechselkontaktes.

Erste Impulsfolge. — In der Unterbrechung zwischen Vorkontakt und erstem Impuls wird das Impuls-Relais Imp. stromlos und trennt Imp.' ab. Über Imp.' Ruhe- und st-Arbeitskontakt wird das St.'-Relais erregt, das sich mit seinem Arbeitskontakt selbst hält. Ein st'-Arbeitskontakt schaltet den Weg für die Impulse zum A-Relais durch. Das an der b-Leitung liegende B-Relais spricht an. Mit dem ersten Impuls wird neuerdings Imp. und Imp.' erregt. Dieser und die folgenden Impulse bringen das A-Relais zum Ansprechen und über Steuerschalterstellung 0 wird durch a-Arbeitskontakt der Hubmagnet betätigt. Der Wähler hebt auf die der ersten Impulsserie entsprechende Stufe. Kurze Zeit, nachdem der letzte Impuls vorüber ist, fallen St- und St'-Relais ab; ersteres verzögert durch seine Kurzschlußwicklung, so daß es sich während der Impulspausen hält. Die b-Leitung und damit das B-Relais werden stromlos und ein b-Ruhekontakt bringt den Drehmagneten zum Ansprechen, der den Wähler soweit eindreht, bis sein c-Arm einen freien II. GW. erreicht. Dann unterbricht ein Arbeitskontakt des Prüf-Relais den Stromkreis des Drehmagneten. Im II. GW. kommen über den c-Ast die Relais C 1000 und B 1000 zum Ansprechen und die Kontakte des C-Relais schalten A- und B-Relais an die Leitung.

Damit wird Spannung auf die a-Leitung gebracht und das an Erde liegende Schlußzeichen-Relais Sz 10 000 erregt. Zwei Kontakte des Sz-Relais legen Wechselstrom an die ankommende Leitung und bringen damit über den a- und b-Ast des Verbindungssteckers das Schluß-Relais zum Ansprechen, das seine Haltewicklung und die Schlußzeichenlampe einschaltet. Die Beamtin erhält so das Amtszeichen für die richtige Arbeitsweise des Wählers. Ein sz-Kontakt bringt den Steuerschalter aus der Null-Stellung in die Stellung 1, wodurch dem Sz-Relais die Erde entzogen wird. Es fällt ab und schaltet die Leitung wieder durch.

Zweite Impulsfolge. — Sobald die Beamtin die Wählscheibe zum zweitenmal aufzieht, unterbricht ein Arbeitskontakt den Haltestromkreis des Schlußzeichen-Relais, welches dadurch abfällt, und die Schlußlampe zum Erlöschen bringt. Beim Ablauf der Wählscheibe wird durch den Vorkontakt wieder das St-Relais, durch die darauffolgende Unterbrechung das St'-Relais erregt; die Impulse gelangen in das A-Relais. Das Steuer-Relais trennt wiederum die abgehende Leitung gegen Wechselstrom ab und legt zur Steuerung Spannung auf den b-Ast. Das A-Relais gibt über Steuerschalterstellung 1—4 mittels des a-Arbeitskontaktes die Impulse in die abgehende a-Leitung und betätigt dadurch das A-Relais des II. GW., dessen Hubmagnet über a-, b-Kontakt im gleichen Rythmus betätigt wird. Mit dem Ansprechen des St'-Relais wurde der Steuerschalter von Stellung 1 in Stellung 2 befördert. Nach erfolgter Impulsgabe fallen St und St' ab, nehmen Spannung von der b-Leitung und bringen durch das Abfallen des B-Relais im II. GW. den Drehmagneten zum Ansprechen. Der II. GW. dreht solange, bis er einen freien III. GW. findet, dann spricht das B-Relais als Prüf-Relais noch einmal an und trennt den Stromkreis des Drehmagneten ab. Über einen Wellenkontakt wird seine Haltewicklung B 2×1000 eingeschaltet und gleichzeitig das C-Relais abgetrennt, dessen Wechselkontakt die abgehende c-Leitung durch direkte Erdung sperrt.

Dritte Impulsfolge. — Die Vorgänge im Fernamt und im FGW. sind dieselben wie bei der zweiten Impulsfolge. Das ansprechende St'-Relais fördert den Steuerschalter von Stellung 2 nach Stellung 3. Der III. GW. prüft auf einen freien Leitungswähler und bringt dessen C-Relais zum Ansprechen. Dieses schaltet das V-Relais ein, das seinerseits das A- und B-Relais an die Leitung legt.

Vierte Impulsfolge. — Im FGW. wiederholen sich die bei der zweiten Impulsfolge bereits beschriebenen Vorgänge. Im Leitungswähler wird das B-Relais erregt und damit auch das U-Relais, das vorbereitend den Hubmagneten an den Impulskontakt legt. Hierauf leitet das A-Relais die Impulse in den Hubmagneten. Nach dem letzten Impuls wird wieder die Spannung von der b-Leitung genommen, das abfallende B-Relais trennt das U-Relais ab und der u-Kontakt legt den Drehmagneten vorbereitend an den Impulskontakt. Über den v-Kontakt bleibt indessen das B-Relais und über dieses Erde an der b-Leitung liegen. Im FGW. liegt nach dem Abfall des Steuer-Relais das Relais B 6000 über st'-Arbeitskontakt und Steuerschalterstellung 3 an der nun durchgeschalteten b-Leitung. Da St' in dieser Stellung durch Kurzschlußwicklung verzögert ist, spricht B an und schaltet nach Abfall von St' über st'-Ruhekontakt, der mit dem vorerwähnten Arbeitskontakt als Folgekontakt ausgebildet ist, den Steuerschalter weiter in Stellung 4.

Fünfte Impulsfolge und Fernkennzeichen. — Während die Wählscheibe zum fünftenmal abläuft, wird der Steuerschalter durch den ersten Impuls in die Stellung 5 gebracht. Der darauffolgende Impuls gelangt in das A-Relais und wird dazu verwendet, das B-Relais anzuschalten, welches sich selbst hält. Ein Ruhekontakt des A-Relais legt Erde an die abgehende a-Leitung, gibt so die ankommenden Impulsunterbrechungen als Impulse weiter und hält nach dem letzten Impuls weiterhin Erde angeschaltet. Sobald nach Ablauf der Wählscheibe das Steuer-Relais abgefallen ist und Spannung von der b-Leitung genommen hat, ist das Fernkriterium gegeben. Über a-Arbeits- und b-Ruhekontakt wird Spannung an das An-Relais einer Fernnachwählergruppe gelegt, dessen Kontakt das V 1-, bezw. V 2-Relais durch Kurzschluß zum Abfallen bringt. Durch V 1, bezw. V 2 wird R 850 eines Wählersuchers erregt und damit dessen Drehmagnet eingeschaltet. Der Wählersucher reizt die Drehmagnete der zugehörigen Fernnachwähler an, solange zu drehen, bis das erste Prüf-Relais mit der c-Ader den im Fernkriterium stehenden Leitungswähler erreicht hat. Das Prüf-Relais spricht an, schaltet mit einem p-Kontakt die Differenzialwicklung des An-Relais an und bringt dieses dadurch zum Abfallen. Wählersucher und Fernnachwähler kommen zum Stillstand. Ein anderer Kontakt des Prüf-Relais schaltet das A- und B-Relais des Fernnachwählers an die ankommende Leitung und bringt damit Spannung auf den a-Ast der Leitung. Im FGW. wird durch Abfallen des St-Relais die Verzögerungskette erregt. die nun folgendes Spiel beginnt: Sobald der erste FGW. geprüft hat, wird durch einen p-Kontakt Spannung an die Verzögerungs-Relais gelegt, dadurch V 1 und durch dieses V 2 zum Ansprechen gebracht, welch letzteres V 3 durch Kurzschluß zum Abfallen bringt. V 3 Ruhekontakt legt vorbereitend die Anschaltewege für das T-Relais an. Sobald nun durch st-Ruhekontakt Erde an das T-Relais gelegt wird, spricht dieses an und trennt V 1 ab, welches verzögert abfällt. V 1 trennt V 2 ab, das gleichfalls verzögert folgt. Dadurch wird der Kurzschluß von V 3 aufgehoben und dieses zum Ansprechen gebracht. Der Ruhekontakt des V 3-Relais trennt hierauf die Erde ab, wodurch T stromlos wird und die Kette in den Ruhezustand übergeht. Gleich darauf wird sie über t-Ruhekontakt wieder in die Vorbereitungsstellung gebracht. Sobald das V 3-Relais angesprochen hat, wird das Fortschalte-Relais F 470 unter Strom gesetzt und bringt den Steuerschalter in Stellung 6. Das B-Relais fällt ab, die Ruheseite des a-Kontaktes wird von Erde getrennt. Über Steuerschalterstellung 6 und f-Ruhekontakt liegt Erde am Schlußzeichen-Relais Sz, das über a-Leitung und A-Relais des Fernnachwählers Spannung erhält. Das Sz-Relais spricht an, gibt mit seinen Wechselkontakten durch Wechselstrom das Fernkriteriumzeichen in die ankommende Leitung und zeigt damit der Fernbeamtin den regelmäßigen Verlauf des Wählvorganges an. Unmittelbar darauf wird der Steuerschalter durch sz-Kontakt in die Stellung 7, die Prüfstellung, befördert. Die Fernbeamtin kann den Wählvorgang in jeder Stellung unterbrechen, wenn es die Erledigung anderer Ferngespräche erfordert. Durch Aufrichten des Wählschlüssels löscht sie die Lampe.

Prüfen. Zum Zwecke der Prüfung legt sie den Prüf- und Sprechschlüssel in die Stellung „prüfen". Sie bringt damit das Impuls-Relais, Impuls'-Relais und St-Relais zum Ansprechen. Letzteres legt Spannung an die abgehende b-Leitung. Sobald die Prüftaste aufgerichtet und damit der Wechselstrom unterbrochen wird, spricht St' an, sein Kontakt erregt die Verzögerungskette und ein t-Kontakt legt Spannung an die b-Leitung. Durch Überbrückung des v 3-Kontaktes mit einer Steuerschalterstellung 7 wird das Kettenspiel kurz vor der Abschaltung des T-Relais angehalten und T dauernd erregt. Im Fernnachwähler wird durch die im b-Ast liegende Spannung das B-Relais eregt und durch dessen Kontakt das P 1-Relais angeschaltet.

1.) *Die Teilnehmerleitung ist ortsbesetzt.* In diesem Falle kann das P 2-Relais nicht ansprechen, weil es durch einen anderen Leitungswähler mit P 2 überbrückt ist. Die Fernbeamtin hat den Prüfschlüssel von Stellung „prüfen" auf „sprechen" gelegt und hört nun das Zeichen „Ortsbesetzt". Ohne den Prüfschlüssel nochmal in die Stellung „prüfen" umzulegen, verständigt sie die anderweitig im Gespräch befindlichen Teilnehmer von der Absicht zu trennen mit den Worten: „Nummer N ruft das Fernamt, ich trenne" und drückt hierauf den Prüf- und Sprechschlüssel noch einmal in die Stellung „Prüfen oder Trennen". Damit sendet sie Wechselstrom in die Leitung, der das Impuls-Relais und das St-Relais eregt und dadurch den Steuerschalter von Stellung 7 nach 8 weiterbefördert in dem Augenblick, wo das V 3-Relais angesprochen hat. In Stellung 8 wird die Kette neuerdings zum Ansprechen gebracht und durch das T-Relais sofort Spannung an den b-Ast gelegt. Über V 3 Ruhe-, t-Arbeits- und die parallel liegenden v 1- und v 2-Ruhekontakte bahnt sich ein Stromweg zum A-Relais, welches nun anspricht und über die erwähnte Kontakt-Kette mit a-Arbeitskontakt Erde an die a-Leitung legt. Im Fernnachwähler ist die Verständigungsmöglichkeit mit den Teilnehmern über die Brücke am A- und B-Relais und p 1-Doppelkontakt solange möglich, bis die Beamtin durch Drücken des Prüf- und Sprechschlüssels die Ortsverbindung unterbricht. Die auf die a-Leitung gebrachte Erde eregt das A-Relais des Fernnachwählers, das Prüf-Relais P 140 hält sich. Über einen Kontakt des A-Relais wird nun Erde direkt an das B 100—500 Relais des ortsbesetzten Leitungswählers gelegt, das B-Relais fällt ab, sein Arbeitskontakt bringt Erde auf die a-Leitung und bewirkt dadurch die normale Auflösung der bestehenden Ortsverbindung. Der Teilnehmer wird in der Regel die Mitteilung von der Trennung verstanden haben und wird seinen Hörer nicht einhängen. In dem gleichen Augenblick, in dem sich durch das A-Relais die Trennung der Ortsverbindung vollzieht, wird über v 2-Ruhekontakt der Steuerschalter in Stellung 9 befördert. Die Kette spielt aus, das St-Relais fällt langsam ab und nimmt die Spannung von B. Dadurch fällt im Fernnachwähler das B-Relais ab, auch R 500 fällt verzögert ab und hebt den Kurzschluß von P 2—500 auf. Letzteres spricht jetzt über den freigewordenen Vorwähler an, sperrt diesen und schaltet die Sprechleitung durch. Das R-Relais des Vorwählers kann dabei nicht ansprechen, weil durch Anlegen von 14 Volt an die b-Leitung das Relais differenzial geschaltet wird. Beim Ansprechen von P 2—500 wird P 1 kurzgeschlossen, fällt ab und unterbricht damit den Haltestrom des A-Relais. Wartet der Teilnehmer mit abgenommenem Hörer auf Antwort, so kann jetzt das S 2—500 Relais über die Sprechstelle ansprechen und schaltet die Brücke zum A- und B-Relais ab. Hängt jedoch der Teilnehmer seinen Hörer ein, was in einzelnen Fällen auch vorkommen wird, so spricht infolge der vom Fernsprechwähler auf die a-Leitung gebrachte Spannung in Steuerschalter-Stellung 9 das Sz-Relais an und löst am Fernplatz die Schlußzeichen-Abgabe aus. Gleichzeitig wird aber durch das Sz-Relais die Verzögerungskette eregt, die mit Sz ein Wechselspiel beginnt, wodurch von v 3- bzw. t-Kontakt das Sz-Relais zeitweise abgeschaltet wird. Während dieser Abschaltung wird durch die sz-Arbeitskontakte das Impuls-Relais wieder an die Leitung gelegt und dem allenfalls vom Fernamt entsandten Wechselstrom der Weg geöffnet. Die Beamtin erkennt aus dem Aufleuchten der Schlußlampe, daß der Teilnehmer nicht verstanden und eingehängt hat. Sie drückt daher nochmals und zwar nur einmal die Prüf- und Sprechtaste in die Stellung „Prüfen", eregt damit das Impuls- und das St-Relais,

206

welch letzteres Spannung an die b-Leitung legt und dadurch im Fernnachwähler das B-Relais und das P 1—40 Relais zum Ansprechen bringt.
P 1—40 erregt P 2—500, dieses Relais schaltet das Läut-Relais L ein und
veranlaßt so den Ruf beim Teilnehmer. Im FGW. wird gleichfalls das
B-Relais erregt, welches mit seinen Kontakten die sz-Kontakte überbrückt
und so die Möglichkeit des Läutens beliebig lange offen hält, während ein
i'-Kontakt das Wechselspiel zwischen Kette und Sz-Relais unterbricht.
Sobald die Beamtin den Kipper aufrichtet und den Wechselstrom von der
Leitung abschaltet, tritt das Wechselspiel zwischen Verzögerungskette und
Sz-Relais wieder in Tätigkeit, wobei durch die sz-Kontakte die Schluß-
lampe wieder periodisch aufleuchtet. Würde die Beamtin bei dem erwähn-
ten Nachläuten den Prüfschlüssel statt einmal, zweimal kurz in die Stellung
„Prüfen" drücken, so würde sie damit ungewollt die Verbindung auslösen.
Zwischen 2 Läutimpulsen müssen daher mindestens Zeitintervalle von $^1/_3$
Sekunde liegen. Hängt nun der Teilnehmer seinen Hörer aus, so wird im
Fernnachwähler durch Ansprechen von S 2 × 500 die Brücke vom A- und
B-Relais abgeschaltet und so die Spannung von der Leitung genommen.
Das Sz-Relais fällt ab, die Schlußzeichenlampe erlischt. Die Beamtin
erkennt hieraus, daß der Teilnehmer seinen Hörer abgenommen hat, drückt
den Prüfschlüssel in die Stellung „Sprechen" und verständigt den Teilnehmer etwa mit den Worten: „Sie sind mit X in N verbunden, bitte bleiben
Sie am Apparat!" Ist die Fernleitung frei, so führt die Beamtin den An-
rufstecker in die Fernanrufklinke, legt den Stöpselschlüssel auf AS, beläßt
den Prüfschlüssel in der Sprechstellung und veranlaßt die Beamtin des fernen Amtes zum Eintreten in die Verbindung, indem sie den Wähl- und
Rufschlüssel auf manuellen Ruf schaltet. Nach Meldung der Gegenbeamtin
und Anschaltung der im fernen Amte gewünschten Teilnehmersprechstelle
an die Fernleitung spricht sie in die Leitung: „Sie sind von B in Y gerufen". Hierauf stellt die Beamtin den Stöpselwähler und den Prüf- und
Sprechschlüssel normal, legt den Mithörschlüssel auf „Sprechen" und for-
dert die Teilnehmer, deren Sprechstellen über die Fernleitung zusammengeschaltet sind, zum Eintritt in das Gespräch auf. Sie überzeugt sich noch
von dem normalen Beginn desselben, legt hierauf den Mithörschlüssel in
die Ruhestellung, wodurch sie die Haltewicklung des Schlußzeichen-
Relais vorbereitend an Erde legt und stellt schließlich durch Abdruck des
Zeitstempels auf dem Anmeldezettel den Zeitpunkt des Gesprächsbeginnes
fest. Bei auftretenden Unregelmäßigkeiten während der Verbindung kann
der SA-Teilnehmer durch abwechselndes Ein- und Aushängen seines Hörers der Fernbeamtin ein Zeichen geben, das sie zum Eintreten in die Leitung veranlaßt. Er erregt damit das Sz-Relais, welches die Schlußlampe zum
Aufleuchten bringt. Durch Umlegen des Mithörschlüssels in die Stellung
„Mithören" schaltet sich die Beamtin auf die Verbindung, bringt die Schlußlampe durch Unterbrechung des Haltestromes zum Erlöschen und kann
den Wunsch des Teilnehmers entgegennehmen. Ist die Verbindung normal, so kann die Beamtin ausgeschaltet bleiben, bis die Schlußzeichenlampe
die Beendigung des Gespräches anzeigt. Hängt der Teilnehmer seinen
Hörer ein, so trennt er an seinem Apparat a- und b-Ast der Leitung; dadurch fällt S 2 × 500 ab und schaltet gleichzeitig das A- und B-Relais
wieder an die Leitung. Im FGW. wird in der vorbeschriebenen Weise das
Sz-Relais erregt und damit das Wechselspiel der Verzögerungskette mit Sz
ausgelöst, während am Fernplatz dauernd die Schlußlampe leuchtet.

Vorzeitige Auflösung der Verbindung. Bemerkt die Beamtin nach der
Wahl der fünften Zahl, daß sie sich im Aufbau der Verbindung geirrt
hat, so kann sie durch Aufziehen der Nummernscheibe bis zur Zahl 0 die
Verbindung auflösen, ohne den Teilnehmer vorher angeläutet zu haben.

Ebenso ist die Möglichkeit zur vorzeitigen Auflösung gegeben, wenn die Beamtin sich durch Prüfen auf eine bestehende Ortsverbindung geschaltet hat und nun durch den Teilnehmer erfährt, daß sie eine falsche Nummer gewählt hat. Sie kann auch hier durch Wählen der Ziffer 0 ihre Verbindung auflösen, ohne die bestehende Ortsverbindung zu trennen. Die Impulse gelangen in diesem Falle über Steuerschalterstellung 7 bezw. 8 und v 1-Arbeitskontakt in das R-Relais, das die Rückstellung veranlaßt.

Die *Auflösung einer normalen Verbindung* wird in folgender Weise bewirkt:

Durch Umlegen des Mithörschlüssels in die Mithörstellung schaltet sich die Beamtin in die Leitung ein, um sich zu überzeugen, ob noch gesprochen wird. Der das Schlußzeichen bringende Wechselstrom gelangt nicht in die Hörgarnitur, weil sofort mit dem Ansprechen des SR-Relais durch dessen Ruhekontakt die b-Leitung aufgetrennt wird. Nur ein knakkendes Geräusch wird wahrgenommen, wie es ähnlich im Ortsverkehr die Anschaltung des 10-Sekunden-Rufes verursacht.

Durch den gleichen Kontakt wird auch das Übertreten des Wechselstroms in die andere Verbindungshälfte verhindert, wenn der eine Teilnehmer frühzeitig einhängt und der andere am Apparat bleibt. In der Durchsprechstellung frägt die Beamtin nach beiden Leitungsrichtungen zugleich „Sprechen Sie noch?" Erhält sie keine Antwort, so legt sie den Stöpselwähler auf VS, den Wählkipper auf „Wählen" und zieht die Zahl 0. Die in rascher Reihenfolge abgegebenen Impulse gelangen in dem Augenblick, wo das Sz-Relais von der Kette abgetrennt ist, an das Impuls-Relais. Der erste bringt das St-Relais und hält durch Erregung des B-Relais den Weg zum Impuls-Relais offen, der zweite Impuls gelangt in das R-Relais, dessen Arbeitskontakt den Steuerschalter nach Stellung 10 weiterschaltet. Ein r-Arbeitskontakt bringt durch Kurzschluß C 10 000 zum Abfall und schaltet damit den Auslösemagneten an, der den Wähler in die Ruhelage überführt. In Steuerschalterstellung 10 wird das R 1000 Relais durch Kurzschluß zum Abfallen gebracht, noch ehe es als Selbstunterbrecher den Steuerschalter in Stellung 0 befördern konnte. Der Kurzschluß des C-Relais wird durch die Steuerschalterstellung 10 aufrecht erhalten, damit es sicher abfällt. In Stellung 10, welche zum Auffangen der überschüssigen Auslöseimpulse dient, verharrt der Steuerschalter bis nach Ende des letzten Impulses das St'-Relais abgefallen ist, worauf durch st'-Ruhekontakt der Steuerschalter nach 0 weiterbefördert wird. Damit ist das ganze System in die Ruhelage zurückgeführt. Die Beamtin erkennt den richtigen Verlauf der Auslösung an dem Erlöschen der Schlußzeichenlampe. Die beiden Stecker können in ihren Klinken und die Kipper in ihrer Lage belassen werden; die Schnur ist für einen neuen Anruf frei.

2.) *Die Teilnehmerleitung ist frei.* Bis zur Prüfeinleitung sind die Vorgänge die gleichen, wie unter 1.) Die Beamtin drückt den Prüfschlüssel in die Stellung „Prüfen", legt ihn dann um auf „Sprechen" und hört nun das Freizeichen. Im FGW. spricht das St-Relais an, welches Spannung an b legt, ein st-Kontakt schaltet die Verzögerungskette ein, deren Arbeitskontakt für die Dauer des Kettenspiels Spannung an die b-Leitung legt. Der Ruf an der Teilnehmer-Sprechstelle dauert solange, bis die Beamtin, nachdem sie sich in der Sprechlage des Prüfschlüssels vom Freisein der Teilnehmerleitung überzeugt hat, diesen zum Zwecke des Nachläutens ein zweitesmal in Stellung „Prüfen" drückt. Die Wirkung ist wieder die gleiche wie unter Fall 1.); die Ortstrennung bleibt aber wirkungslos, weil kein ortsbesetzter Leitungswähler vorliegt; das gewünschte Nachläuten wird als Begleitwirkung der Ortstrennung durch den t-Kontakt verursacht. Der Steuerschalter geht wie unter 1.) erwähnt, in Stellung 8 und 9 über.

Das Nachläuten muß unter allen Umständen erfolgen, auch wenn der Teilnehmer bereits auf den ersten Anruf hin seinen Hörer aushängen sollte, damit der Steuerschalter weiterbefördert wird. Für den Teilnehmer hat diese Maßnahme keine Störung zur Folge. Hat der Teilnehmer den Hörer noch nicht ausgehängt, so kommt das Sz-Relais zum Ansprechen und beginnt, wie unter 1.) erwähnt sein Wechselspiel mit der Verzögerungskette solange, bis der Hörer ausgehängt wird. Dann erlischt am Fernplatz die Schlußlampe. Im übrigen verläuft diese Verbindung wie unter 1.).

3.) *Die Teilnehmerleitung ist fernbesetzt.* Die Behandlung der Verbindung ist bis zur Prüfung die gleiche wie unter 1) und 2). Die Beamtin hört das Fernbesetztzeichen und löst unmittelbar anschließend durch Wählen der Ziffer 0 ihre Verbindung auf.

4.) *Der Teilnehmer ist an eine Umschaltestelle mit Vorschalteschrank angeschlossen.* Die Beamtin wählt in diesem Fall die der betreffenden Umschaltestelle zugeordnete Ziffer, worauf der Wähler in normaler Weise auf die der gewählten Ziffer entsprechende Stufe gehoben wird. Ein auf der Schaltwelle sitzender Kontakt legt hierauf das F 470-Relais an, das als Wechselunterbrecher geschaltet, den Steuerschalter bis nach Stellung 7 weiterbefördert. Mit Prüfen und Nachläuten wird der Steuerschalter nach 9, in die Sprechstellung gebracht, wo die Schlußlampe solange leuchtet, bis die Vorschalteschrankbeamtin sich in die Leitung einschaltet und dadurch Spannung von der a-Leitung nimmt. Nach Übermittlung der verlangten Teilnehmerrufnummer seitens der Fernbeamtin führt die Vorschaltebeamtin den Verbindungsstecker in die Teilnehmerklinke des Vorschalteschrankes und ruft die Teilnehmersprechstelle in der üblichen Weise auf. Nachdem am fernen Gegenamt inzwischen ebenfalls die Teilnehmersprechstelle mit der Fernleitung verbunden wurde, kann das Ferngespräch in der bereits beschriebenen Weise stattfinden. Nach Beendigung des Gespräches erhält die Beamtin des Vorschalteschrankes das Schlußzeichen und trennt die Verbindung durch Herausziehen der beiden Stecker aus den Klinken. Hierdurch wird dem a-Ast der Leitung Spannung aufgedrückt und damit das Sz-Relais erregt, das der Fernbeamtin das Schlußzeichen übermittelt. Schlußzeichengabe und Auslösung der Verbindung erfolgt wie im Fall 1.).

5.) *Irrung und Wählfehler.* Entstehen beim Aufbau einer Verbindung irgend welche Unregelmäßigkeiten, die sich an dem Ausbleiben der zugehörigen Lampensignale bemerkbar machen, oder irrt sich die Beamtin während der Wählung, so kann sie die Fehler jederzeit in folgender Weise korrigieren: Sie drückt zu diesem Zwecke 3 Sekunden lang den Prüf- und Sprechschlüssel in die Stellung „Trennen". Dadurch wird ein Kondensator von 6 Mf über imp'-Wechselkontakt und einen hohen Silitwiderstand von ungefähr 300 000 Ohm entladen. Sobald nach Ablauf von 3 Sekunden der Wechselstrom abgetrennt und damit das Impuls-Relais zum Abfallen gebracht wird, legt der Imp'-Kontakt um auf R 500 und der Kondensator lädt sich über dessen Wicklung auf, wodurch R 500 anspricht und über seinen Arbeitskontakt r seine Haltewicklung R 1000 anschaltet. Durch einen weiteren r-Kontakt wird das C 10 000-Relais kurzgeschlossen und fällt ab. Durch Unterbrechung des Prüfstromkreises wird die Verbindung sofort unterbrochen und durch den Auslösemagneten der FGW. in die Ruhelage zurückgeführt. Über die Arbeitslage des r-Wechselkontaktes befördert F 470 als Wechselunterbrecher den Steuerschalter weiter bis in Stellung 10, wo durch Kurzschluß das R-Relais abgetrennt wird. Die Ruheseite des gleichen Wechselkontaktes schaltet über Steuerschalterstellung 10 den

Setuerschalter in die Null-Lage zurück. Um ein genaues Maß für die 3 Sekunden zu gewinnen, soll die Beamtin die Wählscheibe dreimal voll aufziehen.

6.) *Rückstell-Einrichtung.* Wenn der Wähler aus irgend einem Grunde nicht prüfen kann, so wird durch den Durchdrehkontakt das R-Relais erregt, das in gleicher Weise, wie unter 1.) beschrieben, den Wähler in die Ruhelage zurückbringt.

7.) *Nach der Auflösung der Verbindung* legt die Beamtin den Gesprächzettel unter den Zeitstempel-Apparat, liest an der Springuhr des Zeitsignal-Apparates die Zeitdauer des Gespräches ab, trägt sie in den Zettel ein und übergibt ihn dem Förderband für die Rückleitung an den Verteilerplatz.

B) Ein Ortsteilnehmer in einem automatischen Ortsnetz nach dem Schleifen-System wünscht einen Teilnehmer des fernen Amtes.

(Siehe Abb. 29a II. Teil).

Die Anmeldung des Ferngespräches und Beförderung des Anmeldezettels erfolgt in der im Absatz A.) beschriebenen Weise. Vor der Abwicklung des Ferngespräches bereitet die Beamtin die Ortsverbindung vor, indem sie den Verbindungsstecker eines freien Schnurpaares in eine der fünf in den Platz eingebauten Ortsverbindungsklinken einführt, die mit dem FGW. durch eigene Verbindungsleitungen verbunden sind. Sie legt den Stöpselschalter auf VS, den Wählschlüssel auf „Wählen" und schaltet damit die Wähleinrichtung auf den Stecker. Das Einführen des Steckers und das Aufziehen der Wählscheibe löst im automatischen Amt zunächst keine Wirkung aus. Beim Ablauf der Wählscheibe wird durch den Vorkontakt, Imp-Relais und durch dieses Imp'- und C-Relais erregt, welch letzteres sich über den Schleppkontakt lokal hält. Das Imp'-Relais schaltet das verzögerte St-Relais an, welches vorbereitend das St'-Relais an die Ruheseite des Impuls'-Wechsel-Kontaktes legt. Während dem dem ersten Impuls vorangehenden Unterbrechung wird das St'-Relais erregt und schaltet den Weg zum A-Relais durch. Zwei Kontakte des St-Relais trennen die a- und b-Leitung gegen Wechselstrom ab und legen Spannung an den b-Ast.

Erste Impulsfolge. Die nunmehr mit dem weiteren Ablauf der Wählscheibe gegebenen Impulse gelangen in das A-Relais und betätigen mit a-Arbeitskontakt den Hubmagneten. Nachdem die Wählscheibe in die Ruhelage zurückgekehrt ist, fallen nach einander Imp-, Imp'-, St- und St-'Relais ab. Ein st-Ruhekontakt schaltet den Drehmagneten ein, der Wähler dreht solange, bis sein Prüf-Relais über den C-Ast eines freien II. GW. anspricht. Ein Arbeitskontakt des Prüf-Relais trennt nach erfolgter Prüfung den Stromkreis des Drehmagneten ab. Im II. GW. sprechen über den c-Ast B 200 und C 200 an. Das C-Relais schaltet seine Haltewicklung ein, das B-Relais legt A 500 und B 500, seine Linienwicklung, an die Leitung. Dadurch wird der a-Leitung Spannung aufgedrückt, und das über Steuerschalterstellung 0, 1, an der a-Leitung liegende Schlußzeichen-Relais Sz 10 000 über Steuerschalterstellung 0 zum Ansprechen gebracht. Zwei Wechselkontakte des Sz-Relais legen Wechselstrom an die ankommende Leitung und lösen dadurch am Fernplatz das Amtszeichen aus. Ein sz-Arbeitskontakt schaltet den Steuerschalter weiter in Stellung 1, wo sz noch an Erde liegt, bis der Steuerschalter über st'-Ruhekontakt nach 2 weitergeschaltet wird. Erst in

Stellung 2 wird dem Sz-Relais die Erde entzogen, so daß es abfällt und die a- und b-Leitung wieder durchschaltet. Dadurch ist die sichere Abgabe des Amtzeichens gewährleistet. In Steuerschalterstellung 2 werden alle folgenden Impulsserien abgegeben.

Zweite Impulsfolge. Sobald die Beamtin die Wählscheibe zum zweitenmal aufzieht, unterbricht der Ruhekontakt n die Haltewicklung des SRV und bringt damit die Schlußlampe zum Erlöschen. Im FGW. verläuft die Impulsgabe wie bei der 1. Folge. Nach der Unterbrechung des Vorkontaktes schaltet ein Arbeitskontakt des St-Relais das St'Relais an. Ein Arbeitskontakt des A-Relais gibt die folgenden Impulse über Steuerschalterstellung 2 in die a-Leitung weiter. Im II. GW. wird durch die Impulse das A-Relais erregt und der Hubmagnet betätigt. Nach der Impulsgabe wird wiederum Spannung von der b-Leitung genommen. Das abfallende B-Relais bringt den Drehmagneten zum Ansprechen. Der II. GW. dreht solange, bis er einen freien Leitungswähler findet. Dann spricht das Prüf-Relais P 40 über c-Leitung, C 300 und Steuerschalterstellung II 1 an. Ein p-Kontakt unterbricht das Wechselspiel zwischen Drehmagnet und A-Relais. Zwei weitere Arbeitskontakte schalten die Leitung zum Leitungswähler durch.

Dritte Impulsfolge. Bei Ämtern mit Schleifen-System und interurbanem Verkehr kommen Rufnummern mti 3 und 4 Dekaden gemischt vor. Es gelangt u. U. schon die zweite Impulsfolge in den Leitungswähler und löst dort die folgende Wirkung aus: Durch den Vorkontakt der Wählscheibe wird Spannung an die b-Leitung zum LW. gelegt, die Impulsgabe legt Erde an A 500, dessen Arbeitskontakt a III über den Steuerschalterarm V Stellung 1 die Impulse an den Hubmagneten weiterleitet. Im FGW. liegt von Stellung 2 ab über a-Ruhekontakt und Fortschalte-Relais F 350 Gegenspannung an der a-Leitung. Die Impulsgabe wird dadurch nicht beeinträchtigt. Sobald die Wählscheibe abgelaufen ist, entzieht der st-Kontakt dem b-Ast die Spannung. B 500 im LW fällt ab und bringt den Steuerschalter des LW in Stellung 2.

Letzte Impulsfolge und Fernkriterium. (Gleichgültig ob 3, 4 oder 5.) Die Vorgänge sind am Fernplatz und im FGW. zunächst die gleichen wie bei der 3. Impulsfolge. Ein Weitertransport des Steuerschalters ist nicht erfolgt. st-Kontakt legt wieder Spannung an den b-Ast, a-Arbeitskontakt schaltet Erde an die a-Leitung. Im LW wird über Steuerschalterstellung V, 2 die Impulsfolge in den Drehmagneten geleitet. Sobald wieder B 500 abfällt, geht der Steuerschalter in Stellung 3 und legt damit zur Abgabe des Fernkriteriums das geerdete J 1000-Relais über Steuerschalterstellung 3 an die a-Leitung, die über den a-Ruhekontakt und Fortschalte-Relais F 350 im FGW. Spannung erhält. J 1000 wird erregt und schaltet seine Haltewicklung J 700 ein, welche im LW fortan den Fernruf charakterisiert. Der Steuerschalter des LW schaltet sich selbst von 3 weiter nach 4. Im FGW. spricht über J 1000 das Fortschalte-Relais an, befördert den Steuerschalter in Stellung 3, wo das Sz-Relais an Spannung gelegt wird. Sz spricht an und gibt der Fernbeamtin das Zeichen für normalen Verlauf des Wählvorganges.

Prüfeinleitung. Ein Arbeitskontakt des Sz-Relais befördert den Steuerschalter weiter in die Stellung 4 und entzieht dadurch dem Sz-Relais die Spannung. Dieses fällt ab und schaltet die Leitung wieder durch. Im LW liegt über Steuerschalterstellung III 4 das A-Relais an der a-Leitung. Die Fernbeamtin legt zum Zwecke der Prüfung den Prüfschlüssel in die Stellung 2 „Prüfen". Sie erregt damit Imp-, Imp'- und St-Relais, welch letzteres nach dem Ausbleiben des Wechselstroms kurz das St'-Relais zum Ansprechen bringt. Ein st-Arbeitskontakt befördert den Steuerschalter weiter in die Stellung 5, wo über einen Arm des Steuerschalters das A-Relais lokal erregt wird und mit seinem Arbeitskontakt Erde an die abgehende a-Leitung legt. Damit wird auch im LW das A 500-Relais erregt und so die Prüfung eingeleitet. Im FGW. wird durch einen a-Arbeitskontakt der Steuerschalter in Stellung 6 weitergeschaltet, von wo aus er als Selbstunterbrecher nach 7 weiterdreht. Der Steuerschalter des LW ist gleichfalls in Stellung 5 und 6 weitergeeilt.

Fall 1.) Die Teilnehmerleitung ist frei: In Stellung 6 prüft das P-Relais des LW über die c-Ader und spricht bei freier Teilnehmerleitung an. Ein p-Arbeitskontakt schließt P 1000 kurz und sperrt damit die gerufene Teilnehmerleitung für Ortsanruf. Der Steuerschalter geht von Stellung 6 nach 7. In Stellung 7 spricht T 25 an, das bis dahin kurzgeschlossen war. Die beiden t-Kontakte t I und t III schalten über Kondensatoren die Leitung zum Teilnehmer durch. Der t II-Kontakt schaltet den Steuerschalter weiter nach 8. Hier wird über den Auslösemagneten vorübergehend das Relais E 2000 erregt, dessen Kontakt kurz Spannung an die ankommende Leitung legt. Ein p-Kontakt fördert im LW den Steuerschalter rasch von Stellung 8 nach 9, während gleichzeitig E 2000 vorübergehend unterbrochen und damit Spannung von der b-Leitung genommen wird. Über den gleichen Kontakt schaltet sich der Steuerschalter des LW weiter nach Stellung 10, in der sich nun das Gespräch abwickelt. In Stellung 10 wird über den Auslösemagneten nochmals E 2000 erregt, dessen Kontakt e III wieder Spannung an die Leitung legt.

Signalstellung im FGW. Unmittelbar nach der Prüfeinleitung hat die Fernbeamtin ihren Kipper von „Prüfen" auf „Sprechen" umgelegt. Wenn sie in dieser Stellung weder ein Signal noch sprechen hört, so ist die Teilnehmerleitung frei. Die Beamtin drückt den Prüfschlüssel noch einmal in die Stellung „Prüfen". Nachdem sie ihn wieder aufgerichtet hat, wird im FGW. durch st-Arbeitskontakt, i'-Ruhekontakt das St'-Relais kurz erregt und der Steuerschalter weiter in die Stellung 8 befördert. Gleichzeitig wurde in Stellung 7 das T - Relais der Verzögerungskette an Spannung gelegt, welches mit seinem Arbeitskontakt das V-Relais zum Ansprechen bringt. Das dritte Verzögerungs-Relais V 1, das während des Aufbaues der Verbindung durch p-Arbeitskontakt bereits angeschaltet wurde, fällt durch Kurzschluß mittels v-Arbeitskontakt langsam ab. In dieser Arbeitsstellung befindet sich die Kette in dem Augenblick, wo der Steuerschalter des Gruppenwählers in Stellung 8 übergeht. In dieser Stellung wird nun das A-Relais an Erde gelegt und dadurch über dessen Arbeitskontakt und Steuerschalterstellung 8 Spannung der weitergehenden C-Leitung solange aufgedrückt, bis der Steuerschalter des Gruppen-Wählers in Stellung 9 weitergeschaltet wird. Dies erfolgt in dem Augenblick, wo die Kette in die Ruhelage dadurch übergegangen ist, daß dem T-Relais die Erde entzogen wird und T- und V-Relais verzögert abfallen und V 1-Relais anspricht. Dann wird über Steuerschalterstellung 8, v 1-Arbeits- und a-Arbeitskontakt die Weiterschaltung vollzogen. Im Leitungswähler wird durch die an der a-Leitung liegende Spannung das Q 150-Relais erregt, dessen Kontakte q III und q I auf die Dauer des Kettenspiels Rufstrom in die Teilnehmerleitung senden. Dadurch wird die Teilnehmersprechstelle zum erstenmal angeläutet. In Steuerschalterstellung 9 wird über die b-Leitung das Sz-Relais erregt, das mit der Verzögerungskette ein Wechselspiel auslöst derart, daß durch sz-Arbeitskontakt das T 800-Relais erregt wird, wodurch das V-Relais anspricht, das seinerseits durch Kurzschluß mittels v-Arbeitskontakt das V 1-Relais zum Abfallen bringt. Damit ist durch v 1-Arbeitskontakt die Erde von Sz abgeschaltet, dieses fällt ab und schaltet damit auch das

212

T-Relais ab. T 800 und V 500 fallen nacheinander verzögert ab, der Kurzschluß von V 1 wird aufgehoben, so daß V 1 anspricht und das Sz-Relais wieder an Erde legt. Damit beginnt das Kettenspiel von neuem. So oft das Sz-Relais erregt wird, sendet es einen kurzen Wechselstromimpuls in die Leitung und ruft dadurch am Fernplatz ein intermittierendes Lampensignal als optisches Freizeichen hervor. Wenn der Teilnehmer seinen Hörer aushängt, sprechen im Leitungswähler das A- und B-Relais an und a II schaltet von der b-Leitung die Spannung ab. Das Sz-Relais wird stromlos, die Lampe erlischt, die Fernbeamtin ersieht daraus, daß der Teilnehmer seinen Hörer abgenommen hat. Die weitere Abwicklung der Fernverbindung ist nun die gleiche wie im Fall A.) Hängt der Teilnehmer nach Gesprächsbeendigung den Hörer wieder ein, so fällt das Relais A 500 ab und legt wieder Spannung an den b-Ast. Dadurch spricht das Sz-Relais erneut an und beginnt nochmals sein Wechselspiel mit der Verzögerungskette. Das Aufleuchten der Schlußlampe zeigt dem Fernplatz die Gesprächsbeendigung an.

Auflösung der Ortsverbindung. Dieselbe erfolgt in der gleichen Weise wie unter A.) beschrieben und hat im FGW. die Wirkung, daß der Prüfstromkreis zum II. GW unterbrochen wird. Dieser kehrt dadurch in die Ruhelage zurück. Im LW wird zunächst das C-Relais zum Abfallen gebracht, wodurch nun auch das E 2000-Relais und über e II das I-Relais abfallen. Durch dessen Wechselkontakt 1, III wird der Steuerschalter zuerst nach Stellung 11, durch den Langsamunterbrecher nach 12 und von hier durch das inzwischen ebenfalls abgefallene T-Relais nach 13 und 14 weiterbefördert. In dieser Stellung wird nunmehr der Auslösemagnet erregt, der den Wähler in die Ruhelage zurückführt.

Fall II.) Die Teilnehmerleitung ist ortsbesetzt: Die Prüfeinleitung erfolgt wie im I. Fall und befördert den Steuerschalter des FGW. in Stellung 5. Im LW hat ebenfalls das A 500-Relais angesprochen und den dortigen Steuerschalter nach Stellung 5 und 6 weiterbefördert. In Stellung 6 kann das B-Relais nicht ansprechen, weil die c-Leitung über P 40 an Erde liegt. Der Steuerschalter dreht nach Stellung 7. Nun spricht wieder T 29 an und schaltet die Teilnehmerleitung über Kondensatoren durch. Der Steuerschalter wird über b III, t II weiter nach 8 befördert. In dieser Stellung spricht E 2000 über den Auslösemagneten an und legt damit Spannung an die b-Leitung. Der LW bleibt in Stellung 8, weil Kontakt p 1 nicht geschlossen hat. Durch Arm III 8 des Steuerschalters wird das „ortsbesetzt"-Signal über die Induktionswicklungen von A- und B-Relais an den Fernarbeitsplatz übertragen, wodurch die Beamtin zur Vornahme der Trennung veranlaßt wird.

Ortstrennung. Die Beamtin hält ihren Prüfschlüssel in der Signal-Stellung und verständigt die Teilnehmer mit den Worten: „Rufnummer X ist vom Fernamt gerufen, ich trenne"; dann drückt sie den Prüf- und Sprechschlüssel in die Stellung „Trennen". Hierdurch werden die Imp'- und St-Relais und nach dem Aufrichten des Kippers auch das St'-Relais erregt. Ein st-Arbeitskontakt schaltet den Steuerschalter von Stellung 7 nach 8, wo, wie unter Fall I beschrieben, das A-Relais lokal erregt wird. Das A-Relais legt über Steuerschalter 8 Spannung an die a-Leitung. Im LW spricht Q 150 an, Kontakt q 1 schaltet weiter in die Stellung 9, die Trennstellung, in der über b I- und a-III-Kontakt Erde an die b-Leitung gelegt wird. Dadurch bleibt entweder im LW oder im GW (je nachdem der zu trennende Teilnehmer Rufender oder Gerufener ist) das A-Relais erregt. Das B-Relais wird abgetrennt und so die Ortsverbindung aufgelöst. Nachdem die Ortsverbindung getrennt ist, spricht das Prüf-Relais P 40 an, belegt die Teilnehmerleitung für den Ortsverkehr und befördert den Steuerschalter über p 1-Kontakt weiter in die Stellung 10. Dadurch wird über den Auslösemagneten das E-Relais betätigt, dessen Kontakt das P 40-Relais kurz schließt und so den Teilnehmer fernbelegt. Der Steuerschalter des FGW. geht, wie im Fall I nach Stellung 9 über, in die Sprechstellung. Hat der Teilnehmer noch seinen Hörer ausgehängt, so kann ihn die Beamtin sofort von der bevorstehenden Fernverbindung verständigen. Hat er dagegen seinen Hörer eingehängt, so wird das Sz-Relais erregt, das mit der Verzögerungskette ein Wechselspiel beginnt und intermittierend Schlußzeichen zum Fernplatz gibt. Die Beamtin wird in der unter I erwähnten Weise durch Drücken des Prüf- und Sprechschlüssels anläuten und den Teilnehmer zum Aushängen des Hörers veranlassen. Die übrige Behandlung des Gespräches ist die gleiche wie unter A.) und B I.).

Fall III.) Die Teilnehmerleitung ist fernbesetzt. Die Vorgänge im FGW. sind die gleichen wie im Fall I bis zur Prüfeinleitung. Im Leitungswähler kann jedoch weder in Stellung 6 das Prüf-Relais, noch in Stellung 7 das T 25 ansprechen, weil der c-Ast der anderen Teilnehmerleitung unmittelbar an Erde liegt. Der Leitungswähler bleibt daher in Stellung 7 stehen und die Beamtin erhält das „fernbesetzt"-Zeichen. Der Steuerschalter im FGW. befindet sich in Stellung 7. Die Beamtin löst durch Wählen von 0 die Verbindung auf.

IV.) Irrung. Die Beamtin drückt 3 bis 4 Sekunden (dreimaliges Aufziehen der Wählscheibe) den Prüf- und Sprechschlüssel in die Stellung „Trennen". Die Wirkung ist dieselbe, wie beim Erdsystem. Hat die Beamtin sich auf eine ortsbesetzte Verbindung geschaltet und erfährt bei der Mitteilung „No. N ruft das Fernamt, ich trenne" durch den Einspruch des Teilnehmers, daß sie eine falsche Zahl gewählt hat, so kann sie, ohne die bestehende Ortsverbindung zu trennen, ihre Verbindung auflösen, indem sie die Wählscheibe von 0 ab aufzieht. Sie erregt damit das R-Relais, welches den Steuerschalter in die Ruhelage zurückbefördert.

V.) Gesprächsregistrierung für statistische Zwecke: In dem c-Ast, der zur Fernanruflampe führt, kann über einen Schalter parallel zu dieser Lampe ein an Spannung liegendes Registrierinstrument gelegt werden, welches ein Schaubild der Leistungsausnützung aufnimmt. Wird beispielsweise durch einen sz-Kontakt Erde angelegt, so ist damit der Beginn der Wählung, die Beendigung der Wählung und das Fernkriterium, der Augenblick des Aus- und Einhängens und damit die nutzbare Gesprächszeit charakterisiert. Die Einrichtung stellt eine automatische Überwachungseinrichtung vor.

C) Das Fernamt wünscht einen Ortsteilnehmer, der an ein SA-Amt nach dem Erdsystem angeschlossen ist.

Anruf des fernen Amtes. Die Platzbeamtin des fernen Amtes führt ihren Abfragestecker in die Fernklinke und legt den Rufschlüssel auf „Rufen". Damit erregt sie das Fernanruf-Relais AW 1. Dieses zieht seinen Kontakt a an und bringt damit die Anruflampe zum Leuchten. Die Platzbeamtin des gerufenen Amtes führt ihren Abfragestecker gleichfalls in die Fernklinke und trennt dabei die Wicklung des Anruf-Relais ab, wodurch die Lampe erlischt. Sie legt den Stöpselwähler auf den gewählten Stecker, den Sprechwählschlüssel auf „Sprechen" und meldet sich: „Hier N." Die Beamtin des fernen Amtes antwortet: „Hier B" „bitte No. N. N.". Die gerufene wiederholt: „No. N. N., ich rufe". Hierauf legt sie den Steckerwähler auf den Verbindungsstecker, den Sprechschlüssel auf „Wählen" und wählt den Ortsteilnehmeranschluß in der unter A.) beschriebenen Weise. Sobald die Verbindung aufgebaut ist und der Teilnehmer sich meldet, verständigt sie ihn: „Sie werden von B gerufen", stellt den Sprechwählkipper normal, bringt den Steckerwähler in die Durchschaltelage, legt den Mithörschlüssel in die Stellung „Sprechen" und spricht in die damit durchgeschaltete Teilnehmerleitung: „Bitte melden". Der Gesprächszettel wird vom anrufenden Amte geführt. Die Fernbeamtin des Gegenamtes hat inzwischen die gewünschte Teilnehmersprechstelle gerufen und diese an die Fernleitung geschaltet. Sobald die beiden Teilnehmer sich gemeldet haben, legt die Beamtin des gerufenen Amtes den Mithörschlüssel normal und schaltet damit ihren Sprechapparat ab. Die Beamtin des fernen Amtes schaltet den Zeitsignalapparat ein, versieht den Gesprächszettel mit einem Zeitstempelabdruck zur Festlegung des zeitlichen Beginnes des Gespräches. Hängen die beiden Teilnehmer ihre Hörer ein, so erscheinen in den zugehörigen Ämtern die Schlußlampen, im gerufenen Amt in der unter A.) beschriebenen Weise Die Beamtin bringt den Mithörschlüssel in die Stellung „Sprechen" und frägt: „Sprechen Sie noch?". In der Regel wird auch die Beamtin des fernen Amtes durch ihr Schlußzeichen gemahnt, sich einzuschalten und nun erwidern: „Nein, Schluß, bitte die nächste Nummer". Für die gerufene Beamtin ist die Verbindung erledigt. Die anrufende Beamtin schaltet den Zeitsignalapparat ein, führt den Gesprächszettel unter den Zeitstempel, liest am Zeitsignalapparat die Dauer des Gespräches ab und trägt sie von Hand in den Gesprächszettel ein als Differenz der beiden Zeitstempelangaben. Hierauf übergibt sie den Gesprächszettel dem für die Rückleitung bestimmten Förderband zur Weiterleitung an den Auskunftsplatz.

Bestehen zwischen den Fernämtern mehrere Verbindungsleitungen, so wird ein Teil der Leitungen in abgehender, der andere in ankommender Richtung zum Sprechverkehr herangezogen. Die Beamtin teilt aus der Zahl der vorliegenden Gesprächszettel nach Ablauf einer Verbindung immer die nächsten Teilnehmerrufnummern der Gegenbeamtin mit, diese notiert sie auf einem Block, ruft die Sprechstellen der Reihe nach vorbereitend auf und streicht auf ihrem Block die erledigte Nummer beim Beginn des jeweiligen Gespräches.

Bei ganz großen Ämtern bedient man sich zur vorherigen Übermittlung der gewünschten Rufnummern eines simultangeschalteten Klopfers oder einer Übertragungseinrichtung, die beiderseits von eigenen Beamtinnen bedient wird. Das ferne Amt teilt neben den Rufnummern zugleich mit, auf welchen Leitungen die Verbindungen abgesetzt werden sollen. Daraufhin übermittelt die Klopferbeamtin des gerufenen Amtes den einzelnen Arbeitsplätzen die gewünschten Rufnummern in entsprechender Reihenfolge. Steht zwischen den Fernämtern nur eine Verbindungsleitung zur Verfügung, so werden je drei Gespräche abwechselnd in abgehender und ankommender Richtung abgesetzt, deren Abwicklung sich nach A.) oder B.) vollzieht.

D) Das ferne Amt ruft den Ortsteilnehmer eines Selbstanschlussamtes nach dem Schleifensystem.

Die Einleitung der Verbindung erfolgt in der vorgeschilderten Weise, der Aufbau der Ortsverbindung nach Fall B.).

E) Das Fernamt wählt selbsttätig den Teilnehmer des fernen Amtes, der an ein SA-Netz nach dem Erdsystem angeschlossen ist.

Voraussetzung ist hiefür, daß je eine Leitung ausschließlich für den Verkehr nach einer Richtung zur Verfügung steht. Die Beamtin ruft mit dem Verbindungsstecker die Sprechstelle des Teilnehmers vorbereitend auf und teilt ihm mit: „Sie werden mit A in N verbunden, bitte bleiben Sie am Apparat!" Sobald nun die Fernleitung für die neue Verbindung frei ist, führt die Beamtin den Abfragestecker in die Fernleitungsklinke, legt den Steckerwähler auf AS, den Sprechwählkipper auf „Wählen" und wählt nun die gewünschte Teilnehmernummer des fernen Amtes in der unter A.) beschriebenen Weise. Sobald einer der beiden Teilnehmer seinen Hörer einhängt, erscheint das Schlußzeichen durch Ansprechen des Schlußrelais, worauf die Verbindung getrennt wird. Die Behandlung des Gesprächszettels ist die gleiche wie in den vorerwähnten Fällen.

F) Fernruf eines Teilnehmers in einem SA-Amt nach dem Schleifensystem.

Die Abwicklung der Fernverbindung ist die gleiche wie unter A.), nur wird der Aufbau der automatischen Fernverbindung nach B.) vollzogen.

G) Das ferne Amt wählt selbsttätig den Ortsteilnehmer eines SA-Netzes über eine in das Fernamt eingeschleifte Fernleitung.

a) SA-Anlage nach dem Erdsystem.
b) SA-Anlage nach dem Schleifensystem.

In beiden Fällen führt die Fernleitung an einen Wechselkipper, der in der Normalstellung die Fernleitung mit einem FGW. des SA-Netzes verbindet, während in der zweiten Stellung die Leitung an die Fernanrufklinke, in der dritten Stellung an den Nacht- und Sammelplatz geschaltet werden kann. Dies wird im allgemeinen dort der Fall sein, wo nur eine Leitung zum wechselweisen Verkehr zur Verfügung steht. Dieser Wechselschalter ermöglicht sonach die Benützung der Fernleitung zum unmittelbaren Verkehr des einen Fernamtes mit Teilnehmern des seinen Gegenamtes, also auch zum Verkehr zwischen den beiden angeschlossenen Fernämtern. Zur gegenseitigen Überwachung des Verkehrs auf der Fernleitung dienen besondere, an den Fernleitungsplätzen eingebaute Drehschalter, die mit den ersten FGW. durch eigene c-Leitungen in Verbindung stehen. Ein Arbeitskontakt des SZ-Relais legt Erde an den c-Ast an, bringt damit die Anruflampe zum Aufleuchten und gibt damit der Beamtin die Möglichkeit, die Verbindung in ihren einzelnen Stadien genau zu überwachen. Sie erhält alle Zeichen, die den Lampensignalen entsprechen und ist infolgedessen jederzeit in der Lage, nach Beendigung eines Gespräches die Leitung entweder für die unmittelbare Wählung oder für den normalen Verbindungsverkehr zu benützen. Der Aufbau der Verbindungen entspricht den unter E.) beschriebenen Fällen.

H) Das ferne Amt mit selbsttätiger Fernwählung will über eine eingeschleifte Fernleitung das Gegenamt rufen.

Der Übergang vom Fernwählbetrieb zum manuellen Betrieb bedingt noch eine Maßnahme, die eine vorherige gegenseitige Verständigung der beiden Beamtinnen ermöglicht. Zu diesem Zweck wählt die Beamtin, die gerade mit Fernwählung arbeitet, die Zahl 0. Dadurch stellt sich der Wähler auf die 10. Dekade und die c-Leitung prüft über die an einem c-Kontakt angeschlossene c-Ader auf die Fernanruflampe, die dann aufleuchtet. Ein II. GW. oder eine Verbindungsleitung wird dabei nicht belegt, der GW. Steuerschalter bleibt in Stellung 0. Das Ansprechen von P 2000 kann mit einem Kontakt verhindert werden. Sobald dann die Beamtin den c-Ast durch Eintreten in die Klinke trennt, fällt der Wähler selbsttätig ab, nachdem er durchgedreht hat. Durch Umlegen des zur Leitung gehörigen Wechselschalters in die Normalstellung kann die Beamtin die Fernleitung wieder an ihren Arbeitsplatz zurückschalten.

Schlußbemerkung.

Die beschriebene Schaltung hat bereits über den Rahmen des Laboratoriumsversuches hinaus im praktischen Betriebe und zwar im Verkehr von Weilheim nach München die geforderten Vorgänge einwandfrei ausgelöst. Ob die rauhe Hand der Praxis im Betrieb bei Anwendung dieser Schaltung keine Nackenschläge erteilt, muß ein weiterer Versuch am Fernplatz in München in der Richtung nach Weilheim erst erweisen. Die Technik wird bei ernstem Willen Mittel und Wege finden, die etwa auftretenden Schwierigkeiten zu meistern. Die Ergebnisse des Vorversuches und des praktischen Betriebes berechtigen jedenfalls zu dieser Annahme.

Inhaltsverzeichnis
des I. Teiles:

Inhaltsverzeichnis
des II. Teiles:

www.ingramcontent.com/pod-product-compliance
Lightning Source LLC
Chambersburg PA
CBHW081539190326
41458CB00015B/5599